普通高等教育机器人工程系列教材

智能机器人控制系统设计教程
——多旋翼无人机系统

主 编 李 擎

副主编 崔家瑞 杨 旭 贺 威

科学出版社

北 京

内 容 简 介

本书是根据自动化专业工程教育专业认证、新工科建设等需求而编写的，旨在提高学生在机器人控制系统设计方面的能力，进而培养学生解决复杂工程问题的能力。本书以多旋翼飞行器为对象，全书分为 3 部分，共13 章。其中，基础篇由第 1～3 章组成，主要讲解机器人控制系统涉及的数学基础及其基本要点。设计篇包括第 4～9 章，详细介绍多旋翼飞行器的运动学方程、动力系统建模、姿态测量、姿态估计、控制器设计与稳定控制。实践篇为第 10～13 章，以 Pixhawk 飞控系统为例，从控制器硬件系统设计、软件设计、仿真与实验四方面进行详细的阐述，使读者能够快速地掌握多旋翼飞行器控制系统的开发思路、设计步骤及解决方案等。

本书可作为机器人工程、智能制造工程、人工智能、自动化等专业高年级本科生及研究生教材，也可作为相关领域科研人员与工程技术人员的参考用书。

图书在版编目（CIP）数据

智能机器人控制系统设计教程：多旋翼无人机系统/李擎主编. — 北京：科学出版社，2020.6
　（普通高等教育机器人工程系列教材）
　ISBN 978-7-03-065260-7

Ⅰ.①智… Ⅱ.①李… Ⅲ.①智能机器人－机器人控制－控制系统设计－高等学校－教材 Ⅳ.①TP242.6

中国版本图书馆 CIP 数据核字（2020）第 089075 号

责任编辑：潘斯斯 / 责任校对：王　瑞
责任印制：张　伟 / 封面设计：迷底书装

科学出版社 出版
北京东黄城根北街 16 号
邮政编码：100717
http://www.sciencep.com
北京厚诚则铭印刷科技有限公司 印刷
科学出版社发行　各地新华书店经销

＊

2020 年 6 月第 一 版　开本：787×1092　1/16
2022 年 7 月第三次印刷　印张：17 1/2
字数：400 000

定价：**88.00 元**
（如有印装质量问题，我社负责调换）

前　言

我国在工程实践教育层面已陆续开展了"工程教育专业认证""卓越工程师教育培养计划""新工科建设"。这些项目的共同之处在于：强调培养学生利用工程技术相关原理解决复杂工程问题的实践能力和创新意识。随着《国家创新驱动发展战略纲要》"一带一路"《中国制造2025》"互联网+"的实施，高档数控机床和机器人作为《中国制造2025》的十大重点领域之一，得到了国内外企业的广泛关注，特别是随着语音识别、视觉检测、人机交互等人工智能技术的发展，智能机器人展现出了强劲动力。

"智能机器人控制"课程是自动化专业重要的选修课之一，同时，作为应用实践类课程，在测控技术与仪器、人工智能、智能科学与技术等专业的本科培养计划中占据举足轻重的地位。

本书以多旋翼无人机为研究对象，从应用角度出发，力求学以致用。本书结合编者多年从事智能控制与智能优化方面的研究工作和教学经验，力图形成内容简明、集系统性和实用性为一体的通用教材。为此，本书旨在直接面向工程应用，关注项目需求，将课程知识点贯穿到实际工程设计中。

本书的特色及创新包括以下四个方面。

(1)结合自动化专业课程体系中各门课程的分工，从被控对象模型建立，到控制系统设计，再到控制系统软硬件实现，对全书内容进行全面而系统的设计。

(2)编写过程中充分地借鉴 CDIO(conceive、design、implement、operate)工程化教育模式，强调学生的工程实践能力训练。学生在学完本书后，可以掌握无人机飞控方向的基本设计与实现技能，为日后参加大学生创新训练项目、各种创新创业类学科竞赛和无人机行业就业提供了较好的技术支撑。

(3)体现研究型教学方法。本书在传统习题的基础上引入一些开放性题目，鼓励学生对课程中的重点、难点、热点问题独立自主地开展研究，通过查阅课外资料，提出自己的解决方案并在一定范围内展开讨论，逐步提高独立分析和解决问题的能力。

(4)引用国内外最新文献资料。本书参考国内外的机器人教材，特别是无人机教材的项目实例以及 Pixhawk 网站上的技术文档和工程案例，并结合项目组成员在工程实践中积累的丰富经验和已有成果，以保证引用资料的时效性。

本书的编写力求深入浅出、循序渐进、理论联系实际，在内容的安排上既有基础理论、基本概念的系统阐述，也有丰富的工程实例，具有很强的工程实践指导性。

本书由北京科技大学自动化学院李擎任主编，崔家瑞、杨旭、贺威任副主编，张笑菲、栗辉、阎群、徐银梅任参编。其中，李擎编写第1~3章，崔家瑞、贺威编写第4章和第5章，杨旭编写第6章，张笑菲、阎群、栗辉编写第7章和第8章，杨旭、徐银梅编写第9章和第10章，李擎、崔家瑞、阎群、张笑菲编写第11章和第12章，贺威、栗辉、徐银梅编写第13章。

本书得到了北京科技大学"十三五"规划教材项目的资助。在编写过程中，本书参考了大量文献，科学出版社的编辑也为此书付出了辛勤的劳动，在此一并表示感谢！

由于编者水平有限，书中难免有不足之处，敬请广大读者批评指正。

编 者

2020 年 1 月

目　录

基　础　篇

设　计　篇

实　践　篇

基　础　篇

第1章 智能机器人绪论

1.1 定　　义

机器人这个名字的含义可谓仁者见仁、智者见智。科幻图书和电影对于人们认识机器人以及机器人能做什么都有着深远的影响。遗憾的是,现实中的机器人与大众的期望相距甚远。但有一件事是确信无疑的,即机器人学将是 21 世纪一项重要的技术。智能机器人这类产品正开始引领智能化机器的来临,它们将逐渐走进我们的家庭和工厂。

机器人的英文名称 robot 最早出自于 1920 年捷克剧作家 Capek 的科幻剧目《罗萨姆的万能机器人》,它代表了一些人工制造的人形或仿人形的机械。

Webster 中给出的 robot 定义:

A machine that resembles a living creature in being capable of moving independently (as by walking or rolling on wheels) and performing complex actions (such as grasping and moving objects)。

机器人是一种类似于生物的机器,能够独立移动(例如,通过在车轮上行走或滚动)并执行复杂的动作(例如,抓握和移动物体)。

Wikipedia 中给出的 robot 定义:

A mechanical device that sometimes resembles a human and is capable of performing a variety of often complex human tasks on command or by being programmed in advance。

机器人是类似于人类的机械设备,能够根据命令或通过预先编程来执行各种很复杂的人类任务。

智能机器人具备形形色色的内部信息传感器和外部信息传感器,如视觉、听觉、触觉、嗅觉。除具有传感器外,它还有效应器,作为作用于周围环境的手段,这就是筋肉,或称自整步电动机。它们使手、脚、长鼻子、触角等动起来。

智能机器人能够理解人类语言,用人类语言同操作者对话,在它自身的"意识"中单独形成了一种使它得以"生存"的外界环境——实际情况的详尽模式。它能分析出现的情况,能调整自己的动作以达到操作者所提出的全部要求,能拟定所希望的动作,并在信息不充分的情况下和环境迅速变化的条件下完成这些动作。由此也可知,智能机器人至少要具备三个要素:感觉要素、反应要素和思考要素。当然,要它和人类思维一模一样,这是不可能办到的。不过,仍然有人试图建立计算机能够理解的某种"微观世界"。

1.2　历　　史

1. 古代机器

数百年来,人们早已经想象甚至创造了类似机器人的机器。古希腊人在他们的神话和传说中讲述了奇妙的人类机械生物的故事。其中一个讲述了由铁匠之神赫菲斯托斯(Hephaestus)锻造的巨型青铜人塔罗斯(Talos)的故事。塔罗斯守卫着克里特岛海岸,以防止海盗和入侵者离开。

图 1-1 所示是安提凯希拉(Antikythera)天体仪,古希腊人利用它追踪太阳、月亮和夜空星星的运动。它可以被认为是一种早期的计算机。考古学家已经恢复了该装置的 82 个碎片。

图 1-1　安提凯希拉天体仪

公元 126 年,东汉时期的大科学家张衡设计了一种机器鸟,称为"独飞木雕"。它是一种木制的飞行装置,有类似鸟翅膀的扑翼,利用弹性物体积蓄的能量飞行,能量耗尽后,凭借上升气流的作用滑翔。

12 世纪，中东工程师艾尔-加扎利（Al-Jazari）创造了许多惊人的装置，最著名的发明之一是水动力的大象钟。到了 15 世纪，许多大教堂或市中心都有自动运行的时钟机器。在每小时行程中，机器开始自动运转。其中著名的是布拉格天文钟，它安装在捷克的旧市政厅，现在仍然在工作，如图 1-2 所示。

图 1-2　布拉格天文钟

2. 近代机器

到了 16 世纪，创造者开发具有模仿人和动物神奇能力的机械机器。从金属鸭子到整个机械部队，这些引人入胜的创作吸引了全球各地的观众。这些被称为"自动机"的机器非常复杂，如精心制作的玩偶，可以写信、唱歌甚至可以提供茶水等，其中一些机器目前仍然处于正常工作状态。

瑞士发明家皮埃尔·雅克德罗（Pierre Jaquet-Droz）在 18 世纪 70 年代后期创造了世界上第一个具有书写动作的自动装置——发条机器人"笔者"。它被设计成一个小男孩的样子，端坐在木制书桌前。上足发条时，它就会移动手臂，把羽毛笔蘸到墨水瓶中，然后书写一个最多由 40 个字符组成的句子。

约瑟夫·法贝尔（Joseph Faber）于 19 世纪 40 年代创建了机器——歌雀（Euphonia），这台机器将一张人形女性面孔与键盘相连，其面部的嘴唇、下巴与舌头可进行控制，能够通过波纹管系统"说"几种语言。操作员可以使用 17 个键来提供各种单词的声音，甚至让它唱歌。

3. 真正的机器人崛起

1939 年纽约世界博览会上展示了一个 2.1m 高的金属人 Elektro。齿轮和电动马达系统使 Elektro 能够行走、移动手臂、翻转头部，打开和关闭它的嘴。ENIAC(电子数字积分计算机)是第一台数字电子计算机，如图 1-3 所示。ENIAC 建于 1943～1945 年，以帮助美国陆军进行弹道计算。在 ENIAC 建立 50 周年之际，该机器采用现代电路重新设计。

图 1-3　ENIAC

Elmer 和 Elsie 由威廉·格雷·沃尔特(William Grey Walter)于 1948 年建造，是第一批可以移动的机器龟。当另一个物体靠近时，这对"乌龟"可以移动并改变方向和感觉，通过触摸和光敏触点向每个机器人的双电机发送电信号。1958 年，美国电气工程师杰克·基尔比(Jack Kilby)设计了集成电路。这种微型计算机芯片使现代机器人和小型个人计算机的发明成为可能。Unimate 1900 系列成为第一个批量生产的工厂自动化机器人手臂。

在机器人技术的研发过程中，人们尝试利用传感器提高机器人的可操作性，具备感知能力的智能机器人逐渐变成研发热点。1968 年，美国斯坦福国际研究所成功研制出移动式机器人 Shakey，它是世界上第一台带有人工智能的机器人，能够自主进行感知、环境建模、行为规划等任务。1969 年，日本早稻田大学加藤一郎实验室研发出第一台以双脚走路的机器人。1978 年美国 Unimation 公司推出通用工业机器人 PUMA，这标志着工业机器人技术已经完全成熟。1984 年约瑟夫·恩格尔伯格(Joseph Engelberger)推出了机器人 Helpmate,能在医院里为患者送饭、送药、送邮件。

20世纪,电子技术的快速发展引发了真正的机器人革命。许多受科幻小说启发的科学家创造了更复杂的机器人。更小、更便宜、更快速的电子设备实现了快速发展,太空竞赛提供了将技术带到前所未有的地方的动力,但寻求人工智能仍然是一个复杂的挑战。

4. 现代机器人

长久以来,电视和电影都充斥着关于机器人如何到来的故事,但它们真的开始是在21世纪初。它们看起来可能不像科幻小说中的人形机器人,但它们已经进入我们生活的许多不同领域。从机器人宠物到交付无人机,从助手机器人到机器人外骨骼,机器人是现代世界的一部分。

图1-4为语音辅助机器人,它可以观看、聆听和学习,并提供一天的帮助。这些家用机器人可能会像电热水壶一样普遍。从控制家中所有其他小工具到阅读新闻和天气预报,它们可以成为有用的伙伴。如智能音箱、智慧屏、智能电饭煲、机器人狗、吸尘器机器人、扫地机器人等。图1-5为无人驾驶飞行器,这些机器人可以快速有效地到达人们无法到达的地方。

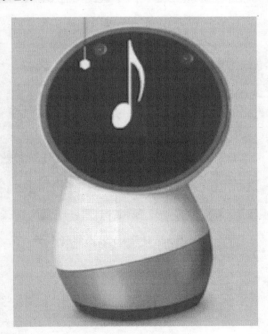

图1-4 语音辅助机器人

计算机几乎彻底改变了汽车的各个方面,甚至可以将某些汽车视为真正的机器人。例如,图1-6所示的 Rimac C_Two 无人驾驶汽车,基本上能够在需要时自己开车。ATLAS 2030是一种下半身外骨骼机器人,可帮助患有神经肌肉疾病的儿童行走。这类机器模仿了实际肌肉的功能。像这样的可穿戴机器人不仅可以帮助那些身体残疾和受伤者恢复，还可以增强普通人的身体机能。

图 1-5 无人驾驶飞行器

图 1-6 Rimac C_Two 无人驾驶汽车

1.3 分类和应用

机器人有各种形状和大小，从田间工作到协助外科医生，通常按照它们的任务组合在一起。

1）工作机器人

机器人越来越多地被用来执行一些对人类可能是危险的、重复的或无聊的任务。

崎岖的地形、狭小的空间或恶劣的天气并不能阻止这些机器人的工作。这些机器人独立工作，由传感器和摄像头引导。最常见的工作机器人类型是机械臂，它能够执行各种任务，包括焊接、喷漆和装配等。

　　图 1-7 是一种典型的机械臂 LBR iiwa kuka，其独特的设计和创新的外形具有至关重要的作用。有机的形态、柔顺的边缘、缓斜的角度、轻捷的灵活性——LBR iiwa 是为了实现直接的人机协作而设计的。LBR iiwa 的七个关节都具有广泛的运动范围，并由高精度电动机提供动力。这些关节协同工作可以使机械臂到达拐角处并在狭小的空间内工作。手臂运动可以精确到 0.1mm。高精度使其成为组装电子等小型复杂物体的理想选择。

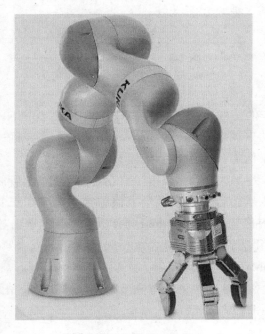

图 1-7　LBR iiwa kuka

2) 社交机器人

　　社交机器人旨在与人类互动、了解人类的互动并能够做出反应。这些友好的机器人可以是你的同伴或老师，或只是在附近协助或娱乐。一些社交机器人被设计用于帮助患有自闭症或学习困难的人。

　　图 1-8 为社交机器人 Leka。Leka 通过改变脸部 LED 灯的颜色来改变表情，传达了一系列让孩子理解的"情感"。这些面部表情可以帮助儿童识别并回应其他儿童或成人的类似表现。孩子可以使用平板电脑应用程序让 Leka 玩耍和移动。孩子与 Leka 和平板电脑应用程序的互动被记录下来并转化为数据和图表，家长和照顾者可以使用它们来了解孩子的健康状况。他们还可以使用平板电脑通过 Leka 与孩子一起玩游戏。Leka 的机器人面部可以成为播放照片、视频或游戏的屏幕。

图 1-8　社交机器人 Leka

3) 协作机器人

与人一起安全工作的工业机器人称为协作机器人或 cobots。人类同时可以使用平板电脑或通过物理移动来训练这些 cobots。cobots 与人类在同一空间中工作,通常承担重复或精确的工作,例如,叠包装盒或组装电子部件。

图 1-9 为协作机器人 YuMi。2017 年,YuMi 成为第一个管弦乐队的机器人,它与意大利比萨的卢卡爱乐乐团合作,在现场表演中成功演奏了三首古典音乐。演出前,著名的意大利指挥家科隆比尼(Colombini)训练了 YuMi 做出各种模仿音乐的精确动作。YuMi 的尺寸与成年男性的上半身大致相同,旨在与人类紧密合作(其名称代表您和我,共同合作)。YuMi 这个双臂机器人不仅指挥管弦乐队,也可以进行装配工作。它快速、灵巧的手臂以令人难以置信的精确度移动,可以组装精致的智能手机和手表或组装和测试复杂的车辆部件。

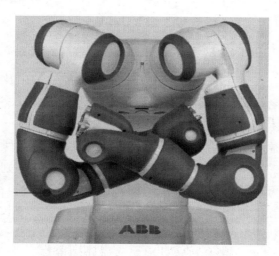

图 1-9　协作机器人 YuMi

4）太空机器人

发送机器人探险家去探索太阳系比发送人类更安全、更便宜。太空探索机器人的建造能够抵御地球以外的恶劣条件。当靠近目标物体飞行时，探测器会降落并将数据和图像发送给地球上的科学家。

图 1-10 为太空机器人 Mars 2020。Mars 2020 是一个装满了科学仪器以及 23 个摄像机的科学实验室。Mars 2020 将在岩石和沙质行星上独立工作约 1.4 亿英里（1 英里=1.609km）。因此它需要既坚韧又聪明，能够自我导航，并应对陡坡。Mars 2020 用于记录和进一步了解火星的地质，并了解过去是否存在生命。2.1m 长机械臂末端的多个工具可以在岩石中钻孔，提取样品，拍摄显微图像，并分析火星岩石和土壤的组成。

图 1-10　太空机器人 Mars 2020

5）人形机器人

人形机器人被创造成类似于人形，并且具有头部、面部和四肢。有些机器人可以两条腿走路，有些则可以在轮子或轨道上滚动。与其他机器人相比，人形机器人往往具有更加发达的人工智能（AI），有些甚至能够形成记忆或自己思考。

如图 1-11 所示，NAO 是一种可编程、多功能的人形机器人。它非常灵活，它的四个麦克风可以识别声音并可以即时翻译 19 种不同语言。它的平衡传感器帮助它在行走时保持站立，但如果它确实倒下，NAO 知道如何自行恢复。NAO 包含 50 多个传感器，其中包括用于距离测量的声呐。NAO 的传感单元可以检测机器人何时躺下，其控制器可以触发其电动机和关节的一系列运动以恢复站立。受伤或患病的孩子经常错过很多学校课程。NAO 可以充当缺席学生，学生可以使用平板电脑从远处控制 NAO 从教室收集视频或声音。NAO 同样以其舞蹈能力赢得了许多人的赞誉。多台 NAO 机器人可以一起执行复杂的舞蹈程序，通过无线通信保持完美同步。

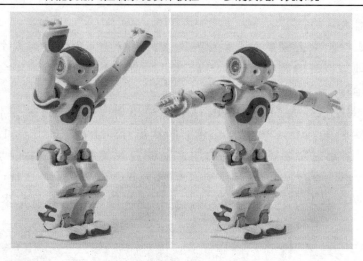

图 1-11　人形机器人 NAO

6）驾驶机器人

并非所有机器人都是完全自主的。有的机器人可以由人类飞行员远程控制，而有的可以接收来自人类的直接指令。一些巨型机器人甚至可以由人驾驶，人坐在驾驶舱内并从内部驾驶机器人。按照工作空间主要分为水下机器人、陆地机器人和空中机器人三种。

（1）水下机器人。

水下机器人也称无人遥控潜水器，是一种工作于水下的极限作业机器人。水下环境恶劣危险，人的潜水深度有限，所以水下机器人已成为开发海洋的重要工具。OceanOne 机器人是由斯坦福大学研制的人形潜艇机器人，如图 1-12 所示。

图 1-12　水下机器人

（2）陆地机器人。

无人驾驶汽车就是一种典型的陆地机器人，无人驾驶汽车依赖于许多不同的传感器，这些传感器与高分辨率数字地图配合使用以安全地导航和驾驶。无人驾驶汽车的传感器扫描其周围环境，以便实时跟踪其他车辆和行人以及他们正在移动的方向和速度。摄像机捕获车辆周围的 360° 视图，通过物体识别软件分析并发现其他车辆、交通信号灯、停车信号和其他道路标志。汽车的控制器会根据收到的信息不断指示车辆的电机改变速度、改变方向或停止。

图 1-13 是无人驾驶车 FFZERO1。FFZERO1 是一款概念车，可作为新技术的展示。司机坐在汽车的中央，智能手机可以夹在方向盘中，以控制车辆性能的某些方面，并可视化轨道和其他数据。玻璃车顶后部可供驾驶员进出车辆。轻质合金车轮由专用电动机转动。多个空气通道沿车辆长度引导气流，减少阻力并冷却车辆的电动机。此外，空气隧道有助于增加下压力，使汽车更具抓地力。雕刻的车身外壳由坚固但轻质的碳纤维制成。FFZERO1 的高性能电池连接在车辆底板上，使其比小型两厢车的功率高出 8～10 倍。高性能电池又为这种快速车辆提供了惊人的加速度。它可以在不到 3s 的时间内从静止位置行驶到 96km/h。

图 1-13　无人驾驶车 FFZERO1

（3）空中机器人。

空中机器人又称无人机，是利用无线电遥控设备和自备的程序控制装置操纵的不载人飞行器。无人机实际上是无人驾驶飞行器的统称，从技术角度定义可以分为无人固定翼飞机、无人垂直起降飞机、无人飞艇、无人直升机、无人多旋翼飞行器、无人伞翼机等。与载人飞机相比，它具有体积小、造价低、使用方便、对作战环境要求低、战场生存能力较强等优点。

按飞行平台构型分类，无人机可分为固定翼无人机、旋翼无人机、无人飞艇、伞翼无人机、扑翼无人机等。按用途分类，无人机可分为军用无人机和民用无人机。军用无人机可分为侦察无人机、诱饵无人机、电子对抗无人机、通信中继无人机、无人战斗机以及靶机等；民用无人机可分为巡查/监视无人机、农用无人机、气象无人机、勘探无人机以及测绘无人机等。

经纬 M200 V2 系列飞行器是典型的旋翼型空中机器人。它设计紧凑、扩展灵活，智能控制系统与飞行性能显著优化，可以为多个行业提供专业解决方案，如图 1-14 所示。

图 1-14　经纬 M200 V2 四旋翼无人机

本书主要针对多旋翼无人机，即空中机器人机进行系统设计、开发、调试、运行等。

7) 生物仿生型机器人

植物和动物的自然世界为许多机器人提供了灵感。因为模仿某种形式的自然生命，这些机器人被称为"仿生"。这类机器人不仅看起来像现实生活灵感，还可以模仿一系列行为，包括跳跃、飞行和游泳。从构建这些机器人中汲取的经验教训可帮助机器人专家掌握各种技术。

如图 1-15 所示，MiRo 是一种仿生机器人。MiRo 中包含的传感器可以对不同的刺激做出反应，例如声音、触摸和光线。微型传感器可帮助 MiRo 响应最轻微的移动或拍打。MiRo 的眼睛可以打开、关闭或眨眼。鼻子上有一个声呐传感器，这有助于机器人移动过程中不会坠落或碰撞物体。它的大眼睛提供 3D 光敏视觉，而长旋转耳朵具有立体声麦克风以收集声音，耳朵会抬起并旋转以跟随声音的方向。

8) 家庭帮助型机器人

家庭帮助机器人帮助处理日常琐事，例如清洁、携带物品，甚至做饭。机器人还可以像个人助理一样，帮助人们安排时间或在线查找信息。未来，机器人将能够在家中承担越来越多的工作。

图 1-15　仿生机器人 MiRo

图 1-16 是一款家用机器人 Zenbo。Zenbo 可以自行移动、沟通和理解语音。无论居民是在家中或者外出，这款机器人都能自主照顾家庭。它既可以成为孩子的玩伴，也可以成为成年人的助手。Zenbo 通过 24 种不同的表达方式展示"情感"和"自信"。当触摸到头部时，Zenbo 看起来很"害羞"。如果 Zenbo 感到高兴，它会向用户眨眼。除了显示机器人的表情，Zenbo 的 10.1 英寸(25.6cm)多点触控面板还可以传输电影、处理视频通话等。该显示器旨在让老年用户可以通过简单的语音命令购物、拨打电话和使用社交媒体。使用 Zenbo 应用程序，用户可以远程控制其他智能家居设备。这些包括安全系统、灯、电视、锁、加热和冷却系统。如果发生医疗紧急情况，Zenbo 甚至可以向应用程序发送照片和语音或视频警报以获取帮助。

图 1-16　家用机器人 Zenbo

9）集群机器人

数以百计的简单机器人聚集在一起充当一个大型智能机器人的群。受到自然界中的昆虫的启发，这些机器人比单独工作的机器人更容易完成一些任务。各个机器人可以相互通信以协调其动作。

图 1-17 是集群机器人 Kilobots。Kilobots 小巧、简单、便宜，可以使用无线控制器的红外信号单独或大量同时编程。Kilobots 可以使用红外信号进行通信，以测量它们彼此之间的距离。一群 Kilobots 可以随意移动，但是在命令下，它们很快就会聚在一起。Kilobots 可进行编程，以形成特定形状或路径来引导机器人移动。当数百个这样的机器人全都聚集在一起工作时，这些巧妙的小型机器不需要很长时间就能完成一项联合任务。

图 1-17　集群机器人 Kilobots

10）医疗辅助机器人

机器人技术在医学和保健领域越来越受到重视。科学家已经开发出可以帮助残疾人的机器人（从假肢、机器人轮椅到帮助人们走路或举起物体的外骨骼），机器人技术正在帮助数百万行动不便的人。

EXOTrainer 就是一种医疗辅助机器人，如图 1-18 所示。EXOTrainer 可以帮助穿着者站立和行走。脊髓性肌萎缩症会使肌肉变弱并影响人的活动能力，EXOTrainer 旨在帮助 3～14 岁患有这种遗传性疾病的儿童。EXOTrainer 的智能关节系统可以适应佩戴者，并可以在行走时模仿人体肌肉，改变自身关节的刚度和运动角度。当脚到达地面时，EXOTrainer 的脚踝和膝关节会起反应以缓冲冲击力。

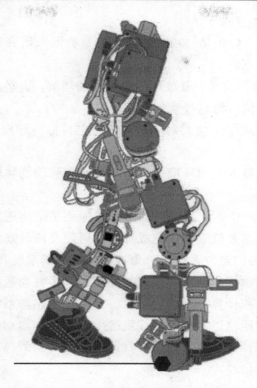

图 1-18　医疗辅助机器人 EXOTrainer

1.4　近年来的研究和发展

科学的发展带动着机器人产业的发展,现今很多前沿技术在机器人产业均有应用,可以说机器人的发展史也是世界科技发展史的体现。

随着社会发展的需要和机器人应用领域的扩大,人们对智能机器人的要求也越来越高。智能机器人所处的环境往往是未知的、难以预测的,在研究这类机器人的过程中,主要涉及以下关键技术。

1)多传感器信息融合

多传感器信息融合技术是近年来十分热门的研究课题,它与控制理论、信号处理、人工智能、概率和统计相结合,为机器人在各种复杂、动态、不确定和未知的环境中执行任务提供了一种技术解决途径。机器人所用的传感器有很多种,根据不同用途分为内部测量传感器和外部测量传感器两大类。多传感器信息融合就是指综合来自多个传感器的感知数据,以产生更可靠、更准确或更全面的信息。经过融合的多传感器系统能够更加完善、精确地反映检测对象的特性,消除信息的不确定性,提高信息的可靠性。

2）导航与定位

在机器人系统中，自主导航是一项核心技术，是机器人研究领域的重点和难点问题。导航的基本任务有 3 点。

（1）基于环境理解的全局定位：通过环境中景物的理解，识别人为路标或具体的实物，以完成对机器人的定位，为路径规划提供素材。

（2）目标识别和障碍物检测：实时对障碍物或特定目标进行检测和识别，提高控制系统的稳定性。

（3）安全保护：能对机器人工作环境中出现的障碍和移动物体作出分析并避免对机器人造成损伤。

在自主移动机器人导航中，无论是局部实时避障还是全局规划，都需要精确知道机器人或障碍物的当前状态及位置，以完成导航、避障及路径规划等任务，这就是机器人的定位问题。比较成熟的定位系统可分为被动式传感器系统和主动式传感器系统。被动式传感器系统通过码盘、加速度传感器、陀螺仪、多普勒速度传感器等感知机器人自身运动状态，经过累积计算得到定位信息。主动式传感器系统通过包括超声传感器、红外传感器、激光测距仪以及视频摄像机等主动式传感器感知机器人外部环境或人为设置的路标，与系统预先设定的模型进行匹配，从而得到当前机器人与环境或路标的相对位置，获得定位信息。

3）路径规划

路径规划技术是机器人研究领域的一个重要分支。最优路径规划就是依据某个或某些优化准则（如工作代价最小 、行走路线最短、行走时间最短等），在机器人工作空间中找到一条从起始状态到目标状态、可以避开障碍物的最优路径。

路径规划方法大致可以分为传统方法和智能方法两种。传统路径规划方法主要有以下几种：自由空间法、图搜索法、栅格解耦法、人工势场法。智能路径规划方法是将遗传算法、模糊逻辑以及神经网络等人工智能方法应用到路径规划中，来提高机器人路径规划的避障精度，加快规划速度，满足实际应用的需要。其中应用较多的算法主要有模糊方法、神经网络、遗传算法、Q 学习及混合算法等。

4）机器人视觉

视觉系统是自主机器人的重要组成部分，一般由摄像机、图像采集卡和计算机组成。机器人视觉系统的工作包括图像的获取、图像的处理和分析、输出和显示，核心任务是特征提取、图像分割和图像辨识。机器人视觉是其智能化最重要的标志之一，对机器人智能及控制都具有非常重要的意义。

5）智能控制

随着机器人技术的发展，对于无法精确解析建模的物理对象以及信息不足的病态过程，传统控制理论暴露出缺点，近年来许多学者提出了各种不同的机器人智能控制系统。机器人的智能控制方法有模糊控制、神经网络控制、智能控制技术的融合（模糊控制和变结构控制的融合，神经网络和变结构控制的融合，模糊控制和神经网络控制的融合，基于遗传算法的模糊控制方法)等。

6)人机接口技术

智能机器人的研究目标并不是完全取代人。复杂的智能机器人系统仅仅依靠计算机来控制目前是有一定困难的，即使可以做到，也由于缺乏对环境的适应能力而并不实用。智能机器人系统还不能完全排斥人的作用，而是需要借助人机协调来实现系统控制。因此，设计良好的人机接口就成为智能机器人研究的重点问题之一。

人机接口技术是研究如何使人方便、自然地与计算机交流。为了实现这一目标，除了最基本的要求机器人控制器有一个友好的、灵活方便的人机界面，还要求计算机能够看懂文字、听懂语言、说话表达，甚至能够进行不同语言之间的翻译，而这些功能的实现又依赖于知识表示方法的研究。

1.5　未来研究和发展

虽然我国机器人产业已经取得了长足进步，但与工业发达国家相比，还存在较大差距。主要表现在：机器人产业链关键环节缺失，零部件中高精度减速器、伺服电机和控制器等依赖进口；核心技术创新能力薄弱，高端产品质量可靠性低；机器人推广应用难，市场占有率亟待提高；企业"小、散、弱"问题突出，产业竞争力缺乏；机器人标准、检测认证等体系亟待健全。

当前，随着我国劳动力成本快速上涨，人口红利逐渐消失，生产方式向柔性、智能、精细转变，构建以智能制造为根本特征的新型制造体系迫在眉睫，对工业机器人的需求将呈现大幅增长。与此同时，老龄化社会服务、医疗康复、救灾救援、公共安全、教育娱乐、重大科学研究等领域对服务机器人的需求也呈现出快速发展的趋势。

主要发展趋势如下所示。

1)推进工业机器人向中高端迈进

面向《中国制造 2025》十大重点领域及其他国民经济重点行业的需求，聚焦智能生产、智能物流，攻克工业机器人关键技术，提升可操作性和可维护性，重点发展弧焊机器人、真空(洁净)机器人、全自主编程智能工业机器人、人机协作机器人、双臂机器人、重载 AGV 等 6 种标志性工业机器人产品，引导我国工业机器人向中高端发展。

促进服务机器人向更广领域发展。围绕助老助残、家庭服务、医疗康复、救援救灾、能源安全、公共安全、重大科学研究等领域，培育智慧生活、现代服务、特殊作业等方面的需求，重点发展消防救援机器人、手术机器人、智能型公共服务机器人、智能护理机器人等四种标志性产品，推进专业服务机器人实现系列化，个人/家庭服务机器人实现商品化。

2）大力发展机器人关键零部件

针对 6 自由度及以上工业机器人用关键零部件性能差、可靠性差、使用寿命短等问题，从优化设计、材料优选、加工工艺、装配技术、专用制造装备、产业化能力等多方面入手，全面提升高精密减速器、高性能机器人专用伺服电机和驱动器、高速高性能控制器、传感器、末端执行器等五大关键零部件的质量稳定性和批量生产能力，突破技术壁垒，打破长期依赖进口的局面。

（1）高精密减速器。通过发展高强度耐磨材料技术、加工工艺优化技术、高速润滑技术、高精度装配技术、可靠性及寿命检测技术以及新型传动机理的探索，发展适合机器人应用的高效率、低重量、长期免维护的系列化减速器。

（2）高性能机器人专用伺服电机和驱动器。通过高磁性材料优化、一体化优化设计、加工装配工艺优化等技术的研究，提高伺服电机的效率、降低功率损失、实现高功率密度。发展高力矩直接驱动电机、盘式中空电机等机器人专用电机。

（3）高速高性能控制器。通过高性能关节伺服、振动抑制技术、惯量动态补偿技术、多关节高精度运动解算及规划等技术的发展，提高高速变负载应用过程中的运动精度，改善动态性能。发展并掌握开放式控制器软件开发平台技术，提高机器人控制器可扩展性、可移植性和可靠性。

（4）传感器。重点开发关节位置、力矩、视觉、触觉等传感器，满足机器人产业的应用需求。

（5）末端执行器。重点开发抓取与操作功能的多指灵巧手和具有快换功能的夹持器等末端执行器，满足机器人产业的应用需求。

3）强化产业创新能力

加强共性关键技术研究。针对智能制造和工业转型升级对工业机器人的需求，智慧生活、现代服务和特殊作业对服务机器人的需求，重点突破制约我国机器人发展的共性关键技术。积极跟踪机器人未来发展趋势，提早布局新一代机器人技术的研究。关键技术如下所示。

（1）工业机器人关键技术：重点突破高性能工业机器人工业设计、运动控制、精确参数辨识补偿、协同作业与调度、示教/编程等关键技术。

（2）服务机器人关键技术：重点突破人机协同与安全、产品创意与性能优化设计、模块化/标准化体系结构设计、信息技术融合、影像定位与导航、生肌电感知与融合等关键技术。

（3）新一代机器人技术：重点开展人工智能、机器人深度学习等基础前沿技术研究，突破机器人通用控制软件平台、人机共存、安全控制、高集成一体化关节、灵巧手等核心技术。

1.6　习　　题

1．机器人是如何定义的？
2．机器人一般由哪几部分组成？
3．被动式传感器系统和主动式传感器系统分别是如何来定位的？
4．举例说出几种工作机器人。
5．简述一下未来机器人的发展方向。

第 2 章　坐标变换的原理和方法

2.1　矢量运算与矩阵运算的关系

矢量是一种既有大小又有方向的量，常用黑斜体字母表示，如 $\boldsymbol{u}$。在飞行动力学中，许多物理量都是矢量，如力、位移、角速度、动量矩等都是矢量。

由以上定义可知，矢量本身与坐标系无关。但在实际应用中，经常用坐标系上的投影表示矢量。

设有坐标系 $Ox_ay_az_a$（简记为 S_a），其单位矢量为 $\boldsymbol{i}_a$，$\boldsymbol{j}_a$，$\boldsymbol{k}_a$，则矢量 $\boldsymbol{u}$ 可以表示为

$$\boldsymbol{u} = u_{xa}\boldsymbol{i}_a + u_{ya}\boldsymbol{j}_a + u_{za}\boldsymbol{k}_a$$

称 $\{u_{xa} \quad u_{ya} \quad u_{za}\}^{\mathrm{T}}$ 为矢量 $\boldsymbol{u}$ 在坐标系 S_a 上的分量列阵，记作

$$\{\boldsymbol{u}\}_a = \{u_{xa} \quad u_{ya} \quad u_{za}\}^{\mathrm{T}} \tag{2.1.1}$$

由此可见：当坐标系确定后，矢量的分量列阵才有意义，并且与矢量一一对应。在坐标系明确的情况下，有时也将分量列阵称为矢量。

矢量 $\boldsymbol{u}$ 和矢量 $\boldsymbol{v}$ 的点乘积可以表示为

$$\begin{aligned}\boldsymbol{u} \cdot \boldsymbol{v} &= (u_{xa}\boldsymbol{i}_a + u_{ya}\boldsymbol{j}_a + u_{za}\boldsymbol{k}_a) \cdot (v_{xa}\boldsymbol{i}_a + v_{ya}\boldsymbol{j}_a + v_{za}\boldsymbol{k}_a) \\ &= \{\boldsymbol{u}\}_a^{\mathrm{T}}\{\boldsymbol{u}\}_a\end{aligned}$$

设矢量 $\boldsymbol{w}$ 是矢量 $\boldsymbol{u}$ 和矢量 $\boldsymbol{v}$ 的叉乘积，则

$$\boldsymbol{w} = \boldsymbol{u} \times \boldsymbol{v} = (u_{ya}v_{za} - u_{za}v_{ya})\boldsymbol{i}_a + (u_{za}v_{xa} - u_{xa}v_{za})\boldsymbol{j}_a + (u_{xa}v_{ya} - u_{ya}v_{xa})\boldsymbol{k}_a$$

叉乘积的矩阵形式为

$$\{\boldsymbol{w}\}_a = \{\boldsymbol{u} \times \boldsymbol{v}\}_a = [\boldsymbol{u}]_a^{\times}\{\boldsymbol{v}\}_a \tag{2.1.2}$$

式中，$[\boldsymbol{u}]_a^{\times}$ 称为矢量 $\boldsymbol{u}$ 在坐标系 S_a 中的叉乘矩阵，定义为

$$[\boldsymbol{u}]_a^{\times} = \begin{bmatrix} 0 & -u_{za} & u_{ya} \\ u_{za} & 0 & -u_{xa} \\ -u_{ya} & u_{xa} & 0 \end{bmatrix} \tag{2.1.3}$$

显然，叉乘矩阵具有性质

$$([\boldsymbol{u}] \overset{\times}{_a})^{\mathrm{T}} = -[\boldsymbol{u}] \overset{\times}{_a} \tag{2.1.4}$$

2.2　坐　标　变　换

航天器在飞行过程中，作用在其上的力有地球的引力、发动机的推力、空气动力等。一般情况下，各种力分别表示在相应的坐标系中。例如，地球引力在地球固连坐标系上表示，发动机的推力在本体坐标系上表示，而气动力又便于在气流速度坐标系中表示等。要建立航天器的动力学方程，必须将定义在各坐标系中的力变换到某个统一的坐标系中。因此，掌握好坐标系之间的变换关系十分重要。

2.2.1　坐标变换矩阵

坐标变换是指一个矢量在两个不同坐标系上矢量列阵之间的关系。本书中的坐标系均采用右手直角坐标系。

如图 2-1 所示，S_a、S_b 为两个坐标系，$\boldsymbol{u}$ 为一个矢量，则

$$\boldsymbol{u} = u_{xb}\boldsymbol{i}_b + u_{yb}\boldsymbol{j}_b + u_{zb}\boldsymbol{k}_b = u_{xa}\boldsymbol{i}_a + u_{ya}\boldsymbol{j}_a + u_{za}\boldsymbol{k}_a \tag{2.2.1}$$

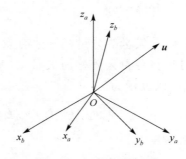

图 2-1　矢量与坐标系

式 (2.2.1) 两边点乘 $\boldsymbol{i}_b$ 得

$$u_{xb}\boldsymbol{i}_b \cdot \boldsymbol{i}_b + u_{yb}\boldsymbol{j}_b \cdot \boldsymbol{i}_b + u_{zb}\boldsymbol{k}_b \cdot \boldsymbol{i}_b = u_{xa}\boldsymbol{i}_a \cdot \boldsymbol{i}_b + u_{ya}\boldsymbol{j}_a \cdot \boldsymbol{i}_b + u_{za}\boldsymbol{k}_a \cdot \boldsymbol{i}_b \tag{2.2.2}$$

由单位矢量的正交性有

$$\boldsymbol{i}_b \cdot \boldsymbol{i}_b = 1, \quad \boldsymbol{j}_b \cdot \boldsymbol{i}_b = 0, \quad \boldsymbol{k}_b \cdot \boldsymbol{i}_b = 0$$

所以式 (2.2.2) 可以表示为

$$u_{xb} = u_{xa}\boldsymbol{i}_a \cdot \boldsymbol{i}_b + u_{ya}\boldsymbol{j}_a \cdot \boldsymbol{i}_b + u_{za}\boldsymbol{k}_a \cdot \boldsymbol{i}_b$$

同理，在式 (2.2.1) 两边分别点乘 $\boldsymbol{j}_b$、$\boldsymbol{k}_b$，可得

$$u_{yb} = u_{xa}\boldsymbol{i}_a \cdot \boldsymbol{j}_b + u_{ya}\boldsymbol{j}_a \cdot \boldsymbol{j}_b + u_{za}\boldsymbol{k}_a \cdot \boldsymbol{j}_b$$

$$u_{zb} = u_{xa}\boldsymbol{i}_a \cdot \boldsymbol{k}_b + u_{ya}\boldsymbol{j}_a \cdot \boldsymbol{k}_b + u_{za}\boldsymbol{k}_a \cdot \boldsymbol{k}_b$$

整理可得

$$\begin{bmatrix} u_{xb} \\ u_{yb} \\ u_{zb} \end{bmatrix} = \begin{bmatrix} \boldsymbol{i}_a \cdot \boldsymbol{i}_b & \boldsymbol{j}_a \cdot \boldsymbol{i}_b & \boldsymbol{k}_a \cdot \boldsymbol{i}_b \\ \boldsymbol{i}_a \cdot \boldsymbol{j}_b & \boldsymbol{j}_a \cdot \boldsymbol{j}_b & \boldsymbol{k}_a \cdot \boldsymbol{j}_b \\ \boldsymbol{i}_a \cdot \boldsymbol{k}_b & \boldsymbol{j}_a \cdot \boldsymbol{k}_b & \boldsymbol{k}_a \cdot \boldsymbol{k}_b \end{bmatrix} \begin{bmatrix} u_{xa} \\ u_{ya} \\ u_{za} \end{bmatrix} \tag{2.2.3}$$

式 (2.2.3) 表示了矢量 u 在坐标系 S_a 和 S_b 上投影列阵之间的变换关系。

定义由 S_a 到 S_b 的变换矩阵为

$$\boldsymbol{L}_{ba} = \begin{bmatrix} \boldsymbol{i}_a \cdot \boldsymbol{i}_b & \boldsymbol{j}_a \cdot \boldsymbol{i}_b & \boldsymbol{k}_a \cdot \boldsymbol{i}_b \\ \boldsymbol{i}_a \cdot \boldsymbol{j}_b & \boldsymbol{j}_a \cdot \boldsymbol{j}_b & \boldsymbol{k}_a \cdot \boldsymbol{j}_b \\ \boldsymbol{i}_a \cdot \boldsymbol{k}_b & \boldsymbol{j} \cdot \boldsymbol{k}_b & \boldsymbol{k}_a \cdot \boldsymbol{k}_b \end{bmatrix} \tag{2.2.4}$$

则式 (2.2.3) 可以表示为

$$\{\boldsymbol{u}\}_b = \boldsymbol{L}_{ba}\{\boldsymbol{u}\}_a \tag{2.2.5}$$

坐标变换矩阵是正交矩阵，具有以下性质：

$$\boldsymbol{L}_{ba} = (\boldsymbol{L}_{ab})^{-1} = (\boldsymbol{L}_{ab})^{\mathrm{T}} \tag{2.2.6}$$

$$\det(\boldsymbol{L}_{ba}) = \pm 1 \tag{2.2.7}$$

只有当坐标系 S_a 和 S_b 的左右手性质（左手坐标系、右手坐标系）不同，式 (2.2.6) 右边才取 -1。在飞行动力学中均采用右手直角坐标系，所以式 (2.2.6) 右边取 $+1$。

分析式 (2.2.4) 和式 (2.2.3) 可以看出：坐标变换由变换矩阵确定，而变换矩阵又取决于两个坐标系之间的关系。也就是说，当两个坐标系之间的关系给定后，即可确定坐标变换矩阵。所以，在不致概念混淆的情况下，本书中坐标变换也指坐标系到坐标系之间的变换。

2.2.2　坐标变换矩阵的传递特性

设有三个坐标系 S_a、S_b 和 S_c，矢量 $\boldsymbol{u}$ 在这些坐标系之间的坐标变换关系为

$$\{\boldsymbol{u}\}_b = \boldsymbol{L}_{ba}\{\boldsymbol{u}\}_a$$

$$\{\boldsymbol{u}\}_c = \boldsymbol{L}_{cb}\{\boldsymbol{u}\}_b$$

$$\{\boldsymbol{u}\}_c = \boldsymbol{L}_{ca}\{\boldsymbol{u}\}_a$$

则

$$\{\boldsymbol{u}\}_c = \boldsymbol{L}_{cb}\{\boldsymbol{u}\}_b = \boldsymbol{L}_{cb}\boldsymbol{L}_{ba}\{\boldsymbol{u}\}_a$$

比较可以得出

$$\boldsymbol{L}_{ca} = \boldsymbol{L}_{cb}\boldsymbol{L}_{ba} \qquad (2.2.8)$$

即坐标变换矩阵具有传递性质。

2.2.3　基元变换矩阵

坐标系绕它的一个轴的旋转称为基元旋转。图 2-2 表示坐标系 $Ox_ay_az_a(S_a)$ 绕 x_a 轴转过角 α 称为坐标系 S_b 的一个基元旋转。这个旋转可以用符号表示为

$$Ox_ay_az_a(S_a)\xrightarrow{\boldsymbol{L}_x(\alpha)}Ox_by_bz_b(S_b)$$

式中，由 S_a 到 S_b 的变换矩阵为

$$\boldsymbol{L}_x(\alpha)=\begin{bmatrix}1 & 0 & 0 \\ 0 & \cos\alpha & \sin\alpha \\ 0 & -\sin\alpha & \cos\alpha\end{bmatrix} \qquad (2.2.9)$$

为基元旋转矩阵。

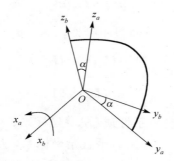

图 2-2　绕 x_a 轴的基元旋转

同理，绕 y_a 轴转过 β 角的基元旋转矩阵为

$$\boldsymbol{L}_y(\beta)=\begin{bmatrix}\cos\beta & 0 & -\sin\beta \\ 0 & 1 & 0 \\ \sin\beta & 0 & \cos\beta\end{bmatrix} \qquad (2.2.10)$$

绕 z_a 轴转过 γ 角的基元旋转矩阵为

$$\boldsymbol{L}_z(\gamma)=\begin{bmatrix}\cos\gamma & \sin\gamma & 0 \\ -\sin\gamma & \cos\gamma & 0 \\ 0 & 0 & 1\end{bmatrix} \qquad (2.2.11)$$

2.2.4　坐标变换的一般情况

由于式 (2.2.3) 的变换矩阵是规范化的正交矩阵，在其九个元素之间有六个约

束，即

$$\begin{cases} l_{11}l_{12} + l_{21}l_{22} + l_{31}l_{32} = 0 \\ l_{11}l_{13} + l_{21}l_{23} + l_{31}l_{33} = 0 \\ l_{13}l_{12} + l_{23}l_{22} + l_{33}l_{32} = 0 \\ l_{11}^2 + l_{21}^2 + l_{31}^2 = 1 \\ l_{12}^2 + l_{22}^2 + l_{32}^2 = 1 \\ l_{13}^2 + l_{23}^2 + l_{33}^2 = 1 \end{cases}$$

所以，一般情况下至少应给出三个元素，才能完全确定一个坐标变换矩阵。也可以说，从一个坐标系变换为另一个坐标系的自由度为三。

基元旋转矩阵是最简单的坐标变换矩阵，它只有一个自由度。根据坐标变换矩阵的传递性质，基元旋转矩阵相乘仍为坐标变换矩阵。所以，总可以通过先后三个基元旋转，实现一般的坐标变换。

例　设想坐标系 S_a 通过如下的三次旋转到达坐标系 S_b（图 2-3）。首先坐标系 $Ox_a y_a z_a$ 绕 z_a 轴转过角 ψ 称为 $Ox'y'z_a$；然后绕 y' 轴转过角 θ 称为 $Ox_b y'z''$；最后绕轴 x_b 转过角 φ 称为 $Ox_b y_b z_b$。这个旋转的过程可以用符号清楚地表示为

$$Ox_a y_a z_a \xrightarrow{L_z(\psi)} Ox'y'z_a \xrightarrow{L_y(\theta)} Ox_b y'z'' \xrightarrow{L_x(\varphi)} Ox_b y_b z_b$$

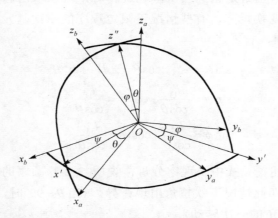

图 2-3　由三个基元旋转构成的一般坐标变换

也可以简单地表示为

$$S_a \xrightarrow{L_z(\psi)} \circ \xrightarrow{L_y(\theta)} \circ \xrightarrow{L_x(\varphi)} S_b$$

或者

$$S_a \xrightarrow{\left[L_x(\varphi)L_y(\theta)L_z(\psi)\right]} S_b$$

对应坐标系之间的关系是

$$\begin{bmatrix} x_b \\ y_b \\ z_b \end{bmatrix} = \boldsymbol{L}_x(\varphi)\begin{bmatrix} x_b \\ y' \\ z'' \end{bmatrix}, \begin{bmatrix} x_b \\ y' \\ z'' \end{bmatrix} = \boldsymbol{L}_y(\theta)\begin{bmatrix} x' \\ y' \\ z_a \end{bmatrix}, \begin{bmatrix} x' \\ y' \\ z_a \end{bmatrix} = \boldsymbol{L}_z(\psi)\begin{bmatrix} x_a \\ y_a \\ z_a \end{bmatrix}$$

依次代入，得到

$$\begin{bmatrix} x_b \\ y_b \\ z_b \end{bmatrix} = \boldsymbol{L}_x(\varphi)\boldsymbol{L}_y(\theta)\boldsymbol{L}_z(\psi)\begin{bmatrix} x_a \\ y_a \\ z_a \end{bmatrix}$$

所以，由 S_a 到 S_b 的变换矩阵为

$$\boldsymbol{L}_{ba} = \boldsymbol{L}_x(\varphi)\boldsymbol{L}_y(\theta)\boldsymbol{L}_z(\psi) \tag{2.2.12}$$

注意：基元旋转矩阵相乘的顺序是与旋转的顺序相反的。式(2.2.11)展开的结果是

$$\boldsymbol{L}_{ba} = \begin{bmatrix} \cos\theta\cos\psi & \cos\theta\sin\psi & -\sin\theta \\ \sin\varphi\sin\theta\cos\psi - \cos\varphi\sin\psi & \sin\varphi\sin\theta\sin\psi + \cos\varphi\cos\psi & \sin\varphi\cos\theta \\ \cos\varphi\sin\theta\cos\psi + \sin\varphi\sin\psi & \cos\varphi\sin\theta\sin\psi - \sin\varphi\cos\psi & \cos\varphi\cos\theta \end{bmatrix} \tag{2.2.13}$$

上述的旋转顺序是 $z-y-x$，或称 3-2-1 顺序。欧拉角最早用 3-1-3 顺序描述坐标变换，并称对应的转角为欧拉角。现在习惯上也称其他顺序转动的角为欧拉角。

由以上分析可知：当给定相继三次基元旋转时，可以求出总的坐标变换矩阵。然而，对于给定的坐标变换矩阵，有些情况下限定顺序的三次基元旋转可能没有意义。例如，对于 3-2-1 顺序，有

$$\sin\theta = -l_{13}, \ \cos\theta = \pm\sqrt{1-\sin^2\theta}$$
$$\sin\psi = \frac{l_{13}}{\cos\theta}, \ \cos\psi = \frac{l_{11}}{\cos\theta}$$
$$\sin\phi = \frac{l_{23}}{\cos\theta}, \ \cos\psi = \frac{l_{33}}{\cos\theta}$$

当 $\theta = 90°$ 时，上述关系式中出现零分母，说明 3-2-1 顺序的欧拉角不能描述这种状态下的变换关系，即此情况下欧拉角出现奇异。（当 $\theta = 90°$ 时，3-2-1 顺序实质上相当于绕 z 轴转过 $\psi - \varphi$ 角的一次转动）。

用任何顺序的欧拉角描述坐标变换，都会在某些状态下出现奇异，这是由欧拉角的本质决定的。这种情况下可以通过换另一种顺序的欧拉角来描述，以避免由于描述方法选取不当所导致的奇异问题。

如何选择旋转顺序，这不仅是一个理论问题，而且是一个工程问题。一般的选择原则如下。第一，这些转角有明显的物理意义。有时人们首先定义有明显物理意义的角（例如，迎角、侧滑角、经度、纬度），然后来寻找从一个坐标系到另一个坐标系的旋转顺序。第二，这些转角是可以测量的，或者是可以计算的。第三，遵循工程界的传统习惯。

2.2.5　由两矢量的分量列阵求坐标变换矩阵

如果已知两个非平行矢量 $\boldsymbol{p}$ 和 $\boldsymbol{q}$ 在两个坐标系 S_a 和 S_b 中的分量列阵，则变换矩阵 $\boldsymbol{L}_{ba}$ 可以按如下方法得到（图 2-4）。

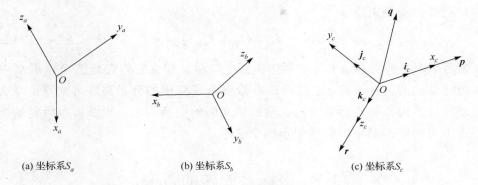

(a) 坐标系 S_a　　　　　　　　(b) 坐标系 S_b　　　　　　　　(c) 坐标系 S_c

图 2-4　矢量 $\boldsymbol{p}$、$\boldsymbol{q}$、$\boldsymbol{r}$ 和坐标系 S_a、S_b、S_c

定义第三个坐标系 S_c，其 x_c 轴沿着矢量 $\boldsymbol{p}$ 方向，z_c 轴沿着矢量 $\boldsymbol{r}=\boldsymbol{p}\times\boldsymbol{q}$ 方向，坐标系 S_c 的单位矢量 $\boldsymbol{i}_c$、$\boldsymbol{j}_c$、$\boldsymbol{k}_c$ 在坐标系 S_a 中的分量列阵为

$$\begin{cases} \{\boldsymbol{i}_c\}_a = \dfrac{\{\boldsymbol{p}\}_a}{p} \\[3mm] \{\boldsymbol{k}_c\}_a = \dfrac{\{\boldsymbol{r}\}_a}{r} = \dfrac{[\boldsymbol{p}]_a^\times \{\boldsymbol{q}\}_a}{|\boldsymbol{p}\times\boldsymbol{q}|} \\[3mm] \{\boldsymbol{j}_c\}_a = [\boldsymbol{k}_c]_a^\times \{\boldsymbol{i}_c\}_a \end{cases} \tag{2.2.14}$$

由此可以形成变换矩阵

$$\boldsymbol{L}_{ca} = \begin{bmatrix} \{\boldsymbol{i}_c\}_a^{\mathrm{T}} \\ \{\boldsymbol{j}_c\}_a^{\mathrm{T}} \\ \{\boldsymbol{k}_c\}_a^{\mathrm{T}} \end{bmatrix} \tag{2.2.15}$$

类似地可以求出单位矢量 $\boldsymbol{i}_c$、$\boldsymbol{j}_c$、$\boldsymbol{k}_c$ 在坐标系 S_b 中的分量列阵为

$$\begin{cases} \{\boldsymbol{i}_c\}_b = \dfrac{\{\boldsymbol{p}\}_b}{p} \\[3mm] \{\boldsymbol{k}_c\}_b = \dfrac{\{\boldsymbol{r}\}_b}{r} = \dfrac{[\boldsymbol{p}]_b^\times \{\boldsymbol{q}\}_b}{|\boldsymbol{p}\times\boldsymbol{q}|} \\[3mm] \{\boldsymbol{j}_c\}_b = [\boldsymbol{k}_c]_b^\times \{\boldsymbol{i}_c\}_b \end{cases} \tag{2.2.16}$$

并由此形成变换矩阵

$$L_{cb} = \begin{bmatrix} \{\boldsymbol{i}_c\}_b^{\mathrm{T}} \\ \{\boldsymbol{j}_c\}_b^{\mathrm{T}} \\ \{\boldsymbol{k}_c\}_b^{\mathrm{T}} \end{bmatrix}$$

(2.2.17)

最后得到所需的变换矩阵

$$L_{ba} = (L_{cb})^{\mathrm{T}} L_{ca}$$

(2.2.18)

如果两个非平行矢量 $\boldsymbol{p}$ 和 $\boldsymbol{q}$ 分别指向两个恒星,那么它们在地面坐标系 S_a 中的分量列阵为已知。若矢量 $\boldsymbol{p}$ 和 $\boldsymbol{q}$ 在航天器本体坐标系 S_b 上的分量列阵可测得,那么按以上结论即可计算出本体坐标系与地面坐标系之间的变换关系,也就可以确定航天器的姿态。在卫星的姿态确定中就应用了这个法则。

2.3　坐标系旋转的效应

2.3.1　在旋转坐标系中矢量的导数

取 S_i 为参考坐标系,在其上研究矢量 $\boldsymbol{u}$ 的变化。选取坐标系 S_a,在参考坐标系 S_i 上,可以将坐标系 S_a 的运动表示为随原点 O 的移动和相对原点 O 的定点转动。

设坐标系 S_a 相对原点 O 的定点转动的角速度可以表示为

$$\boldsymbol{\omega}_a = \omega_{xa}\boldsymbol{i}_a + \omega_{ya}\boldsymbol{j}_a + \omega_{za}\boldsymbol{k}_a$$

(2.3.1)

$\boldsymbol{u}(t)$ 为一个变矢量,如图 2-5 所示。

$$\boldsymbol{u} = u_{xa}\boldsymbol{i}_a + u_{ya}\boldsymbol{j}_a + u_{za}\boldsymbol{k}_a$$

(2.3.2)

矢量 $\boldsymbol{u}(t)$ 对时间的导数为

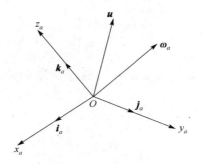

图 2-5　矢量与坐标系

$$\frac{\mathrm{d}\boldsymbol{u}}{\mathrm{d}t} = \frac{\mathrm{d}u_{xa}}{\mathrm{d}t}\boldsymbol{i}_a + \frac{\mathrm{d}u_{ya}}{\mathrm{d}t}\boldsymbol{j}_a + \frac{\mathrm{d}u_{za}}{\mathrm{d}t}\boldsymbol{k}_a + u_{xa}\frac{\mathrm{d}\boldsymbol{i}_a}{\mathrm{d}t} + u_{ya}\frac{\mathrm{d}\boldsymbol{j}_a}{\mathrm{d}t} + u_{za}\frac{\mathrm{d}\boldsymbol{k}_a}{\mathrm{d}t}$$

由泊桑公式知

$$\begin{cases} \dfrac{\mathrm{d}\boldsymbol{i}_a}{\mathrm{d}t} = \boldsymbol{\omega}_a \times \boldsymbol{i}_a \\[2mm] \dfrac{\mathrm{d}\boldsymbol{j}_a}{\mathrm{d}t} = \boldsymbol{\omega}_a \times \boldsymbol{j}_a \\[2mm] \dfrac{\mathrm{d}\boldsymbol{k}_a}{\mathrm{d}t} = \boldsymbol{\omega}_a \times \boldsymbol{k}_a \end{cases} \tag{2.3.3}$$

则有

$$\frac{\mathrm{d}\boldsymbol{u}}{\mathrm{d}t} = \left(\frac{\mathrm{d}u_{xa}}{\mathrm{d}t}\boldsymbol{i}_a + \frac{\mathrm{d}u_{ya}}{\mathrm{d}t}\boldsymbol{j}_a + \frac{\mathrm{d}u_{za}}{\mathrm{d}t}\boldsymbol{k}_a \right) + \boldsymbol{\omega}_a \times (u_{xa}\boldsymbol{i}_a + u_{ya}\boldsymbol{j}_a + u_{za}\boldsymbol{k}_a) \tag{2.3.4}$$

也可以简写成

$$\frac{\mathrm{d}\boldsymbol{u}}{\mathrm{d}t} = \frac{\mathrm{d}_a\boldsymbol{u}}{\mathrm{d}t} + \boldsymbol{\omega}_a \times \boldsymbol{u} \tag{2.3.5}$$

式中

$$\frac{\mathrm{d}_a\boldsymbol{u}}{\mathrm{d}t} = \frac{\mathrm{d}u_{xa}}{\mathrm{d}t}\boldsymbol{i}_a + \frac{\mathrm{d}u_{ya}}{\mathrm{d}t}\boldsymbol{j}_a + \frac{\mathrm{d}u_{za}}{\mathrm{d}t}\boldsymbol{k}_a \tag{2.3.6}$$

称为矢量 $\boldsymbol{u}$ 相对于坐标系 S_a 对时间 t 的导数，或称相对导数。

在 S_a 中，式 (2.3.5) 的矩阵形式为

$$\left\{ \frac{\mathrm{d}\boldsymbol{u}}{\mathrm{d}t} \right\}_a = \frac{\mathrm{d}\{\boldsymbol{u}\}_a}{\mathrm{d}t} + \left[\boldsymbol{\omega} \right]_a^{\times} \times \{\boldsymbol{u}\}_a \tag{2.3.7}$$

2.3.2 变换矩阵的变化率

一个坐标系到另一个坐标系的变换可以用变换矩阵表示，也可以通过相继的基元旋转来实现。本节要研究两个坐标系之间的相对角速度与变换矩阵或欧拉角的变换率之间的关系。

设坐标系 S_b 相对于坐标系 S_a 的角速度为 $\boldsymbol{\omega}_{ba}$，$\boldsymbol{r}$ 是固定在坐标系 S_b 上的一个矢量。根据刚体运动学定理，可以写出

$$\begin{cases} \dfrac{\mathrm{d}\boldsymbol{r}}{\mathrm{d}t} = \boldsymbol{\omega}_{ba} \times \boldsymbol{r} \\[2mm] \left\{ \dfrac{\mathrm{d}\boldsymbol{r}}{\mathrm{d}t} \right\}_a = \{\boldsymbol{r}'\}_a = \left[\boldsymbol{\omega}_{ba} \right]_a^{\times} \{\boldsymbol{r}\}_a \end{cases} \tag{2.3.8}$$

把关系式 $L_{ba}\{\boldsymbol{r}\}_a = \{\boldsymbol{r}\}_b$ 对时间微分得

$$L'_{ba}\{\boldsymbol{r}\}_a + L_{ba}\{\boldsymbol{r}'\}_a = \{\boldsymbol{r}'\}_b = \{\boldsymbol{0}\} \tag{2.3.9}$$

将式(2.3.8)中第二式代入式(2.3.9)中，得

$$L'_{ba}\{r\}_a + L_{ba}[\boldsymbol{\omega}_{ba}]_a^\times \{r\}_a = \{0\}$$

由此可得

$$L'_{ba} = -L_{ba}[\boldsymbol{\omega}_{ba}]_a^\times \tag{2.3.10}$$

由式(2.1.2)知，矢量叉乘运算 $\boldsymbol{w} = \boldsymbol{u} \times \boldsymbol{v}$ 在坐标系 S_a 和 S_b 中的矩阵形式是

$$\begin{cases} \{\boldsymbol{w}\}_a = [\boldsymbol{u}]_a^\times \{\boldsymbol{v}\}_a \\ \{\boldsymbol{w}\}_b = [\boldsymbol{u}]_b^\times \{\boldsymbol{v}\}_b \end{cases} \tag{2.3.11}$$

式(2.3.11)中第一式也可以写成

$$L_{ab}\{\boldsymbol{w}\}_b = [\boldsymbol{u}]_a^\times L_{ab}\{\boldsymbol{v}\}_b$$

或

$$\{\boldsymbol{w}\}_b = L_{ba}[\boldsymbol{u}]_a^\times L_{ab}\{\boldsymbol{v}\}_b \tag{2.3.12}$$

把式(2.3.12)与式(2.3.11)中第二式比较，可得到矢量叉乘矩阵的坐标变换公式

$$[\boldsymbol{u}]_b^\times = L_{ba}[\boldsymbol{u}]_a^\times L_{ab} \tag{2.3.13}$$

利用式(2.3.13)，可将式(2.3.10)改写成

$$L'_{ba} = -[\boldsymbol{\omega}_{ba}]_b^\times L_{ba} \tag{2.3.14}$$

这就是表示坐标变换矩阵变换率的公式。

在飞行动力学中，经常要描述一个坐标系相对于另一个坐标系的角速度，本质上也是坐标变换的变换率问题。下面通过一个例子说明分析的一般过程。

设由坐标系 S_a 到坐标系 S_b 的变换是通过 3-2-1 次序的基元旋转实现的，如图 2-6 所示，则坐标系 S_b 相对于坐标系 S_a 的角速度矢量可表示为

$$\boldsymbol{\omega} = \boldsymbol{\omega}_{ba} = \dot{\boldsymbol{\psi}} + \dot{\boldsymbol{\theta}} + \dot{\boldsymbol{\varphi}} \tag{2.3.15}$$

由坐标系 S_a 到坐标系 S_b 的变换可以表示为(参考图 2-3)

$$Ox_a y_a z_a \xrightarrow{L_z(\psi)} Ox'y'z_a \xrightarrow{L_y(\theta)} Ox_b y'z'' \xrightarrow{L_x(\varphi)} Ox_b y_b z_b$$

或

$$S_a \xrightarrow{L_z(\psi)} S_1 \xrightarrow{L_y(\theta)} S_2 \xrightarrow{L_x(\varphi)} S_b$$

式中，S_1 和 S_2 为两个中间坐标系。于是式(2.3.15)的投影形式可以写成

$$\{\boldsymbol{\omega}\}_b = \{\dot{\boldsymbol{\psi}}\}_b + \{\dot{\boldsymbol{\theta}}\}_b + \{\dot{\boldsymbol{\varphi}}\}_b$$

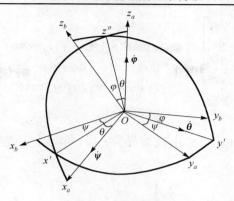

图 2-6　坐标系相对转动的运动学关系

由图 2-6 可以看出

$$\{\dot{\psi}\}_1 = \begin{bmatrix} 0 \\ 0 \\ \dot{\psi} \end{bmatrix}, \ \{\dot{\theta}\}_2 = \begin{bmatrix} 0 \\ \dot{\theta} \\ 0 \end{bmatrix}, \ \{\dot{\varphi}\}_b = \begin{bmatrix} \dot{\varphi} \\ 0 \\ 0 \end{bmatrix}$$

所以

$$\begin{aligned} \{\boldsymbol{\omega}\}_b &= \{\dot{\boldsymbol{\psi}}\}_b + \{\dot{\boldsymbol{\theta}}\}_b + \{\dot{\boldsymbol{\varphi}}\}_b \\ &= \boldsymbol{L}_{b2}\boldsymbol{L}_{21}\{\dot{\boldsymbol{\psi}}\}_1 + \boldsymbol{L}_{b2}\{\dot{\boldsymbol{\theta}}\}_2 + \{\dot{\boldsymbol{\varphi}}\}_b \end{aligned}$$

而

$$\begin{cases} \boldsymbol{L}_{b2} = \boldsymbol{L}_x(\dot{\varphi}) \\ \boldsymbol{L}_{21} = \boldsymbol{L}_y(\theta) \end{cases}$$

所以

$$\begin{aligned} \{\boldsymbol{\omega}\}_b &= \boldsymbol{L}_{b2}\boldsymbol{L}_{21}\{\dot{\boldsymbol{\psi}}\}_1 + \boldsymbol{L}_{b2}\{\dot{\boldsymbol{\theta}}\}_2 + \{\dot{\boldsymbol{\varphi}}\}_b \\ &= \boldsymbol{L}_x(\varphi)\boldsymbol{L}_y(\theta)\{\dot{\boldsymbol{\psi}}\}_1 + \boldsymbol{L}_x(\varphi)\{\dot{\boldsymbol{\theta}}\}_2 + \{\dot{\boldsymbol{\varphi}}\}_b \end{aligned}$$

即

$$\begin{aligned} \begin{bmatrix} \omega_{xb} \\ \omega_{yb} \\ \omega_{zb} \end{bmatrix} &= \begin{bmatrix} 1 & 0 & 0 \\ 0 & \cos\alpha & \sin\alpha \\ 0 & -\sin\alpha & \cos\alpha \end{bmatrix} \begin{bmatrix} \cos\theta & 0 & -\sin\theta \\ 0 & 1 & 0 \\ \sin\theta & 0 & \cos\theta \end{bmatrix} \begin{bmatrix} 0 \\ 0 \\ \dot{\psi} \end{bmatrix} \\ &+ \begin{bmatrix} 1 & 0 & 0 \\ 0 & \cos\varphi & \sin\varphi \\ 0 & -\sin\varphi & \cos\varphi \end{bmatrix} \begin{bmatrix} 0 \\ 0 \\ \dot{\theta} \end{bmatrix} + \begin{bmatrix} \dot{\varphi} \\ 0 \\ 0 \end{bmatrix} \\ &= \begin{bmatrix} \dot{\varphi} - \dot{\psi}\sin\theta \\ \dot{\theta}\cos\varphi + \dot{\psi}\sin\varphi\cos\theta \\ -\dot{\theta}\sin\varphi + \dot{\psi}\cos\varphi\cos\theta \end{bmatrix} \end{aligned} \tag{2.3.16}$$

进一步可以得到求解欧拉变换规律的运动学方程为

$$\begin{bmatrix} \dfrac{\mathrm{d}\varphi}{\mathrm{d}t} \\[2mm] \dfrac{\mathrm{d}\theta}{\mathrm{d}t} \\[2mm] \dfrac{\mathrm{d}\psi}{\mathrm{d}t} \end{bmatrix} = \begin{bmatrix} \omega_{xb} + \tan\theta(\omega_{yb}\sin\varphi + \omega_{zb}\cos\varphi) \\ \omega_{yb}\cos\varphi - \omega_{zb}\sin\varphi \\ (\omega_{yb}\sin\varphi + \omega_{zb}\cos\varphi)/\cos\theta \end{bmatrix} \tag{2.3.17}$$

注意：当 $\theta = 90°$ 时，方程(2.3.16)出现奇异。所以，用欧拉角表示坐标变换是有条件的。

2.4 习　　题

1. 坐标变化是如何定义的？

2. 试由坐标变换矩阵的正交性解释：刚体相对给定参考系的转动运动最多有三个自由度。

3. 如何选择欧拉角的旋转顺序？

4. 坐标变换矩阵具有什么性质？

5. 写出坐标变换矩阵的变化率表达式。

第 3 章　四元数理论及应用

在传统的飞行动力学中，飞行器相对于参考系的姿态是用欧拉角来定义的，即偏航角、俯仰角和滚转角。当飞行器做大幅度的姿态运动时，在某些特殊情况下，某个姿态角可能没意义，并且在运动学方程中出现奇异现象，如 2.2.3 节中所述。如果采用四元数来描述飞行器的姿态，则不会出现这种由于描述方法所产生的计算障碍。

3.1　四元数的定义和性质

四元数是 1843 年由汉密尔顿首先提出的。当时是为了把复数解决平面问题的简便方法推广到空间几何中。由于四元数在表示正交变换方面具有优势，近年来已被广泛应用于飞行器姿态描述中。

1. 四元数的定义

四元数定义为超复数。

$$Q = q_0 + q_1 \boldsymbol{i} + q_2 \boldsymbol{j} + q_3 \boldsymbol{k} \tag{3.1.1}$$

式中，$\boldsymbol{i}$、$\boldsymbol{j}$、$\boldsymbol{k}$ 可以理解为三维空间的一组基，也可以理解为三个虚数单位。

四元数 Q 可以分解成标量 q_0 和矢量 $\boldsymbol{q}$

$$\begin{cases} Q = \mathrm{scal}(Q) + \mathrm{vect}(Q) \\ \mathrm{scal}(Q) = q_0 \\ \mathrm{vect}(Q) = \boldsymbol{q} = q_1 \boldsymbol{i} + q_2 \boldsymbol{j} + q_3 \boldsymbol{k} \end{cases} \tag{3.1.2}$$

标量部分等于零的四元数称为零标四元数。矢量就是一个零标四元数。

四元数 Q 的共轭数是

$$Q^* = q_0 - q_1 \boldsymbol{i} - q_2 \boldsymbol{j} - q_3 \boldsymbol{k} = q_0 - \boldsymbol{q} \tag{3.1.3}$$

如果两个四元数 Q 和 P 的诸元相等，即 $p_s = q_s (s = 0,1,2,3)$，则这两个四元数相等。

2. 四元数的乘法规则

设 P 和 Q 为两个四元数，即

$$P = p_0 + p_1 \boldsymbol{i} + p_2 \boldsymbol{j} + p_3 \boldsymbol{k} = p_0 + \boldsymbol{p}$$
$$Q = q_0 + q_1 \boldsymbol{i} + q_2 \boldsymbol{j} + q_3 \boldsymbol{k} = q_0 + \boldsymbol{q}$$

定义 P 和 Q 的乘积为

$$P \circ Q = (p_0 + p) \circ (q_0 + q) = p_0 q_0 + p_0 q + q_0 p + p \circ q \tag{3.1.4}$$

式中

$$\begin{aligned} p \circ q &= (p_1 i + p_2 j + p_3 k) \circ (q_1 i + q_2 j + q_3 k) \\ &= p_1 q_1 i \circ i + p_1 q_2 i \circ j + p_1 q_3 i \circ k + p_2 q_1 j \circ i + p_2 q_2 j \circ j + p_2 q_3 j \circ k \\ &\quad + p_3 q_1 k \circ i + p_3 q_2 k \circ j + p_3 q_3 k \circ k \end{aligned} \tag{3.1.5}$$

值得注意的是：在此以小圆圈"∘"来表示四元数乘法，以区别通常的数乘、矢量的点乘和叉乘。其中，i、j、k 遵循下列乘法规则。

$$i \circ i = -1, \quad j \circ j = -1, \quad k \circ k = -1 \tag{3.1.6}$$

$$\begin{cases} i \circ j = -j \circ i = k \\ j \circ k = -k \circ j = i \\ k \circ i = -i \circ k = j \end{cases} \tag{3.1.7}$$

式(3.1.6)类似于虚单位的性质，式(3.1.7)类似于单位矢量的性质。于是，由式(3.1.5)可得

$$p \circ q = -p \cdot q + p \times q \tag{3.1.8}$$

所以，两四元数的乘积仍是四元数。

$$R = P \circ Q = (p_0 q_0 - p \cdot q) + (p_0 q + q_0 p + p \times q) \tag{3.1.9}$$

$$\begin{cases} \text{scal}(R) = p_0 q_0 - p \cdot q \\ \text{vect}(R) = p_0 q + q_0 p + p \times q \end{cases} \tag{3.1.10}$$

可以看出，四元数乘法满足结合律，但不满足交换律。

式(3.1.9)可以表示为矩阵形式

$$\text{col}(R) = \text{mat}(P)\text{col}(Q) \tag{3.1.11}$$

式中

$$\text{col}(R) = \begin{bmatrix} r_0 \\ r_1 \\ r_2 \\ r_3 \end{bmatrix}, \quad \text{col}(Q) = \begin{bmatrix} q_0 \\ q_1 \\ q_2 \\ q_3 \end{bmatrix} \tag{3.1.12}$$

$$\text{mat}(P) = \begin{bmatrix} p_0 & -p_1 & -p_2 & -p_3 \\ p_1 & p_0 & -p_3 & p_2 \\ p_2 & p_3 & p_0 & -p_1 \\ p_3 & -p_2 & p_1 & p_0 \end{bmatrix} \tag{3.1.13}$$

或表示为另一个矩阵形式

$$\text{col}(\boldsymbol{R}) = \text{mati}(\boldsymbol{Q})\text{col}(\boldsymbol{P}) \tag{3.1.14}$$

式中

$$\text{mati}(\boldsymbol{Q}) = \begin{bmatrix} q_0 & -q_1 & -q_2 & -q_3 \\ q_1 & q_0 & q_3 & -q_2 \\ q_2 & -q_3 & q_0 & q_1 \\ q_3 & q_2 & -q_1 & q_0 \end{bmatrix} \tag{3.1.15}$$

以上 $\text{col}(\boldsymbol{Q})$、$\text{mat}(\boldsymbol{Q})$、$\text{mati}(\boldsymbol{Q})$ 分别称为四元数 $\boldsymbol{Q}$ 的四元数列阵、四元数矩阵和四元数蜕变矩阵。

按照式（3.1.4），有

$$\boldsymbol{Q} \circ \boldsymbol{Q}^* = \boldsymbol{Q}^* \circ \boldsymbol{Q} = q_0^2 + q_1^2 + q_2^2 + q_3^2 \tag{3.1.16}$$

若 $\boldsymbol{Q} \circ \boldsymbol{Q}^* = 1$，则称 $\boldsymbol{Q}$ 为单位四元数。

由式（3.1.4）及四元数乘法的结合律性质，可得到四元数与矢量的混合乘积为

$$\begin{aligned} \boldsymbol{Q} \circ \boldsymbol{r} \circ \boldsymbol{Q}^* &= (-\boldsymbol{q} \cdot \boldsymbol{r} + q_0 \boldsymbol{r} + \boldsymbol{q} \times \boldsymbol{r}) \circ (q_0 - \boldsymbol{q}) \\ &= (1 - 2\boldsymbol{q} \cdot \boldsymbol{q})\boldsymbol{r} + 2q_0(\boldsymbol{q} \times \boldsymbol{r}) + 2(\boldsymbol{q} \cdot \boldsymbol{r})\boldsymbol{q} \end{aligned} \tag{3.1.17}$$

3.2　以四元数表示刚体的有限转动

将坐标系 S 固联在刚体上，起初 S 与坐标系 S_a 重合，当刚体绕定点 O 转动后，坐标系 S 又与坐标系 S_b 重合，则坐标系 S_a 到 S_b 的变换可表示刚体的有限转动。

显然，由坐标系 S_a 到 S_b 的变换矩阵 $\boldsymbol{L}_{ba}$ 是实数矩阵，但不是对称矩阵。由矩阵理论可知：坐标变换矩阵有一对共轭复特征值和一个实特征值，对应共轭复特征值的特征矢量也是共轭复数矢量，对应实特征值的特征矢量为实矢量。

设 λ_1 和 λ_2 为一对共轭特征值，$\boldsymbol{\xi}_1$ 和 $\boldsymbol{\xi}_2$ 为对应的特征矢量，则有

$$\boldsymbol{L}_{ba}\{\boldsymbol{\xi}_1\} = \lambda_1\{\boldsymbol{\xi}_1\}, \quad \boldsymbol{L}_{ba}\{\boldsymbol{\xi}_2\} = \lambda_2\{\boldsymbol{\xi}_2\}$$

把前式转置后与后式两边分别左乘，有

$$\{\boldsymbol{\xi}_1\}^{\text{T}} \boldsymbol{L}_{ba}{}^{\text{T}} \boldsymbol{L}_{ba}\{\boldsymbol{\xi}_2\} = \lambda_1\lambda_2\{\boldsymbol{\xi}_1\}^{\text{T}}\{\boldsymbol{\xi}_2\}$$

由于 $\boldsymbol{L}_{ba}{}^{\text{T}} \boldsymbol{L}_{ba} = \boldsymbol{E}$（单位矩阵），所以

$$\{\boldsymbol{\xi}_1\}^{\text{T}}\{\boldsymbol{\xi}_2\} = \lambda_1\lambda_2\{\boldsymbol{\xi}_1\}^{\text{T}}\{\boldsymbol{\xi}_2\}$$

由此可知

$$\lambda_1\lambda_2 = 1 \tag{3.2.1}$$

设 λ_3 是坐标变换矩阵的第三个特征值，则由矩阵理论可知

$$\det(\boldsymbol{L}_{ba}) = \lambda_1 \lambda_2 \lambda_3 \tag{3.2.2}$$

由 $\det(\boldsymbol{L}_{ba}) = 1$，结合式（3.2.1）和式（3.2.2）可知：坐标转换矩阵有一个实的特征值和对应的特征矢量，且实的特征值是 1。设对应于特征值 1 的特征矢量 $\boldsymbol{\zeta}$，则该特征值问题可表示为

$$(\boldsymbol{L}_{ba} - \boldsymbol{E})\{\boldsymbol{\zeta}\} = \{\boldsymbol{0}\}$$

或

$$\{\boldsymbol{\zeta}\} = \boldsymbol{L}_{ba}\{\boldsymbol{\zeta}\} \tag{3.2.3}$$

式（3.2.3）表明：通过坐标转换矩阵 $\boldsymbol{L}_{ba}$ 将 S_a 转换到 S_b 时，在空间存在一个矢量 $\boldsymbol{\zeta}$，该矢量在 S_a 和 S_b 上的分量矩阵相等。也可以解释为：由 S_a 到 S_b 的转换可以通过绕矢量 $\boldsymbol{\zeta}$ 的一次转动来实现，转过的角为 σ，如图 3-1 所示。或者说，刚体绕定点的有限转动，总可以通过绕过该定点的某一轴的一次转动来实现。

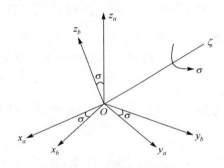

图 3-1　刚体的简单转动

设刚体绕转轴方向 $\boldsymbol{\zeta}$（单位矢量）转过 σ 角，则固定在刚体上的矢量 $\boldsymbol{p}_a$ 也随之转动，称为矢量 $\boldsymbol{p}_b$，如图 3-2 所示。那么可写出关系式

$$\begin{cases} \boldsymbol{u}_b = \cos\sigma \boldsymbol{u}_a + \sin\sigma(\boldsymbol{\zeta} \times \boldsymbol{p}_a) \\ \boldsymbol{u}_a = \boldsymbol{p}_a - \boldsymbol{h} = \boldsymbol{p}_a - (\boldsymbol{p}_a \cdot \boldsymbol{\zeta})\boldsymbol{\zeta} \\ \boldsymbol{p}_b - \boldsymbol{p}_a = \boldsymbol{u}_b - \boldsymbol{u}_a \end{cases}$$

由上式推导后得出

$$\boldsymbol{p}_b = \cos\sigma \boldsymbol{p}_a + \sin\sigma(\boldsymbol{\zeta} \times \boldsymbol{p}_a) + (\boldsymbol{p}_a \cdot \boldsymbol{\zeta})(1 - \cos\sigma)\boldsymbol{\zeta} \tag{3.2.4}$$

设坐标系 S_a（基矢量为 $\boldsymbol{i}_a$、$\boldsymbol{j}_a$、$\boldsymbol{k}_a$）绕转轴方向 $\boldsymbol{\zeta}$ 转过 σ 角成为 S_b（基矢量为 $\boldsymbol{i}_b$、$\boldsymbol{j}_b$、$\boldsymbol{k}_b$），将 $\boldsymbol{p}_a$、$\boldsymbol{p}_b$ 分别换为 $\boldsymbol{i}_a$、$\boldsymbol{i}_b$（或 $\boldsymbol{j}_a$、$\boldsymbol{j}_b$，或 $\boldsymbol{k}_a$、$\boldsymbol{k}_b$），式（3.2.4）也成立。即存在关系

$$\begin{cases} \boldsymbol{i}_b = \cos\sigma \boldsymbol{i}_a + \sin\sigma(\boldsymbol{\zeta} \times \boldsymbol{i}_a) + (\boldsymbol{i}_a \times \boldsymbol{\zeta})(1 - \cos\sigma)\boldsymbol{\zeta} \\ \boldsymbol{j}_b = \cos\sigma \boldsymbol{j}_a + \sin\sigma(\boldsymbol{\zeta} \times \boldsymbol{j}_a) + (\boldsymbol{j}_a \times \boldsymbol{\zeta})(1 - \cos\sigma)\boldsymbol{\zeta} \\ \boldsymbol{k}_b = \cos\sigma \boldsymbol{k}_a + \sin\sigma(\boldsymbol{\zeta} \times \boldsymbol{k}_a) + (\boldsymbol{k}_a \times \boldsymbol{\zeta})(1 - \cos\sigma)\boldsymbol{\zeta} \end{cases} \tag{3.2.5}$$

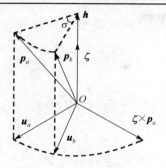

图 3-2　绕给定轴的转动

欧拉转动定理：由坐标系 S_a 到坐标系 S_b 的变换可以通过它们共同原点的某一直线的一次转动来实现。由欧拉转动定理表明，由转轴 ζ 和转角 σ 的组合可以确定坐标系 S_a 到坐标系 S_b 的变换。

若定义一个四元数

$$\boldsymbol{Q} = q_0 + q_1 \boldsymbol{i} + q_2 \boldsymbol{j} + q_3 \boldsymbol{k} = \cos(\sigma/2) + \sin(\sigma/2)\boldsymbol{\zeta} \tag{3.2.6}$$

则该四元数具有表示以上有限转动的特征（转角 σ 和转动轴方向 ζ）。

显然四个元素间存在如下约束：

$$q_0^2 + q_1^2 + q_2^2 + q_3^2 = 1$$

所以只有三个是独立的。

对图 3-2 中的矢量 $\boldsymbol{p}_a$ 进行四元数的混合乘积运算，有

$$\boldsymbol{Q} \circ \boldsymbol{p}_a \circ \boldsymbol{Q}^* = \cos\sigma\, \boldsymbol{p}_a + \sin\sigma(\boldsymbol{\zeta} \times \boldsymbol{p}_a) + (\boldsymbol{p}_a \cdot \boldsymbol{\zeta})(1 - \cos\sigma)\boldsymbol{\zeta} \tag{3.2.7}$$

比较式 (3.2.7) 和式 (3.2.4) 可以得到

$$\boldsymbol{p}_b = \boldsymbol{Q} \circ \boldsymbol{p}_a \circ \boldsymbol{Q}^* \tag{3.2.8}$$

式 (3.2.8) 给出了固连于刚体上的矢量在刚体转动前后的关系，也就是刚体有限转动的四元数表示法，称作四元数旋转变换：矢量 $\boldsymbol{p}_a$ 通过四元数变换成为矢量 $\boldsymbol{p}_b$。式 (3.2.6) 为旋转变换四元数。

3.3　用四元数表示坐标系的旋转

在 3.2 节中介绍了刚体有限转动的四元数表示法，若在式 (3.2.8) 中取 $\boldsymbol{p}_a$ 分别为 $\boldsymbol{i}_a$、$\boldsymbol{j}_a$ 和 $\boldsymbol{k}_a$，则有

$$\begin{cases} \boldsymbol{i}_b = \boldsymbol{Q} \circ \boldsymbol{i}_a \circ \boldsymbol{Q}^* \\ \boldsymbol{j}_b = \boldsymbol{Q} \circ \boldsymbol{j}_a \circ \boldsymbol{Q}^* \\ \boldsymbol{k}_b = \boldsymbol{Q} \circ \boldsymbol{k}_a \circ \boldsymbol{Q}^* \end{cases} \tag{3.3.1}$$

式 (3.3.1) 表示四元数旋转变换将坐标系 S_a 变为坐标系 S_b，可简单记作

$$S_a \xrightarrow{\quad Q_{ba} \quad} S_b \tag{3.3.2}$$

3.4　由四元数构成坐标变换矩阵

设由坐标系 S_a 到坐标系 S_b 的变换四元数为 $\boldsymbol{Q}$，对于矢量 $\boldsymbol{r}$ 有

$$\boldsymbol{r} = x_a \boldsymbol{i}_a + y_a \boldsymbol{j}_a + z_a \boldsymbol{k}_a = x_b \boldsymbol{i}_b + y_b \boldsymbol{j}_b + z_b \boldsymbol{k}_b$$

由式 (3.2.14) 知，$\boldsymbol{r}$ 可以表示为

$$
\begin{aligned}
\boldsymbol{r} &= x_a \boldsymbol{i}_a + y_a \boldsymbol{j}_a + z_a \boldsymbol{k}_a \\
&= x_b \boldsymbol{Q} \circ \boldsymbol{i}_a \circ \boldsymbol{Q}^* + y_b \boldsymbol{Q} \circ \boldsymbol{j}_a \circ \boldsymbol{Q}^* + z_b \boldsymbol{Q} \circ \boldsymbol{k}_a \circ \boldsymbol{Q}^* \\
&= \boldsymbol{Q} \circ (x_b \boldsymbol{i}_a + y_b \boldsymbol{j}_a + z_b \boldsymbol{k}_a) \circ \boldsymbol{Q}^*
\end{aligned} \tag{3.4.1}
$$

定义两个零标量四元数

$$\boldsymbol{R}_a = 0 + x_a \boldsymbol{i}_a + y_a \boldsymbol{j}_a + z_a \boldsymbol{k}_a = 0 + \boldsymbol{r} \tag{3.4.2}$$

$$\boldsymbol{R}_{b/a} = 0 + x_b \boldsymbol{i}_a + y_b \boldsymbol{j}_a + z_b \boldsymbol{k}_a \tag{3.4.3}$$

则式 (3.4.1) 可表示为

$$\boldsymbol{R}_a = \boldsymbol{Q} \circ \boldsymbol{R}_{b/a} \circ \boldsymbol{Q}^* \tag{3.4.4}$$

或

$$\boldsymbol{R}_{b/a} = \boldsymbol{Q}^* \circ \boldsymbol{R}_a \circ \boldsymbol{Q} \tag{3.4.5}$$

利用式 (3.1.11) 和式 (3.1.14) 的表示形式，可以得到

$$\mathrm{col}(\boldsymbol{R}_{b/a}) = \mathrm{mati}(\boldsymbol{Q})\mathrm{col}(\boldsymbol{Q}^* \circ \boldsymbol{R}_a) = \mathrm{mati}(\boldsymbol{Q})\mathrm{mat}(\boldsymbol{Q}^*)\mathrm{col}(\boldsymbol{R}_a)$$

即

$$
\begin{bmatrix} 0 \\ x_b \\ y_b \\ z_b \end{bmatrix} =
\begin{bmatrix}
q_0 & -q_1 & -q_2 & -q_3 \\
q_1 & q_0 & q_3 & -q_2 \\
q_2 & -q_3 & q_0 & q_1 \\
q_3 & q_2 & -q_1 & q_0
\end{bmatrix}
\begin{bmatrix}
q_0 & q_1 & q_2 & q_3 \\
-q_1 & q_0 & q_3 & -q_2 \\
-q_2 & -q_3 & q_0 & q_1 \\
-q_3 & q_2 & -q_1 & q_0
\end{bmatrix}
\begin{bmatrix} 0 \\ x_a \\ y_a \\ z_a \end{bmatrix}
$$

由此可得

$$
\begin{bmatrix} x_b \\ y_b \\ z_b \end{bmatrix} =
\left(
\begin{bmatrix} q_1 \\ q_2 \\ q_3 \end{bmatrix}
\begin{bmatrix} q_1 & q_2 & q_3 \end{bmatrix} +
\begin{bmatrix}
q_0 & q_3 & -q_2 \\
-q_3 & q_0 & q_1 \\
q_2 & -q_1 & q_0
\end{bmatrix}^2
\right)
\begin{bmatrix} x_a \\ y_a \\ z_a \end{bmatrix} \tag{3.4.6}
$$

比较式 (3.4.6) 和式 (2.2.2)，等式 (3.4.6) 右边括号内的表达式正是坐标系变换矩阵，它可以写成

$$L_{ba} = \{q\}\{q\}^{\mathrm{T}} + [q_0 E - [q]^\times]^2 \tag{3.4.7}$$

式中

$$\{q\} = \begin{bmatrix} q_1 \\ q_2 \\ q_3 \end{bmatrix}, \quad [q]^\times = \begin{bmatrix} 0 & -q_3 & q_2 \\ q_3 & 0 & -q_1 \\ -q_2 & q_1 & 0 \end{bmatrix}$$

若已知四元数，则变换矩阵的各元素为

$$\begin{cases} l_{11} = q_0^2 + q_1^2 - q_2^2 - q_3^2 \\ l_{12} = 2(q_1 q_2 + q_0 q_3) \\ l_{13} = 2(q_3 q_1 - q_0 q_2) \\ l_{21} = 2(q_1 q_2 - q_0 q_3) \\ l_{22} = q_0^2 - q_1^2 + q_2^2 - q_3^2 \\ l_{23} = 2(q_2 q_3 + q_0 q_1) \\ l_{31} = 2(q_3 q_1 + q_0 q_2) \\ l_{32} = 2(q_2 q_3 - q_0 q_1) \\ l_{33} = q_0^2 - q_1^2 - q_2^2 + q_3^2 \end{cases} \tag{3.4.8}$$

若变换矩阵的元素为已知，可以按下列方程计算对应的四元数。

$$\begin{cases} q_0 = \pm\sqrt{1 + l_{11} + l_{22} + l_{33}} \, / \, 2 \\ q_1 = (l_{23} - l_{32}) / (4q_0) \\ q_2 = (l_{31} - l_{13}) / (4q_0) \\ q_3 = (l_{12} - l_{21}) / (4q_0) \end{cases} \tag{3.4.9}$$

$$\begin{cases} q_1 = \pm\sqrt{1 + l_{11} - l_{22} - l_{33}} \, / \, 2 \\ q_2 = (l_{12} + l_{21}) / (4q_1) \\ q_3 = (l_{13} + l_{31}) / (4q_1) \\ q_0 = (l_{23} + l_{32}) / (4q_1) \end{cases} \tag{3.4.10}$$

在计算中，为了保证精读。首先利用每一组的第一行计算 q_0、q_1、q_2 和 q_3，选择给出最大值的那一组作为计算公式。

3.5　三个或更多坐标系的关系

设有三个坐标系 S_a、S_b 和 S_c，且

$$S_a \xrightarrow{Q_{ba}} S_b \xrightarrow{Q_{cb}} S_c, \quad S_a \xrightarrow{Q_{ca}} S_c$$

由式（3.3.1）可得

$$\begin{cases} \boldsymbol{i}_c = \boldsymbol{Q}_{cb} \circ \boldsymbol{i}_b \circ \boldsymbol{Q}_{cb}^* = \boldsymbol{Q}_{cb} \circ (\boldsymbol{Q}_{ba} \circ \boldsymbol{i}_a \circ \boldsymbol{Q}_{ba}^*) \circ \boldsymbol{Q}_{cb}^* \\ \boldsymbol{j}_c = \boldsymbol{Q}_{cb} \circ \boldsymbol{j}_b \circ \boldsymbol{Q}_{cb}^* = \boldsymbol{Q}_{cb} \circ (\boldsymbol{Q}_{ba} \circ \boldsymbol{j}_a \circ \boldsymbol{Q}_{ba}^*) \circ \boldsymbol{Q}_{cb}^* \\ \boldsymbol{k}_c = \boldsymbol{Q}_{cb} \circ \boldsymbol{k}_b \circ \boldsymbol{Q}_{cb}^* = \boldsymbol{Q}_{cb} \circ (\boldsymbol{Q}_{ba} \circ \boldsymbol{k}_a \circ \boldsymbol{Q}_{ba}^*) \circ \boldsymbol{Q}_{cb}^* \end{cases} \tag{3.5.1}$$

所以有

$$\boldsymbol{Q}_{ca} = \boldsymbol{Q}_{cb} \circ \boldsymbol{Q}_{ba} \tag{3.5.2}$$

即由四元数表示的转换矩阵也具有传递性质。

例 3-1　选择惯性参考基 $(\boldsymbol{i},\ \boldsymbol{j},\ \boldsymbol{k})$ 为基底，且设先后两次转动四元数分别为

$$\boldsymbol{Q}_{ba} = \cos(\pi/2) + \sin(\pi/2)\boldsymbol{k}$$
$$\boldsymbol{Q}_{cb} = \cos(\pi/2) + \sin(\pi/2)\boldsymbol{j}$$

则合转动的元数为

$$\boldsymbol{Q}_{ca} = \boldsymbol{Q}_{cb} \circ \boldsymbol{Q}_{ba} = (0+\boldsymbol{j}) \circ (0+\boldsymbol{k}) = 0 + \boldsymbol{i} = \cos\left(\frac{\pi}{2}\right) + \sin\left(\frac{\pi}{2}\right)\boldsymbol{i}$$

如图 3-3 所示。

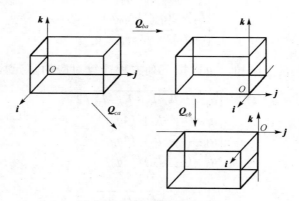

图 3-3　四元数转动的合成

这里特别应该强调的是根据四元数乘法规则，式 (3.5.2) 中各四元数只有在同一组基下表示才可以进行运算。

一般来说，由坐标系 S_a 到 S_b 的变换四元数是在 S_a 的基中表示的，也就是说在变换前的坐标系的基中表示变换四元数。如 S_a 到 S_b 的变换四元数 $\boldsymbol{Q}_{ba}$ 在 S_a 的基中表示，S_b 到 S_c 的变换四元数 $\boldsymbol{Q}_{cb}$ 在 S_b 的基中表示，而 S_a 到 S_c 的变换四元数 $\boldsymbol{Q}_{ca}$ 应在 S_a 的基中表示。所以具体运算时，应将式 (3.5.2) 在 S_a 的基中表示为

$$\begin{aligned} \boldsymbol{Q}_{ca} &= q_{0ca} + q_{1ca}\boldsymbol{i}_a + q_{2ca}\boldsymbol{j}_a + q_{3ca}\boldsymbol{k}_a = \boldsymbol{Q}_{cb} \circ \boldsymbol{Q}_{ba} \\ &= (q_{0cb} + q_{1cb}\boldsymbol{i}_b + q_{2cb}\boldsymbol{j}_b + q_{3cb}\boldsymbol{k}_b) \circ \boldsymbol{Q}_{ba} \\ &= (q_{0cb} + q_{1cb}\boldsymbol{Q}_{ba} \circ \boldsymbol{i}_a \circ \boldsymbol{Q}_{ba}^* + q_{2cb}\boldsymbol{Q}_{ba} \circ \boldsymbol{j}_a \circ \boldsymbol{Q}_{ba}^* + q_{3cb}\boldsymbol{Q}_{ba} \circ \boldsymbol{k}_a \circ \boldsymbol{Q}_{ba}^*) \circ \boldsymbol{Q}_{ba} \\ &= q_{0cb}\boldsymbol{Q}_{ba} + q_{1cb}\boldsymbol{Q}_{ba} \circ \boldsymbol{i}_a + q_{2cb}\boldsymbol{Q}_{ba} \circ \boldsymbol{j}_a + q_{3cb}\boldsymbol{Q}_{ba} \circ \boldsymbol{k}_a \\ &= \boldsymbol{Q}_{ba} \circ (q_{0cb} + q_{1cb}\boldsymbol{i}_a + q_{2cb}\boldsymbol{j}_a + q_{3cb}\boldsymbol{k}_a) = \boldsymbol{Q}_{ba} \circ \boldsymbol{Q}_{cb/a} \end{aligned} \tag{3.5.3}$$

式中

$$\boldsymbol{Q}_{cb/a} = q_{0cb} + q_{1cb}\boldsymbol{i}_a + q_{2cb}\boldsymbol{j}_a + q_{3cb}\boldsymbol{k}_a \tag{3.5.4}$$

没有明确的意义，称为虚拟四元数。

分析式(3.5.3)和式(3.5.4)可知，所有四元数均是在变换前的最初坐标系 S_a 的基中表示的。当清楚地认识到这一点后，则可以将式(3.5.3)和式(3.5.4)简写为

$$\boldsymbol{Q}_{ca\#} = \boldsymbol{Q}_{ba\#} \circ \boldsymbol{Q}_{cb\#} \tag{3.5.5}$$

$$\boldsymbol{Q}_{cb\#} = q_{0cb} + q_{1cb}\boldsymbol{i}_a + q_{2cb}\boldsymbol{j}_a + q_{3cb}\boldsymbol{k}_a \tag{3.5.6}$$

可以利用式(3.1.11)将式(3.5.5)写成

$$\mathrm{col}(\boldsymbol{Q}_{ca\#}) = \mathrm{mat}(\boldsymbol{Q}_{ba\#})\mathrm{col}(\boldsymbol{Q}_{cb\#}) \tag{3.5.7}$$

进一步，可以将式(3.5.3)推广到多次四元数旋转变换的合成。设有以下坐标变换

$$S_a \xrightarrow{Q_{ba}} S_b \xrightarrow{Q_{cb}} S_c \xrightarrow{Q_{dc}} S_d$$

则

$$\boldsymbol{Q}_{da\#} = \boldsymbol{Q}_{ba\#} \circ \boldsymbol{Q}_{cb\#} \circ \boldsymbol{Q}_{dc\#} \tag{3.5.8}$$

例 3-2　例 3-1 也可以表示为坐标系 S_a 到 S_b 的变换四元数

$$\boldsymbol{Q}_{ba} = \cos(\pi/2) + \sin(\pi/2)\boldsymbol{k}_a$$

坐标系 S_b 到 S_c 的变换四元数

$$\boldsymbol{Q}_{cb} = \cos(-\pi/2) + \sin(-\pi/2)\boldsymbol{j}_a$$

那么，由式(3.5.8)可知，S_a 到 S_c 的变换四元数可表示为

$$\begin{aligned}\boldsymbol{Q}_{ca\#} &= \boldsymbol{Q}_{ba\#} \circ \boldsymbol{Q}_{cb\#}\\&= [\cos(\pi/2)+\sin(\pi/2)\boldsymbol{k}_a] \circ \{\cos(\pi/2)+\sin[-(\pi/2)]\boldsymbol{j}_a\}\\&= 0 + \boldsymbol{i}_a = \cos(\pi/2) + \sin(\pi/2)\boldsymbol{i}_a\end{aligned}$$

与例 3-1 中结论相同。

例 3-3　设坐标系 S_a 到 S_b 的变换由三次基元旋转组成。

$$S_a \xrightarrow{L_3(\psi)} \circ \xrightarrow{L_2(\theta)} \circ \xrightarrow{L_1(\phi)} S_b$$

$$\begin{cases}\boldsymbol{Q}_{1\#} = \cos(\psi/2) + 0\boldsymbol{i} + 0\boldsymbol{j} + \sin(\psi/2)\boldsymbol{k}\\\boldsymbol{Q}_{2\#} = \cos(\theta/2) + 0\boldsymbol{i} + \sin(\theta/2)\boldsymbol{j} + 0\boldsymbol{k}\\\boldsymbol{Q}_{3\#} = \cos(\phi/2) + \sin(\phi/2)\boldsymbol{i} + 0\boldsymbol{j} + 0\boldsymbol{k}\end{cases} \tag{3.5.9}$$

因此从 S_a 到 S_b 的变换四元数是

$$\boldsymbol{Q}_{ba\#} = \boldsymbol{Q}_{1\#} \circ \boldsymbol{Q}_{2\#} \circ \boldsymbol{Q}_{3\#} \tag{3.5.10}$$

展开后得到 $\boldsymbol{Q}_{ba}$ 的元素的表达式为

$$\begin{cases} q_0 = \cos(\phi/2)\cos(\theta/2)\cos(\psi/2) + \sin(\phi/2)\sin(\theta/2)\sin(\psi/2) \\ q_1 = \sin(\phi/2)\cos(\theta/2)\cos(\psi/2) - \cos(\phi/2)\sin(\theta/2)\sin(\psi/2) \\ q_2 = \cos(\phi/2)\sin(\theta/2)\cos(\psi/2) + \sin(\phi/2)\cos(\theta/2)\sin(\psi/2) \\ q_3 = \cos(\phi/2)\cos(\theta/2)\sin(\psi/2) - \sin(\phi/2)\sin(\theta/2)\cos(\psi/2) \end{cases} \tag{3.5.11}$$

比较式 (3.4.8) 和式 (3.5.11) 中以四元数表示和以欧拉角表示的变换矩阵，则可以得到由 $\boldsymbol{Q}_{ba}$ 的元素表示的欧拉角为

$$\begin{cases} \sin\theta = -2(q_3 q_1 - q_0 q_2) \\ \dfrac{\sin\varphi}{\cos\varphi} = [2(q_2 q_3 + q_0 q_1)]/[1 - 2(q_1^2 + q_2^2)] \\ \dfrac{\sin\psi}{\cos\psi} = [2(q_1 q_2 + q_0 q_3)]/[1 - 2(q_2^2 + q_3^2)] \end{cases} \tag{3.5.12}$$

如果角 ψ、θ、φ 较小，则有近似关系

$$q_0 \approx 1, \quad q_1 \approx \varphi/2, \quad q_2 \approx \theta/2, \quad q_3 \approx \psi/2 \tag{3.5.13}$$

3.6　以四元数表示的运动学方程

设坐标系 S_b 固连于定点转动的刚体上，该刚体相对于参考坐标系 S_o 的角速度为 $\boldsymbol{\omega}$；P 是刚体上一点，其位置矢量为 $\boldsymbol{r}$，见图 3-4。

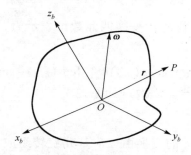

图 3-4　刚体的定点转动

按照刚体定点转动的力学原理，P 点的速度为

$$\mathrm{d}\boldsymbol{r}/\mathrm{d}t = \boldsymbol{\omega} \times \boldsymbol{r} \tag{3.6.1}$$

令 $\boldsymbol{Q}$（或按照前面的习惯，用 $\boldsymbol{Q}_{bo}$ 表示）是 S_b 相对于参考坐标系 S_o 的变换四元数；$\boldsymbol{r}_o$ 是 S_o 中固定矢量，当 S_b 与 S_o 重合时，$\boldsymbol{r}_o$ 与 $\boldsymbol{r}$ 重合。根据式 (3.2.8)，$\boldsymbol{r}_o$ 与 $\boldsymbol{r}$ 之间有如下关系。

$$\begin{cases} r = Q \circ r_o \circ Q^* \\ r_o = Q^* \circ r \circ Q \end{cases} \tag{3.6.2}$$

于是，有

$$\begin{aligned} \mathrm{d}r / \mathrm{d}t &= (\mathrm{d}Q / \mathrm{d}t) \circ r_o \circ Q^* + Q \circ r_o \circ (\mathrm{d}Q^* / \mathrm{d}t) \\ &= (\mathrm{d}Q / \mathrm{d}t) \circ (Q^* \circ r \circ Q) \circ Q^* + Q \circ (Q^* \circ r \circ Q) \circ (\mathrm{d}Q^* / \mathrm{d}t) \\ &= (\mathrm{d}Q / \mathrm{d}t) \circ Q^* \circ r \circ (Q \circ Q^*) + (Q \circ Q^*) \circ r \circ Q \circ (\mathrm{d}Q^* / \mathrm{d}t) \\ &= (\mathrm{d}Q / \mathrm{d}t) \circ Q^* \circ r + r \circ Q \circ (\mathrm{d}Q^* / \mathrm{d}t) \\ &= [(\mathrm{d}Q / \mathrm{d}t) \circ Q^*] \circ r - r \circ [(\mathrm{d}Q / \mathrm{d}t) \circ Q^*] \end{aligned} \tag{3.6.3}$$

推导式(3.6.3)中利用了关系式：

$$\begin{cases} Q \circ Q^* = 1 \\ (\mathrm{d}Q / \mathrm{d}t) \circ Q^* + Q \circ (\mathrm{d}Q^* / \mathrm{d}t) = 0 \end{cases} \tag{3.6.4}$$

引理　对于四元数 Q 和矢量 v，由四元数的乘法规则，有

$$\begin{aligned} Q \circ v - v \circ Q &= -q \cdot v + q_0 v + q \times v + q \cdot v - q_0 v + q \times v \\ &= 2q \times v \\ &= 2\mathrm{vect}(Q) \times v \end{aligned} \tag{3.6.5}$$

根据式(3.6.5)可以把式(3.6.3)改写成

$$\mathrm{d}r / \mathrm{d}t = 2\mathrm{vect}[(\mathrm{d}Q / \mathrm{d}t) \circ Q^*] \times r \tag{3.6.6}$$

比较式(3.6.1)和式(3.6.6)，可以得到角速度矢量的表达式为

$$\omega = 2\mathrm{vect}[(\mathrm{d}Q / \mathrm{d}t) \circ Q^*] \tag{3.6.7}$$

根据式(3.6.4)中第一式，有

$$\mathrm{scal}[(\mathrm{d}Q / \mathrm{d}t) \circ Q^*] = \dot{q}_0 q_0 + \dot{q}_1 q_1 + \dot{q}_2 q_2 + \dot{q}_3 q_3 = 0 \tag{3.6.8}$$

结合式(3.6.7)和式(3.6.8)，可以给出

$$\omega = 2(\mathrm{d}Q / \mathrm{d}t) \circ Q^* \tag{3.6.9}$$

定义一个零标量的四元数

$$\varOmega_0 = 0 + \omega \tag{3.6.10}$$

则式(3.6.9)可以表示为

$$\varOmega_0 = 2(\mathrm{d}Q / \mathrm{d}t) \circ Q^* \tag{3.6.11}$$

由式(3.6.11)可得出

$$\mathrm{d}Q / \mathrm{d}t = \frac{1}{2} \varOmega_0 \circ Q \tag{3.6.12}$$

值得注意的是：式(3.6.12)中各四元数只有在同一组基下表示才可进行乘法运算；而只有在参考坐标系 S_o 的基下表示，式(3.6.12)左边求导时基不变，才便于表示为矩阵形式。所以，式(3.6.12)的基底取为参考坐标系 S_o 的基。

式(3.6.12)的矩阵形式为

$$\mathrm{col}(\mathrm{d}\boldsymbol{Q}/\mathrm{d}t) = \frac{1}{2}\mathrm{mat}(\boldsymbol{\Omega}_0)\mathrm{col}(\boldsymbol{Q})$$

即

$$\begin{bmatrix} \mathrm{d}q_0/\mathrm{d}t \\ \mathrm{d}q_1/\mathrm{d}t \\ \mathrm{d}q_2/\mathrm{d}t \\ \mathrm{d}q_3/\mathrm{d}t \end{bmatrix} = \frac{1}{2}\begin{bmatrix} 0 & -\omega_{x0} & -\omega_{y0} & -\omega_{z0} \\ \omega_{x0} & 0 & -\omega_{z0} & \omega_{y0} \\ \omega_{y0} & \omega_{z0} & 0 & -\omega_{x0} \\ \omega_{z0} & -\omega_{y0} & \omega_{x0} & 0 \end{bmatrix}\begin{bmatrix} q_0 \\ q_1 \\ q_2 \\ q_3 \end{bmatrix} \tag{3.6.13}$$

式中，$(\omega_{x0} \quad \omega_{y0} \quad \omega_{z0})$ 是角速度 $\boldsymbol{\omega}$ 在参考系坐标系 S_o 上的投影分量。

在飞机动力学中，通常给出的是飞行器角速度 $\boldsymbol{\omega}$ 在本体坐标系 S_b 上的投影分量 ω_{xb}、ω_{yb}、ω_{zb}。于是，参考式(3.5.3)，引入虚拟四元数

$$\boldsymbol{\Omega}_{b/0} = \omega_{xb}\boldsymbol{i}_0 + \omega_{yb}\boldsymbol{j}_0 + \omega_{zb}\boldsymbol{k}_0 \tag{3.6.14}$$

式(3.6.12)可以改写成

$$\mathrm{d}\boldsymbol{Q}/\mathrm{d}t = \frac{1}{2}\boldsymbol{Q}\circ\boldsymbol{\Omega}_{b/0} \tag{3.6.15}$$

其矩阵形式为

$$\mathrm{col}(\mathrm{d}\boldsymbol{Q}/\mathrm{d}t) = \frac{1}{2}\mathrm{mati}(\boldsymbol{\Omega}_{b/0})\mathrm{col}(\boldsymbol{Q}) \tag{3.6.16}$$

即

$$\begin{bmatrix} \mathrm{d}q_0/\mathrm{d}t \\ \mathrm{d}q_1/\mathrm{d}t \\ \mathrm{d}q_2/\mathrm{d}t \\ \mathrm{d}q_3/\mathrm{d}t \end{bmatrix} = \frac{1}{2}\begin{bmatrix} 0 & -\omega_{xb} & -\omega_{yb} & -\omega_{zb} \\ \omega_{xb} & 0 & \omega_{zb} & -\omega_{yb} \\ \omega_{yb} & -\omega_{zb} & 0 & \omega_{xb} \\ \omega_{zb} & \omega_{yb} & -\omega_{xb} & 0 \end{bmatrix}\begin{bmatrix} q_0 \\ q_1 \\ q_2 \\ q_3 \end{bmatrix} \tag{3.6.17}$$

这就是以四元数表示的相对运动的运动学方程。

也有人称式(3.6.17)为第一类运动学方程，式(3.6.17)为第二类运动学方程。

式(2.3.17)给出的是用欧拉角表示的运动学方程，即

$$\mathrm{d}\varphi/\mathrm{d}t = \omega_{xb} + \tan\theta(\omega_{yb}\sin\varphi + \omega_{zb}\cos\varphi)$$

$$\mathrm{d}\theta/\mathrm{d}t = \omega_{yb}\cos\varphi - \omega_{zb}\sin\varphi$$

$$\mathrm{d}\psi/\mathrm{d}t = (\omega_{yb}\sin\varphi + \omega_{zb}\cos\varphi)/\cos\theta$$

式中，当 $\theta = 90°$ 时出现奇异性，而四元数表示的运动学方程(3.6.17)没有奇异性问题。

总之，用四元数描述坐标变换关系的优点是①避免奇异性；②运算比较简单（没有三角函数）；缺点是不够直观。所以，在飞行仿真中即使用四元数表示姿态，用它进行运算，仍然要输出有直观印象的欧拉角。

3.7 习 题

1．四元数是如何定义的？
2．四元数有哪些性质？
3．四元数的乘法规则是在确定的基下定义的，试解释用四元数表示转动合成的式（3.5.6）中，基是如何选取的？
4．简述用四元数描述坐标变换关系的优缺点。
5．简述欧拉转动定理。

设 计 篇

第 4 章　飞行机器人的运动学方程

飞行机器人运动学方程是描述飞机受力、力矩与飞机运动参数间关系的方程，包括力平衡方程式和力矩平衡方程式，理论依据为牛顿第二定律和动量矩定理。

4.1　基本假设与速度三角形

飞机在空气中的运动，可以分解为三种运动，即飞机相对于空气的运动、空气相对于地面的运动和飞机相对于地面的运动。飞机相对于地面的运动等于飞机相对于空气的运动与空气相对于地面的运动的矢量合成。

图 4-1 为飞行器速度矢量图，设飞机相对于空气的运动空速向量为 TAS (true airspeed)，空气相对于地面的运动风速矢量为 WS，飞机相对于地面的运动低速矢量为 GS (ground speed)。可以得到

$$GS = TAS + WS \tag{4.1.1}$$

根据矢量合成法则，空速矢量、风速矢量和地速矢量构成了一个矢量三角形，称为航行速度三角形。航行速度三角形的构成要素包括三线五角，三线为上述三个速度矢量，五角包括磁航向 MH、风向 WD、磁航迹 MTK、偏流 DA、风角 WA。

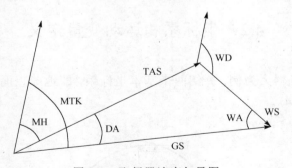

图 4-1　飞行器速度矢量图

图 4-2 为飞行器速度矢量简化图，磁航向 MH 是指飞机纵轴在地平面上的投影，与磁子午线的夹角（磁北为正，顺时针旋转）；风向 WD 指从磁经线北段顺时针测量到风的去向的夹角，即风吹去的磁方向；磁航迹 MTK 为飞机在磁航向的飞行距离；偏流 DA 是空速向量与地速方向的夹角，即航迹线偏离航向线的角度，左侧风为正，右侧风为负，偏流反映了飞行员对航向的修正量，偏流范围为 $-90°$ ～

90°。实际飞行中，偏流一般较小；风角 WA 为风速向量与地速向量的夹角，即航迹线与风向线的夹角，左侧风为正，右侧风为负，风角的大小反映了风对飞机航向和速度的影响程度，风角范围为−180°～180°。

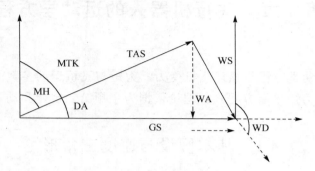

图 4-2　飞行器速度矢量简化图

航行速度三角形的计算为

$$MTK = MH + DA \tag{4.1.2}$$

$$MTK = WD_n - WA \tag{4.1.3}$$

应用正弦定理得到

$$\sin WA / TAS = \sin DA / WD = \sin(WA + DA) / GS \tag{4.1.4}$$

估算公式为

$$DA = (57.3° / TAS) * WS * \sin WA \tag{4.1.5}$$

$$GS = TAS + WS * \cos WA \tag{4.1.6}$$

4.2　坐标系和运动变量定义

以四旋翼飞行机器人为例，介绍两个基本坐标系，即地球表面惯性坐标系（图 4-3）和机体坐标系（图 4-4）。

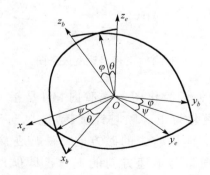

图 4-3　惯性坐标系图

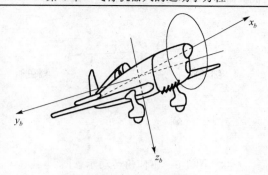

图 4-4　机体坐标系

地球表面惯性坐标系 e 用于研究飞行器相对于地面的运动状态，确定机体的空间位置坐标。它忽略地理曲率，即将地理表面假设成一张平面 A。在地面上选一点 O_e 作为飞行器的起飞位置。先让 x_e 轴在水平面内指向某一方向，z_e 轴垂直于地面向下。然后，按右手定则确定 y_e，简称地理坐标系。

机体坐标系 b，其原点 O_b 取在飞行器的重心上，机体坐标系与飞行器固连（通过将传感器固定在飞行器上，采用数学算法确定出机体坐标系）。x_b 轴在飞行器对称平面内指向机头（机头方向与多旋翼"+"字形或"X"字形相关）。z_b 轴在飞行器对称平面内，垂直 x_b 轴向下。然后，按右手定则确定 y_b 轴。

一个坐标系到另一个坐标系的变换，可以通过绕不同坐标轴的三次连续转动来实现。例如，从地理坐标系到机体坐标系的变换可以表示如下：绕地理坐标系的 z 轴转动 φ 角；绕地理坐标系的 y 轴转动 θ 角，绕地理坐标系的 x 轴转动 ϕ 角，φ、θ、ϕ 就是所称的欧拉角。

通过转换绕 e_3 轴、k_2 轴、n_1 轴分别旋转欧拉角 φ、θ、ϕ 将地理坐标系转动到机体坐标系，三次转动可以用数学方法表述成三个独立的方向余弦矩阵，定义如下。

$$\boldsymbol{R}(z,\varphi) = \begin{bmatrix} \cos\varphi & \sin\varphi & 0 \\ -\sin\varphi & \cos\varphi & 0 \\ 0 & 0 & 1 \end{bmatrix} \tag{4.2.1}$$

偏航角绕 z 轴旋转 φ 角，如图 4-5 所示。

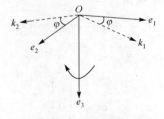

图 4-5　偏航角转动示意图

俯仰角绕 y 轴旋转 θ 角，如图 4-6 所示。

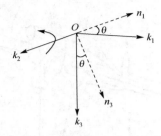

图 4-6　俯仰角转动示意图

$$\boldsymbol{R}(y,\theta)=\begin{bmatrix}\cos\theta & 0 & -\sin\theta\\ 0 & 1 & 0\\ \sin\theta & 0 & \cos\theta\end{bmatrix} \tag{4.2.2}$$

横滚角绕 x 轴旋转 ϕ 角，如图 4-7 所示。

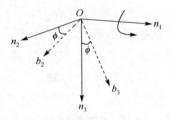

图 4-7　横滚角转动示意图

$$\boldsymbol{R}(x,\theta)=\begin{bmatrix}1 & 0 & 0\\ 0 & \cos\phi & \sin\phi\\ 0 & -\sin\phi & \cos\phi\end{bmatrix} \tag{4.2.3}$$

飞行器的旋转角速度直接由机载陀螺仪输出，记为

$$^{b}\boldsymbol{\omega}=\begin{bmatrix}^{b}\omega_x & ^{b}\omega_y & ^{b}\omega_z\end{bmatrix} \tag{4.2.4}$$

将角速度分为三个基本的旋转得

$$^{b}\boldsymbol{\omega}={}^{b}\boldsymbol{\omega}_{\text{roll}}+{}^{b}\boldsymbol{\omega}_{\text{pitch}}+{}^{b}\boldsymbol{\omega}_{\text{yaw}} \tag{4.2.5}$$

由横滚角产生角速度的变化率为

$$^{b}\boldsymbol{\omega}_{\text{roll}}=\begin{bmatrix}\phi\\ 0\\ 0\end{bmatrix} \tag{4.2.6}$$

由俯仰角产生的角速度变化率为

$${}^{b}\boldsymbol{\omega}_{\text{pitch}} = \boldsymbol{R}(x,\phi)\begin{bmatrix} 0 \\ \theta \\ 0 \end{bmatrix} \tag{4.2.7}$$

由偏航角产生的角速度变化率为

$${}^{b}\boldsymbol{\omega}_{\text{yaw}} = \boldsymbol{R}(x,\phi)\boldsymbol{R}(y,\theta)\begin{bmatrix} 0 \\ 0 \\ \varphi \end{bmatrix} \tag{4.2.8}$$

欧拉角变化率和机体角速度的关系可以表示为

$$\boldsymbol{J}_r \begin{bmatrix} \phi \\ \theta \\ \varphi \end{bmatrix} = {}^{b}\boldsymbol{\omega} \tag{4.2.9}$$

式中

$$\boldsymbol{J}_r = \begin{bmatrix} 1 & 0 & -\sin\theta \\ 0 & \cos\phi & \sin\phi\cos\theta \\ 0 & -\sin\phi & \cos\phi\cos\theta \end{bmatrix}$$

4.3 质心运动方程

本教材将飞行器视为刚体,利用质心运动定理和质心系的角动量定理建立完备的方程组。

4.3.1 一般形式

刚体质心定义如下。

$$\boldsymbol{r}_{cm} = \frac{1}{m}\int_m \boldsymbol{r}(m)\mathrm{d}m \tag{4.3.1}$$

式中,下标 cm 表示质心,于是有

$$\int_m \frac{\mathrm{d}\boldsymbol{r}(m)}{\mathrm{d}t}\mathrm{d}m = m\frac{\mathrm{d}}{\mathrm{d}t}\left[\frac{1}{m}\int_m \boldsymbol{r}(m)\mathrm{d}m\right] = m\boldsymbol{v}_{cm}$$

欧拉第一定律描述刚体的线性运动与所受外力的关系。首先引入线性动量的概念,它等于一个物体(质点)的质量乘以线速度。由牛顿第二定律可知线性动量的变化率等于物体所受的外力。刚体可以看作无数个质点的集合,刚体的线性动量等于这些质点线性动量的总和。由于刚体的性质,作用在刚体上任意一点的外力可等效地作用于刚

体上所有质点使它们的线性动量产生变化，那么

$$F = \sum_i \frac{\mathrm{d}m_i v_i}{\mathrm{d}t} \tag{4.3.2}$$

等式的右边可以转化为对刚体质量的积分，即

$$\sum_i m_i v_i = \int_m v(m)\mathrm{d}m = \int_m \frac{\mathrm{d}r(m)}{\mathrm{d}t}\mathrm{d}m \tag{4.3.3}$$

式中，向量 r 表示的是在某个参照系中刚体上每一点的位置向量。

最终得到结论：刚体的线性动量为刚体质量与它的质心线速度的乘积。这个结论表明，在考虑刚体的线性运动时，只需要考虑质心的线性运动。

根据欧拉第一定律，刚体线性动量的变化率等于它所受到的外力，即

$$F = \frac{\mathrm{d}}{\mathrm{d}t}m v_{cm} \tag{4.3.4}$$

显然，线性速度的求导就是线性加速度，所以刚体的质心运动方程可以写成

$$F = m a_{cm} \tag{4.3.5}$$

式中，F 表示刚体感受到的合外力；m、a_{cm} 分别表示刚体的质量、质心加速度。

涉及刚体的质心运动模型，有必要介绍欧拉第二运动模型。欧拉第二定律描述了刚体的角运动与所受力矩的关系。力矩在物理学里是指作用力使物体绕着转动轴或支点转动的趋向。力作用在质点上，它相对于另一个点 O 就有一个力臂，力臂与力的叉乘为力矩。力矩是一个向量，方向指向物体旋转的方向。

类似于线性动量，这里也引入角动量的概念：一个粒子相对于某个定点的角动量等于其质量与角速度的乘积。显然，（相对于这个定点的）角速度等于从定点出发到粒子的位置向量与（相对于这个定点的）粒子线速度的叉乘。

$$\omega = r \times v \tag{4.3.6}$$

则角动量写作

$$H = m\omega = r \times m v \tag{4.3.7}$$

依照牛顿定律可以得到

$$F = ma = m\frac{\mathrm{d}}{\mathrm{d}t}r \times v \tag{4.3.8}$$

可以得出结论，物体角动量的变化率等于它所受到的力矩，即

$$M = \frac{\mathrm{d}}{\mathrm{d}t}m\omega \tag{4.3.9}$$

现在需要把这个结论推广到由无数质点集合而成的刚体上。首先需要推导出刚体的角动量表达式，仍然把它看作无数质点的集合。

质量微元 dm 的动量 vdm 对点 O 的角动量为

$$\mathrm{d}\boldsymbol{H} = \boldsymbol{r} \times v\mathrm{d}m = \boldsymbol{r} \times (\boldsymbol{\omega} \times \boldsymbol{r})\mathrm{d}m = -(\lfloor \boldsymbol{r} \rfloor_\times)^2 \boldsymbol{\omega}\mathrm{d}m \tag{4.3.10}$$

对做定点转动的刚体来说，各质点的旋转角速度都相同，所以

$$\begin{aligned}
\boldsymbol{H} &= \iiint_v -(\lfloor \boldsymbol{r} \rfloor_\times)^2 \boldsymbol{\omega}\mathrm{d}m \\
&= \left[\iiint_v -(\lfloor \boldsymbol{r} \rfloor_\times)^2 \mathrm{d}m \right]\boldsymbol{\omega} \\
&= [\boldsymbol{I}]\boldsymbol{\omega}
\end{aligned} \tag{4.3.11}$$

图 4-8 为刚体的角动量。设刚体绕点 O 做定点转动，O-xyz 为某一个参考系，记做 g，定义 $[\boldsymbol{I}] = -\iiint_v -(\lfloor \boldsymbol{r} \rfloor_\times)^2 \mathrm{d}m$ 为刚体 V 对 g 坐标系的惯性张量，设 r 在坐标系下的投影分量为 $\boldsymbol{r} = [x, y, z]^\mathrm{T}$，则惯性张量可表示为

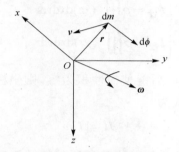

图 4-8　刚体的角动量

$$\begin{aligned}
\boldsymbol{I} &= \begin{bmatrix} I_{XX} & -I_{XY} & -I_{XZ} \\ -I_{XY} & I_{YY} & -I_{YZ} \\ -I_{XZ} & I_{YZ} & I_{ZZ} \end{bmatrix} \\
&= \iiint_V \begin{bmatrix} y^2 + z^2 & -xy & -xz \\ -xy & y^2 + z^2 & -yz \\ xz & -yz & x^2 + y^2 \end{bmatrix}\mathrm{d}m
\end{aligned} \tag{4.3.12}$$

式中，转动惯量为

$$\begin{cases} [I_{XX}] = \iiint_V (y^2 + z^2)\mathrm{d}m \\ [I_{YY}] = \iiint_V (x^2 + z^2)\mathrm{d}m \\ [I_{ZZ}] = \iiint_V (x^2 + y^2)\mathrm{d}m \end{cases} \tag{4.3.13}$$

惯性积为

$$\begin{cases} [\boldsymbol{I_{XY}}] = \iiint_V (xy)\mathrm{d}m \\[2mm] [\boldsymbol{I_{XZ}}] = \iiint_V (xz)\mathrm{d}m \\[2mm] [\boldsymbol{I_{YZ}}] = \iiint_V (yz)\mathrm{d}m \end{cases} \tag{4.3.14}$$

若刚体为均质体，密度为 ρ，则

$$\begin{cases} \boldsymbol{I_{XX}} = \rho \iiint_V (y^2 + z^2)\mathrm{d}x\mathrm{d}y\mathrm{d}z \\[2mm] \boldsymbol{I_{YY}} = \rho \iiint_V (x^2 + z^2)\mathrm{d}x\mathrm{d}y\mathrm{d}z \\[2mm] \boldsymbol{I_{ZZ}} = \rho \iiint_V (x^2 + y^2)\mathrm{d}x\mathrm{d}y\mathrm{d}z \\[2mm] \boldsymbol{I_{XY}} = \rho \iiint_V (xy)\mathrm{d}x\mathrm{d}y\mathrm{d}z \\[2mm] \boldsymbol{I_{XZ}} = \rho \iiint_V (xz)\mathrm{d}x\mathrm{d}y\mathrm{d}z \\[2mm] \boldsymbol{I_{YZ}} = \rho \iiint_V (yz)\mathrm{d}x\mathrm{d}y\mathrm{d}z \end{cases} \tag{4.3.15}$$

如果适当选择坐标系 $O\text{-}xyz$ 后能使惯性积为零，则坐标系的各轴称为刚体的惯性主轴。得出刚体的角动量表达式为

$$\boldsymbol{H} = [\boldsymbol{I}]\boldsymbol{\omega} \tag{4.3.16}$$

与力为线性动量的变化率类似，刚体所受的扭转矩定义为刚体角动量的变化率。为了进一步地理解动量矩定理，可以对式 (4.3.16) 两边求导，得到如下欧拉第二定律。

$$\frac{\mathrm{d}}{\mathrm{d}t}\boldsymbol{H} = \frac{\mathrm{d}}{\mathrm{d}t}[\boldsymbol{I}]\boldsymbol{\omega} = \boldsymbol{M} \tag{4.3.17}$$

当刚体绕定轴转动，外力矩与角动量同轴时，有

$$\frac{\mathrm{d}(\boldsymbol{I_z}\boldsymbol{\omega_z})}{\mathrm{d}t} = \boldsymbol{I_z}\boldsymbol{\omega_z} = \boldsymbol{M_z} \tag{4.3.18}$$

当刚体绕定轴转动（图 4-9），外力矩 $\boldsymbol{F}$ 与角动量垂直时，向心加速度为

$$\boldsymbol{a} = \boldsymbol{\omega}^2 \boldsymbol{r} = \boldsymbol{\omega}\boldsymbol{v} \tag{4.3.19}$$

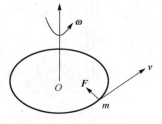

图 4-9　刚体绕定轴转动

向心力为

$$F = ma = m\omega^2 r = m\omega v \tag{4.3.20}$$

4.3.2 在地理坐标系中的运动方程

假设飞行器只受重力和螺旋桨的升力，其中螺旋桨拉力沿 z_b 负方向，重力沿 z_e 方向。建立四旋翼无人机在地理坐标系的位置动力学模型为

$$^e\dot{v} = g e_3 - \frac{F}{m} \cdot {}^e b_3 \tag{4.3.21}$$

式中，g 是重力加速度的向量表示；e_3 表示地理坐标系的 z 轴；b_3 表示机体坐标系的 z 轴；F 代表螺旋桨产生的总的升力；m 代表的是飞行器的质量。

4.3.3 在机体坐标系中的运动方程

无人机在机体坐标系下的速度 $^b v$ 可通过旋转矩阵变换到地理坐标中。

$$^e v = R \cdot {}^b v \tag{4.3.22}$$

对式 (4.3.22) 两边求导得

$$^e\dot{v} = \dot{R} \cdot {}^b v + R \cdot {}^b\dot{v} = R \cdot {}^b\dot{v} + R \cdot \lfloor {}^b\omega \rfloor_\times {}^b v \tag{4.3.23}$$

利用地理坐标系下的运动方程代入式 (4.3.23)，可以得到

$$R \cdot {}^b\dot{v} + R \cdot \lfloor {}^b\omega \rfloor_\times {}^b v = g e_3 - \frac{F}{m} R e_3 \tag{4.3.24}$$

最后简化得到无人机在机体坐标系的运动模型为

$$^b\dot{v} = -\lfloor {}^b\omega \rfloor_\times {}^b v + g R^T e_3 - \frac{F}{m} e_3 \tag{4.3.25}$$

4.4 旋 转 运 动

对四旋翼飞行器进行动力建模，需要考虑旋转运动。旋转运动方式建模的理论依据是牛顿-欧拉方程。接下来采用牛顿-欧拉的六自由度惯性等式建立四旋翼飞行器的旋转运动模型。

4.4.1 旋转的运动学方程

六自由度的运动学方程如下所示。

$$\xi = J_\Theta \cdot v \tag{4.4.1}$$

式中，ξ 为地理坐标系中的速度向量；v 为机体坐标系的速度向量；J_Θ 为转换矩阵。ξ 由四旋翼飞行器在地理坐标系的飞行距离和角度组成。

$$\xi = [{}^e\boldsymbol{\Gamma} \quad {}^e\boldsymbol{\Theta}] = [X \quad Y \quad Z \quad \phi \quad \theta \quad \varphi]^{\mathrm{T}} \tag{4.4.2}$$

v 由机体坐标系中的线速度 ${}^bv$ 和角速度 ${}^e\Theta$ 组成，即

$$v = [{}^b\boldsymbol{v} \quad {}^b\boldsymbol{\omega}] = [u \quad v \quad \omega \quad p \quad q \quad r]^{\mathrm{T}} \tag{4.4.3}$$

转换矩阵为

$$J_\Theta = \begin{bmatrix} \boldsymbol{R}_\Theta & \boldsymbol{0}_{3\times3} \\ \boldsymbol{0}_{3\times3} & \boldsymbol{T}_\Theta \end{bmatrix} \tag{4.4.4}$$

式中，$\boldsymbol{R}_\Theta$ 为从机体坐标系到地理坐标系的方向余弦矩阵；$\boldsymbol{T}_\Theta$ 为所求的转换矩阵。

四旋翼无人机的六自由度刚体牛顿欧拉方程需要考虑主体的质量 m 及刚体惯性矩阵 $[\boldsymbol{I}]$，由式（4.4.5）给出。

$$\begin{bmatrix} m\boldsymbol{I}_{3\times3} & \boldsymbol{0}_{3\times3} \\ \boldsymbol{0}_{3\times3} & [\boldsymbol{I}] \end{bmatrix} \begin{bmatrix} {}^b\boldsymbol{V} \\ {}^b\boldsymbol{\omega} \end{bmatrix} + \begin{bmatrix} {}^b\boldsymbol{\omega} \times (m\,{}^b\boldsymbol{V}) \\ {}^b\boldsymbol{\omega} \times ([\boldsymbol{I}]\,{}^b\boldsymbol{\omega}) \end{bmatrix} = \begin{bmatrix} {}^b\boldsymbol{F} \\ {}^b\boldsymbol{\tau} \end{bmatrix} \tag{4.4.5}$$

式中，$\boldsymbol{I}_{3\times3}$ 表示一个 3×3 的单位阵；${}^b\boldsymbol{V}$ 表示四旋翼在机体坐标系下的线加速度；${}^b\boldsymbol{\omega}$ 表示四旋翼在机体坐标系下的角速度；${}^b\boldsymbol{F}$ 表示机体坐标系下的飞机所受的总拉力；${}^b\boldsymbol{\tau}$ 表示机体坐标系下的力矩；$[\boldsymbol{I}]$ 表示刚体的惯性矩阵。

机体坐标原点 O_b 与无人机的质心是完全重合的，飞行器的结构完全对称，故其惯性积 $I_{XY} = I_{XZ} = I_{YZ} = 0$，因此，四旋翼的惯性矩阵可以表示为如下对角矩阵。

$$[\boldsymbol{I}] = \begin{bmatrix} I_{XX} & 0 & 0 \\ 0 & I_{YY} & 0 \\ 0 & 0 & I_{ZZ} \end{bmatrix} \tag{4.4.6}$$

式中，I_{XX}、I_{YY}、I_{ZZ} 分别为绕 x、y、z 轴的转动惯量。

定义力学向量为

$$\boldsymbol{\Lambda} = [{}^b\boldsymbol{F} \quad {}^b\boldsymbol{\tau}] = [F_X \quad F_Y \quad F_Z \quad \tau_X \quad \tau_Y \quad \tau_Z] \tag{4.4.7}$$

由此可简化成矩阵形式

$$ {}^b\boldsymbol{M}v + {}^b\boldsymbol{C}(v)v = \boldsymbol{\Lambda} \tag{4.4.8}$$

式中，${}^b\boldsymbol{M}$ 表示系统的惯性矩阵；v 是在机体坐标系中的加速度向量；${}^b\boldsymbol{C}(v)$ 表示科里奥利 -向心矩阵，两者都是机体坐标系中的矩阵，并且有

$$
{}^{b}\boldsymbol{M} = \begin{bmatrix} m\boldsymbol{I}_{3\times3} & \boldsymbol{0}_{3\times3} \\ \boldsymbol{0}_{3\times3} & [\boldsymbol{I}] \end{bmatrix} = \begin{bmatrix} m & 0 & 0 & 0 & 0 & 0 \\ 0 & m & 0 & 0 & 0 & 0 \\ 0 & 0 & m & 0 & 0 & 0 \\ 0 & 0 & 0 & I_{XX} & 0 & 0 \\ 0 & 0 & 0 & 0 & I_{YY} & 0 \\ 0 & 0 & 0 & 0 & 0 & I_{ZZ} \end{bmatrix} \qquad (4.4.9)
$$

$$
{}^{b}\boldsymbol{C}(\boldsymbol{v}) = \begin{bmatrix} \boldsymbol{0}_{3\times3} & -m\lfloor {}^{b}\boldsymbol{V} \rfloor_{\times} \\ \boldsymbol{0}_{3\times3} & -\lfloor [\boldsymbol{I}]{}^{b}\boldsymbol{\omega} \rfloor_{\times} \end{bmatrix} = \begin{bmatrix} 0 & 0 & 0 & 0 & m\omega & -mv \\ 0 & 0 & 0 & -m\omega & 0 & m\mu \\ 0 & 0 & 0 & mv & -m\mu & -I_{YY}q \\ 0 & 0 & 0 & 0 & I_{ZZ}r & 0 \\ 0 & 0 & 0 & -I_{ZZ}r & 0 & I_{XX}p \\ 0 & 0 & 0 & I_{YY}q & -I_{XX}p & 0 \end{bmatrix} \qquad (4.4.10)
$$

重力向量 ${}^{b}\boldsymbol{G}(\boldsymbol{\xi})$ 由重力加速度 $\boldsymbol{g}$ 给定。因为重力是一个力而非力矩，因此 ${}^{b}\boldsymbol{G}(\boldsymbol{\xi})$ 只会影响飞机的线运动而不会对角运动造成影响。本书采用 NED 地理坐标系，因此

$$
{}^{b}\boldsymbol{G}(\boldsymbol{\xi}) = \begin{bmatrix} {}^{b}\boldsymbol{F}_{G} \\ \boldsymbol{0}_{3\times1} \end{bmatrix} = \begin{bmatrix} \boldsymbol{R}_{\Theta}^{-1}{}^{e}\boldsymbol{F}_{G} \\ \boldsymbol{0}_{3\times1} \end{bmatrix} = \begin{bmatrix} \boldsymbol{R}_{\Theta}^{\mathrm{T}}\begin{bmatrix} 0 \\ 0 \\ mg \end{bmatrix} \\ \boldsymbol{0}_{3\times1} \end{bmatrix} = \begin{bmatrix} -mg\sin\theta \\ -mg\cos\theta\sin\phi \\ -mg\cos\theta\cos\phi \\ 0 \\ 0 \\ 0 \end{bmatrix} \qquad (4.4.11)
$$

陀螺效应是由四个旋翼的旋转造成的。四旋翼无人机的两个电机顺时针旋转，另外两个电机逆时针旋转，规定逆时针旋转为正，顺时针旋转为负，当四个电机速度的和不为零时会出现全局不平衡。如果横滚或者俯仰角速度也不为零，那么四旋翼的陀螺效应矩阵可以表示为

$$
{}^{b}\boldsymbol{O}(\boldsymbol{v})\boldsymbol{\Omega} = -\boldsymbol{J}_{r}\begin{bmatrix} \boldsymbol{0}_{3\times1} \\ \left({}^{b}\boldsymbol{\omega}\times\begin{bmatrix} 0 \\ 0 \\ 1 \end{bmatrix}\right) \end{bmatrix}\boldsymbol{\Omega} = \boldsymbol{J}_{r}\begin{bmatrix} \boldsymbol{0}_{3\times1} \\ \left(\begin{bmatrix} -q \\ p \\ 0 \end{bmatrix}\right) \end{bmatrix}\boldsymbol{\Omega} = \boldsymbol{J}_{r}\begin{bmatrix} 0 & 0 & 0 & 0 \\ 0 & 0 & 0 & 0 \\ 0 & 0 & 0 & 0 \\ q & q & -q & -q \\ p & p & -p & -p \\ 0 & 0 & 0 & 0 \end{bmatrix} \qquad (4.4.12)
$$

式中，${}^{b}\boldsymbol{O}$ 表示螺旋桨的陀螺效应矩阵；$\boldsymbol{J}_{r}$ 表示电机的转动惯量。由于陀螺效应，旋翼的旋转只对角运动产生影响。螺旋桨只绕着 z 轴旋转，因此与向量 $[0\quad 0\quad 1]^{\mathrm{T}}$ 进行叉乘。

$$
\boldsymbol{\Omega} = \varpi_1 + \varpi_2 - \varpi_3 - \varpi_4 \qquad (4.4.13)
$$

式中，ϖ_1、ϖ_2、ϖ_3、ϖ_4 分别代表四个螺旋桨的转速。

　　根据空气动力学原理，螺旋桨转动产生的力和力矩都是与其转速的平方成正比的，因此运动矩阵 ^bE 乘上 $^2\Omega$ 可以得到运动向量 $^bU(\Omega)$。

$$^bU(\Omega) = {}^bE\,^2\Omega = \begin{bmatrix} 0 \\ 0 \\ U_1 \\ U_2 \\ U_3 \\ U_4 \end{bmatrix} = \begin{bmatrix} 0 \\ 0 \\ c_T(\varpi_1^2 + \varpi_2^2 + \varpi_3^2 + \varpi_4^2) \\ dc_T\left(-\dfrac{\sqrt{2}}{2}\varpi_1^2 + \dfrac{\sqrt{2}}{2}\varpi_2^2 + \dfrac{\sqrt{2}}{2}\varpi_3^2 - \dfrac{\sqrt{2}}{2}\varpi_4^2\right) \\ dc_T\left(\dfrac{\sqrt{2}}{2}\varpi_1^2 - \dfrac{\sqrt{2}}{2}\varpi_2^2 + \dfrac{\sqrt{2}}{2}\varpi_3^2 - \dfrac{\sqrt{2}}{2}\varpi_4^2\right) \\ c_M(\varpi_1^2 + \varpi_2^2 + \varpi_3^2 + \varpi_4^2) \end{bmatrix} \tag{4.4.14}$$

　　这里 U_1、U_2、U_3、U_4 表示的是螺旋桨转动所产生机体运动向量，U_1 表示沿机体坐标系 z 轴向上的拉力，U_2、U_3、U_4 则分别表示绕机体坐标系 x 轴、y 轴、z 轴转动产生的力矩。运动矩阵 ^bE 可表示为

$$^bE = \begin{bmatrix} 0 & 0 & 0 & 0 \\ 0 & 0 & 0 & 0 \\ c_T & c_T & c_T & c_T \\ -\dfrac{\sqrt{2}}{2}dc_T & \dfrac{\sqrt{2}}{2}dc_T & \dfrac{\sqrt{2}}{2}dc_T & -\dfrac{\sqrt{2}}{2}dc_T \\ \dfrac{\sqrt{2}}{2}dc_T & -\dfrac{\sqrt{2}}{2}dc_T & \dfrac{\sqrt{2}}{2}dc_T & -\dfrac{\sqrt{2}}{2}dc_T \\ c_M & c_M & c_M & c_M \end{bmatrix} \tag{4.4.15}$$

得到四旋翼无人机总体动力学方程为

$$^bM\dot{v} + {}^bC(v)v = {}^bG(\xi) + {}^bO(v)\Omega + {}^bE\Omega^2 \tag{4.4.16}$$

　　式 (4.4.16) 可以改写为关于 $\dot{v}$ 的表达式。

$$\dot{v} = {}^bM^{-1}[-{}^bC(v)v + {}^bG(\xi) + {}^bO(v)\Omega + {}^bE\Omega^2] \tag{4.4.17}$$

系统在机体坐标系的动力学方程为

$$\begin{cases} \dot{u} = (vr - \omega q) - mg\sin\theta \\ \dot{v} = (wq - ur) + mg\cos\theta\sin\phi \\ \dot{\omega} = (uq - vp) + g\cos\theta\cos\phi + \dfrac{U_1}{m} \\ \dot{p} = \dfrac{I_{YY} - I_{ZZ}}{I_{XX}}qr + \dfrac{J_r}{I_{XX}}q\Omega + \dfrac{U_2}{I_{XX}} \\ \dot{q} = \dfrac{I_{ZZ} - I_{XX}}{I_{YY}}pq + \dfrac{J_r}{I_{YY}}p\Omega + \dfrac{U_3}{I_{YY}} \\ \dot{r} = \dfrac{I_{XX} - I_{YY}}{I_{ZZ}}pq + \dfrac{U_4}{I_{ZZ}} \end{cases} \tag{4.4.18}$$

式中，螺旋桨的转速与产生的升力和力矩的关系如式(4.4.19)所示。

$$
\begin{cases}
U_1 = c_T(\varpi_1^2 + \varpi_2^2 + \varpi_3^2 + \varpi_4^2) \\
U_2 = dc_T\left(-\dfrac{\sqrt{2}}{2}\varpi_1^2 + \dfrac{\sqrt{2}}{2}\varpi_2^2 + \dfrac{\sqrt{2}}{2}\varpi_3^2 - \dfrac{\sqrt{2}}{2}\varpi_4^2\right) \\
U_3 = dc_T\left(\dfrac{\sqrt{2}}{2}\varpi_1^2 - \dfrac{\sqrt{2}}{2}\varpi_2^2 + \dfrac{\sqrt{2}}{2}\varpi_3^2 - \dfrac{\sqrt{2}}{2}\varpi_4^2\right) \\
U_4 = c_M(\varpi_1^2 + \varpi_2^2 + \varpi_3^2 + \varpi_4^2) \\
\Omega = \varpi_1^2 + \varpi_2^2 - \varpi_3^2 - \varpi_4^2
\end{cases}
\tag{4.4.19}
$$

　　上述描述的四旋翼无人机的动力系统是在机体坐标系中表示的。为了更好地阐述四旋翼飞行器六自由度的运动模型，接下来将四旋翼无人机的运动分为机体坐标系中的角运动和地球坐标系中的线运动。因为这样可以比较清晰地表述飞行器的运动特性，可以很容易地表现出飞行器的控制。这两个坐标系一同称作一个混合坐标系(h系)。

　　接下来将坐标系扩展为一个混合坐标系(hybird coordinate system)，即扩展到描述线运动的地球坐标系和描述角运动的机体坐标系中。

　　定义四旋翼无人机在 h 系中的速度向量 ξ 为

$$
\xi = [{}^e\boldsymbol{\Gamma} \quad {}^b\boldsymbol{\omega}] = [X \quad Y \quad Z \quad p \quad q \quad r]^{\mathrm{T}}
\tag{4.4.20}
$$

h 系下系统动力学方程为

$$
{}^h\boldsymbol{M}\xi + {}^h\boldsymbol{C}(\xi)\xi = {}^h\boldsymbol{G}(\xi) + {}^h\boldsymbol{O}(\xi)\boldsymbol{\Omega} + {}^h\boldsymbol{E}(\xi)\boldsymbol{\Omega}^2
\tag{4.4.21}
$$

式中，ξ 表示四旋翼在 h 系的加速度，无人机的系统惯性矩阵 ${}^h\boldsymbol{M}$ 与机体坐标系的惯性矩阵一致，即

$$
{}^h\boldsymbol{M} = {}^b\boldsymbol{M} = \begin{bmatrix} m\boldsymbol{I}_{3\times3} & \boldsymbol{0}_{3\times3} \\ \boldsymbol{0}_{3\times3} & [\boldsymbol{I}] \end{bmatrix}
\tag{4.4.22}
$$

　　H 系下的科里奥利-向心矩阵 ${}^h\boldsymbol{C}$ 不同于其在机体坐标系下的表示，由式(4.4.23)表示。

$$
{}^h\boldsymbol{C}(\xi) = \begin{bmatrix} \boldsymbol{0}_{3\times3} & \boldsymbol{0}_{3\times3} \\ \boldsymbol{0}_{3\times3} & -\left\lfloor [\boldsymbol{I}]{}^b\boldsymbol{\omega}\right\rfloor_\times \end{bmatrix} = \begin{bmatrix} 0 & 0 & 0 & 0 & 0 & 0 \\ 0 & 0 & 0 & 0 & 0 & 0 \\ 0 & 0 & 0 & 0 & 0 & 0 \\ 0 & 0 & 0 & 0 & I_{ZZ}r & -I_{YY}q \\ 0 & 0 & 0 & -I_{ZZ}r & 0 & I_{XX}p \\ 0 & 0 & 0 & I_{YY}q & -I_{XX}p & 0 \end{bmatrix}
\tag{4.4.23}
$$

　　h 系下的重力向量 ${}^h\boldsymbol{G}$ 定义为

$$
{}^h\boldsymbol{G}(\xi)=\begin{bmatrix}{}^e\boldsymbol{F}_G\\ \boldsymbol{0}_{3\times1}\end{bmatrix}=\begin{bmatrix}0\\ 0\\ 0\\ mg\\ 0\\ 0\end{bmatrix} \tag{4.4.24}
$$

式中，${}^h\boldsymbol{G}$ 只会对 z 方向上的线运动产生影响。

因为陀螺效应只与机体坐标系中的角运动有关，所以由螺旋桨转动产生的陀螺效应不会发生改变。

$$
{}^h\boldsymbol{O}(\xi)\xi={}^b\boldsymbol{O}(\xi)\xi \tag{4.4.25}
$$

因为螺旋桨转动所产生升力 U_1 会通过改变旋转矩阵 $\boldsymbol{R}_\Theta$ 对三个方向上的线运动产生影响，所以 h 系中的运动矩阵与机体坐标系中的有所不同。

$$
{}^h\boldsymbol{E}(\xi)\xi^2=\begin{bmatrix}\boldsymbol{R}_\Theta & \boldsymbol{0}_{3\times3}\\ \boldsymbol{0}_{3\times3} & \boldsymbol{I}_{3\times3}\end{bmatrix}{}^b\boldsymbol{E}\boldsymbol{\Omega}^2=\begin{bmatrix}(\sin\phi\sin\varphi+\cos\phi\sin\theta\cos\varphi)U_1\\ (-\cos\phi\sin\varphi+\sin\phi\sin\theta\cos\varphi)U_1\\ (\cos\theta\cos\varphi)U_1\\ U_2\\ U_3\\ U_4\end{bmatrix} \tag{4.4.26}
$$

H 系下系统动力学方程关于 ξ 的表达式为

$$
\xi={}^h\boldsymbol{M}^{-1}[-{}^h\boldsymbol{C}(\xi)\xi+{}^h\boldsymbol{G}+{}^h\boldsymbol{O}(\xi)\boldsymbol{\Omega}+{}^h\boldsymbol{E}(\xi)\boldsymbol{\Omega}^2] \tag{4.4.27}
$$

四旋翼在飞行过程中会遇到空气阻力，记为 $\boldsymbol{f}$，空气阻力（在地理坐标系下）与四旋翼移动速度的二次方成正比，即

$$
{}^e\boldsymbol{f}=-\frac{1}{2}C_p S\left|{}^e\dot{\boldsymbol{\Gamma}}\right|{}^e\dot{\boldsymbol{\Gamma}} \tag{4.4.28}
$$

式中，C 表示空气阻力系数；ρ 表示空气密度；S 表示机体的迎风面积，记为 $k=\dfrac{1}{2}C_\rho S$，则式 (4.4.28) 变为

$$
{}^e\boldsymbol{f}=-k\left|{}^e\dot{\boldsymbol{\Gamma}}\right|{}^e\dot{\boldsymbol{\Gamma}} \tag{4.4.29}
$$

考虑空气阻力，式 (4.4.27) 可表示为

$$
\xi={}^h\boldsymbol{M}^{-1}[-{}^h\boldsymbol{C}(\xi)\xi+{}^h\boldsymbol{G}+{}^h\boldsymbol{O}(\xi)\xi+{}^h\boldsymbol{E}(\xi)\xi^2]+{}^h\boldsymbol{f} \tag{4.4.30}
$$

系统的运动方程最终可表示为

$$
\begin{cases}
X = (\sin\phi\sin\varphi + \cos\phi\sin\theta\cos\varphi)\dfrac{U_1}{m} - \dfrac{k}{m}X^2 \\[2mm]
Y = (-\cos\phi\sin\varphi + \sin\phi\sin\theta\cos\varphi)\dfrac{U_1}{m} - \dfrac{k}{m}Y^2 \\[2mm]
Z = g + \cos\theta\cos\varphi\dfrac{U_1}{m} - \dfrac{k}{m}Z^2 \\[2mm]
p = \dfrac{I_{YY} - I_{ZZ}}{I_{XX}}qr + \dfrac{J_r}{I_{XX}}q\Omega + \dfrac{U_2}{I_{XX}} \\[2mm]
q = \dfrac{I_{ZZ} - I_{XX}}{I_{YY}}pr + \dfrac{J_r}{I_{YY}}p\Omega + \dfrac{U_3}{I_{YY}} \\[2mm]
r = \dfrac{I_{XX} - I_{YY}}{I_{ZZ}}pq + \dfrac{U_4}{I_{ZZ}}
\end{cases}
\tag{4.4.31}
$$

4.4.2　姿态表示和运动学方程的多种方式讨论

根据牛顿运动学定律和姿态表示方法，可分别使用旋转矩阵、欧拉角以及四元数建立四旋翼无人机的运动学模型。

(1) 基于旋转矩阵模型。

$$
ep = {}^{e}\boldsymbol{v} \tag{4.4.32}
$$

$$
\boldsymbol{R} = R\big\lfloor {}^{b}\boldsymbol{\omega} \big\rfloor_{\times} \tag{4.4.33}
$$

式中，ep 为无人机在地理坐标系的位置；${}^{e}\boldsymbol{v}$ 为无人机质心运动的线速度；$\boldsymbol{R}$ 为地理坐标系到机体坐标系的旋转矩阵。

(2) 基于欧拉角模型。

$$
ep = {}^{e}\boldsymbol{v} \tag{4.4.34}
$$

$$
\boldsymbol{\Theta} = \boldsymbol{T}\,{}^{b}\boldsymbol{\omega} \tag{4.4.35}
$$

(3) 基于四元数模型。

$$
ep = {}^{e}\boldsymbol{v} \tag{4.4.36}
$$

$$
q_0 = -\frac{1}{2}\boldsymbol{q}_V^{\mathrm{T}}\,{}^{b}\boldsymbol{\omega} \tag{4.4.37}
$$

$$
\boldsymbol{q}_V = \frac{1}{2}(q_0\boldsymbol{I}_3 + \lfloor \boldsymbol{q}_V \rfloor_{\times})\,{}^{b}\boldsymbol{\omega} \tag{4.4.38}
$$

4.5　习　　题

1. 飞机在空气中的运动，可以分解为哪几种运动？

2．简述地理坐标系和机体坐标系的区别。

3．列出无人机在机体坐标系和地理坐标系的表达方程。

4．列出四旋翼无人机总体动力学方程。

5．四旋翼无人机的运动学模型表示方法有几种？

第 5 章　飞行机器人的动力系统建模

飞行机器人的动力系统是为无人机的飞行提供动力的系统装置，是飞行机器人正常工作的核心，飞行机器人动力系统建模对正确分析飞行机器人的性能有至关重要的作用。

5.1　飞行机器人气动布局

气动设计是飞行机器人提高飞行性能的关键环节。旋翼无人机在空中飞行时，作用在旋翼上的外力有空气动力和机身重力。旋翼产生的拉力是直升机能在空中悬停的主要动力。旋翼桨叶本身的作用类似于固定翼，它不停地旋转产生拉力，才能克服重力使其悬停空中。旋翼的拉力在下面章节中给出。旋翼不是通过前飞速度增加而增加拉力，而是靠旋翼的转速来提高。在单个旋翼旋转面积固定而无法增加拉力的情况下，也可以通过增加旋翼的数量来增加升力。

旋翼无人机通常采用叶素分析法，叶素是一小段桨叶。叶素法的原理是把桨叶剖面看作一个翼型，然后分析计算该翼型的气动力，最终把桨叶各个叶素拉力和气动扭矩从叶根到叶尖积分，再乘以桨叶的片数，就得到了最终的总气动力和总气动扭矩。

在空气动力学中，升阻比(L/D)是指飞行器在同一迎角下升力与阻力的比值。飞行器的升阻比越大，其空气动力性能越好，对飞行越有利，也会有较佳的爬升性能。升阻比的公式为

$$f = \frac{L}{D} \tag{5.1.1}$$

一般飞机的阻力会和升力使用相同的参考面积，也就是其翼面积，因此升阻比可简化为升力系数及阻力系数之间的比值。

$$f = \frac{C_L}{C_D} \tag{5.1.2}$$

一般此数值是在特定空速及迎角下的升力除以相同条件下的阻力。升阻比随速度而变化，因此所得结果一般会是不同空速下升阻比的曲线。由于阻力在高速及低速时较大，因此升阻比相对速度的图形一般会呈现倒 U 字形。

气动布局从根本上决定着飞行器的性能要求能否实现,也是飞行器设计的一个重要环节。常规飞机的气动布局可以大致分为常规布局和非常规布局。常规布局最成熟一直沿用至今,民用客机一直使用这种布局。而非常规布局又可以分为:①鸭式布局;②V 形尾布局;③无尾布局;④翼身融合布局。但是微型无人机与常规飞机有很大不同。现在微型无人机多采用固定翼式、旋翼式和扑翼式,这里着重研究旋翼式无人机。

5.2　总　体　描　述

5.2.1　动力系统

无人机的动力系统,主要由螺旋桨、电机、电调和电池组成。

1)螺旋桨

图 5-1 为几种常见螺旋桨。螺旋桨是直接产生推力的部件,以追求效率为第一目的。与之匹配的电机、电调越合适,就可以在相同的推力下消耗更少的电量,这样就能延长无人机的续航时间。因此,选择最优的螺旋桨是提高续航时间的一条捷径。

(a)大疆自紧桨　　　　　　　　(b)三叶桨

(b)双叶桨

图 5-1　常见螺旋桨

假设螺旋桨在一种不能流动的介质中旋转,那么螺旋桨每转一圈,就会向前进一个距离,就称为螺距(propeller pitch)。显然,桨叶的角度越大,螺距也越大,角度与旋转平面角度为 0,螺距也为 0。螺旋桨一般用 4 个数字表示,其中前面 2 位是螺旋桨的直径，后面 2 位是螺旋桨的螺距。例如，1045 桨的直径为 10 英寸，而螺距为 4.5 英寸。

螺旋桨在使用前都必须进行静平衡和动平衡测试以减少飞行过程中产生的振动。螺旋桨静平衡是指螺旋桨重心与轴心线重合时的平衡状态；而螺旋桨动平衡是指螺旋桨重心与其惯性中心重合时的平衡状态。出现不平衡的情况时，可以通过贴透明胶带到轻的桨叶，或用砂纸打磨偏重的螺旋桨平面(非边缘)来实现平衡。实验证明，对于多旋翼来说，双叶桨的性能最优，这也是为什么市面上绝大多数飞行器都选用双叶桨的一个重要原因。

2) 电机

图 5-2 为几种常见电机。四旋翼无人机的电机主要以无刷直流电机为主，电机的作用是将电能转换成机械能。无刷直流电机运转时靠电子电路换向，这样就极大地减少了电火花对遥控无线电设备的干扰，也减小了噪声。它一头固定在机架力臂的电机座，一头固定螺旋桨，通过旋转产生向下的推力。不同大小、负载的机架，需要配合不同规格、功率的电机。

无刷电机的尺寸一般用 4 个数字表示，其中前 2 位是电机转子的直径，后 2 位是电机转子的高度。简单地说，前 2 位越大，电机越宽，后面 2 位越大，电机越高。又高又大的电机，功率就更大，适合做大四轴。例如，2212 电机表示电机转子的直径是 22mm，电机转子的高度是 12mm。

(a) 朗宇 2204

(b) DJL2312

(c) MT2205

图 5-2 几种常见电机

无刷电机最重要的一个参数是标称空载 KV 值，这个数值是无刷电机独有的一个性能参数，是判断无刷电机性能特点的一个重要数据。无刷电机 KV 值定义为 r/V，意思为输入电压增加 1V，无刷电机空转转速增加的转速值。例如，1000KV 的电机，外加 1V 电压，电机空转时每分钟转 1000r，外加 2V 电压，电机空转就变为 2000r 了。从这个定义来看，无刷电机电压的输入与电机空转转速是遵循严格的线性比例关系的。单从 KV 值，无法评价电机的好坏，因为不同 KV 值有适用不同尺寸的桨。

3）电调

图 5-3 为电调功能示意图。电机的性能和磁钢数量、磁钢磁通强度、电机输入电压大小等因素有关，更与无刷电机的控制性能有很大关系，这就是无刷电机配合的电调需要解决的问题。

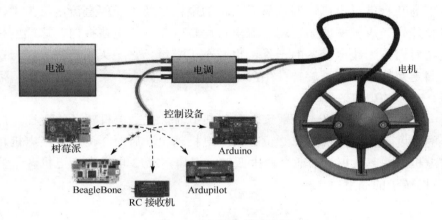

图 5-3　电调功能示意图

电调全称电子调速器（electronic speed control，ESC），其最基本的功能就是电机调速（通过飞控板给定 PWM 信号进行调节）。电调还能够充当换相器的角色，因为无刷电机没有电刷进行换相（直流电源转化为三相电源供给无刷电机，并对无刷电机起调速作用），所以需要靠电调进行电子换相。电调还有一些其他辅助功能，如电池保护、启动保护、制动等。

无刷电调最主要的参数是电调的功率，通常以安数（A）来表示，如 10A、20A、30A。不同电机需要配备不同安数的电调，安数不足会导致电调甚至电机烧毁。更具体地，无刷电调有持续电流和 ns 内瞬时电流两个重要参数，前者表示正常时的电流，而后者表示 ns 内容忍的最大电流。选择电调型号时一定要注意电调最大电流的大小满足要求，留有足够的安全裕度容量，以避免电调上面的功率管烧坏。

电调具有可编程的特性。通过内部参数设置，可以达到最佳的电调性能。通常有三种方式可对电调参数进行设置：通过编程卡直接设置电调参数通过 USB 连接、用计算机软件设置电调参数、通过接收器用遥控器摇杆设置电调参数。设置的参数包括：电池低压断电电压设定、电流限定设定、制动模式设定、油门控制模式、切换时序设定、断电模式设定、启动方式设定以及 PWM 模式设定等。

需要注意的是如果电机和电调兼容性不好，那么会发生堵转，即电机不能转动了。因此电调通常需要与电机搭配选购。

4) 电池

图 5-4 为几种常用电池，电池主要用于提供能量。目前航模最大的问题在于续航时间不够，其关键就在于电池容量的大小。现在可用来做模型动力的电池种类很多，常见的有锂电池（LiPo）和镍氢电池（NiMh），主要源于其优良的性能和便宜的价格优势。然而，对于四旋翼无人机而言，电池单位重量的能量载荷很大程度上限制了其飞行时间和任务拓展。

(a) 精灵 4 电池

(b) 聚海 3S 电池

(c) 酷点 3S 电池

图 5-4 几种常用电池

锂电池组包含两部分：电池和锂电池保护线路。如图 5-5 所示，电池的单节电压为 3.7V，3S1P 表示 3 片锂聚合物电池的串联，电压是 11.1V，S 是串联，P 表示并联。又如 2S2P 电池表示 2 片锂聚合物电池的串联，然后两个这样的串联结构并联，

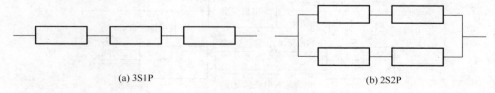

(a) 3S1P

(b) 2S2P

图 5-5 电芯组合方式

总电压是 7.4V，电流是单个电池的两倍。电池在放电过程中电压会下降，而且由于电池本身具有内阻，其放电电流越大，由自身内阻导致的压降就越大，所以输出的电压就越小。

电池的容量用 mA·h(毫安时)表示。5000mA·h 的电池表示该电池以 5000mA 的电流放电可以持续 1h。但是，随着放电过程的进行，电池的放电能力在下降，其输出电压会缓慢下降，所以导致其剩余容量与放电时间并非是线性关系。在实际多旋翼飞行过程中，有两种方式检测电池的剩余容量是否满足飞行安全的要求。一种方式是检测电池单节电压，另一种方式是实时检测电池输出电流做积分计算。需要注意的是：单电芯充满电电压为 4.2V，放电完毕会降至 3.0V(再低可能过放电导致电池损坏)，一般无人机在 3.6V 时会电量报警。

一般充放电电流的大小常用充放电倍率来表示，即

$$充放电倍率 = 充放电电流/额定容量$$

例如，额定容量为 100A·h 的电池用 20A 放电时，其放电倍率为 0.2C。电池放电倍率是表示放电快慢的一种量度。所用的容量 1h 放电完毕，称为 1C 放电；5h 放电完毕，则称为 1/5=0.2C 放电。容量 5000mA·h 的电池最大放电倍率为 20C，其最大放电电流为 100A。锂聚合物电池一般属于高倍率电池，可以给多旋翼提供动力。

5.2.2　求解悬停时间

图 5-6 为动力系统模型。四旋翼无人机最基本的功能就是悬停，下面将以求解悬停时间为例论述具体的动力系统模型。显然悬停时间是跟电池容量以及旋翼个数直接相关的，因此首先建立动力系统的电池模型，电池为整个飞控系统供电；无人机能够

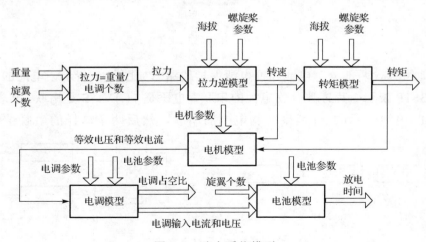

图 5-6　动力系统模型

在空中悬停,是由于电机带动螺旋桨转动提供了与重力相等的方向向上的拉力,而电机的转速是通过电调输出的占空比决定的,因此电调模型跟电机模型是紧耦合的关系;电机驱动螺旋桨运动提供拉力的同时也产生了相应的扭矩,因此需要建立螺旋桨的拉力和转矩模型。拉力逆模型可将整体的拉力分配到每个电机上。根据求解四旋翼无人机的悬停时间的思路得到动力系统的模型。

5.3 飞行机器人动力系统模型

5.3.1 螺旋桨模型

根据叶素理论(blade element theory):将螺旋桨叶片沿径向分为有限个微小片段,如图 5-7 所示,每一个微小片段均被等效成一个小型固定翼叶片,来推导其升力大小,即计算每一个叶素上的气动力,最后将这些叶素上的气动力积分求和,得到该螺旋桨叶片的总气动力大小。

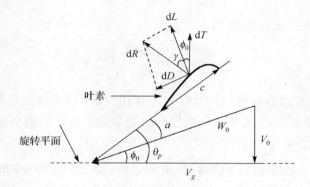

图 5-7 叶素理论示意图

$$\begin{cases} \mathrm{d}L = \dfrac{1}{2}C_l\rho W_0^2 c\mathrm{d}r \\[2mm] \mathrm{d}D = \dfrac{1}{2}C_d\rho W_0^2 c\mathrm{d}r \\[2mm] r = \arctan\dfrac{\mathrm{d}D}{\mathrm{d}L} \\[2mm] \mathrm{d}R = \sqrt{\mathrm{d}L^2 + \mathrm{d}D^2} = \dfrac{\mathrm{d}L}{\cos\lambda} \\[2mm] \mathrm{d}T = \mathrm{d}R\cos(\varphi_0 + \gamma) \end{cases} \tag{5.3.1}$$

螺旋桨转动会提供一个垂直于桨面的拉力与绕拉力向量的转矩

$$L = \frac{1}{2}C_l \rho S_{sa} W_0^2 = \frac{1}{2}C_l \left(\frac{B_p}{2}\gamma D_\rho c_\rho\right)\left(\pi\zeta D_\rho \frac{N}{60}\right)^2$$
$$= \frac{1}{2}C_l \rho_l \left(\frac{B_p}{2}\gamma D_\rho \frac{D_\rho}{A}\right)\left(\pi\zeta D_\rho \frac{N}{60}\right)^2 \tag{5.3.2}$$

式中，拉力 T 可表示为

$$T = \frac{L\cos(\gamma+\varphi_0)}{\cos(\gamma-\delta)} \tag{5.3.3}$$

其中，S_{sa} 为螺旋桨的有效面积；A 表示展弦比；δ 代表下洗效应修正角。

转矩 M 为

$$M = \frac{1}{4}B_p C_d \rho W_0^2 S_{sa} D_\rho$$
$$= \frac{1}{4}B_p C_d \rho \left(\pi\zeta D_\rho \frac{N}{60}\right)^2 \left(\frac{B_p}{2}\lambda D_\rho c_\rho\right)D_\rho$$
$$= \frac{1}{4}B_p C_d \rho \left(\pi\zeta D_\rho \frac{N}{60}\right)^2 \left(\frac{B_p}{2}\gamma D_\rho \frac{D_\rho}{A}\right)D_\rho \tag{5.3.4}$$

由此得到拉力表达式可简化为

$$T = C_T \rho \left(\frac{N}{60}\right)^2 D_\rho^4 \tag{5.3.5}$$

式中，C_T 为螺旋桨的拉力系数；ρ 为空气密度 $(\mathrm{kg/m^3})$；N 为螺旋桨转速 (RPM)；D_ρ 为螺旋桨的直径(m)。空气密度 ρ 与温度(℃)以及海拔 h 之间的关系为

$$\rho = f_\rho(h, T_t)$$
$$= \exp[5.25\times\lg(288.15-0.0065h)-18.2573]/10000000 \tag{5.3.6}$$

$$N = 60\sqrt{\frac{T}{D_\rho^4 C_T \rho}} \tag{5.3.7}$$

式中，T 为单个螺旋桨的拉力，要使无人机保持悬停状态，每个螺旋桨分配相同大小的力，则满足

$$T = \frac{G}{n_r} \tag{5.3.8}$$

式中，G 代表飞行器的重量；n_r 代表螺旋桨的个数。本书选取四旋翼作为研究对象，因此 $n_r=4$，螺旋桨的转速可以表示为

$$N = 60\sqrt{\frac{G}{4D_\rho^4 C_T \rho}} \tag{5.3.9}$$

转矩表达式可简化为

$$M = C_M \rho \left(\frac{N}{60} \right) D_\rho^5 \tag{5.3.10}$$

$$M = C_M \left(\frac{G}{4C_T} \right) D_\rho \tag{5.3.11}$$

5.3.2　电机模型

1）转矩模型

$$T_e = K_T I_m \tag{5.3.12}$$

式中，T_e 代表电磁转矩；K_T 代表电矩常数；I_m 代表电枢电流。电机厂商会提供电机的部分参数，例如，空载电压 U_{m0}、空载电流 I_{m0}，如果电机内阻 R_m 已知，则可计算电机的转矩常数 K_T。

$$K_T = \frac{60}{2\pi} K_E \approx 9.55 K_E \tag{5.3.13}$$

式中

$$K_E = \frac{U_{m0} - I_{m0} K_T}{K_{v0} U_{m0}} \tag{5.3.14}$$

不考虑开关器件动作的过渡过程，忽略电枢绕组的电感，无刷直流电动机的模型可以简化为图 5-8。

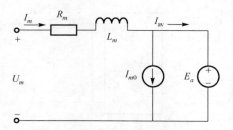

图 5-8　无刷直流电动机简化模型

2）输出转矩

$$M = K_T (I_m - I_{m0}) \tag{5.3.15}$$

式中，M 已经在 5.3.1 节求取得出，这样可以计算得到等效电流和等效电压。

$$\begin{cases} I_m = \dfrac{M}{K} + I_{m0} \\ U_m = K_E N + R_m I_m \end{cases} \tag{5.3.16}$$

式中，N 为拉力逆模型得到的转速表。

3）电磁功率

电机的电磁功率 P_{em} 可以表示为

$$P_{em} = \frac{2\pi}{60} N T_e \tag{5.3.17}$$

式中，P_{em} 又可表示为

$$P_{em} = E_a I_m \tag{5.3.18}$$

借助 $N = K_V E_a$ 和 $T_e = K_T I_m$，那么有

$$K_V \cdot K_T = \frac{N}{E_a} \cdot \frac{T_e}{I_m} = \frac{30}{\pi} \tag{5.3.19}$$

由此可得，K_V 和 K_T 是成反比的。设某一电机输入功率一定，当电机具有大 K_V 值时，相同输入电压下会产生大转速，但在电流一定的情况下产生的转矩小，应选用小桨；当电机具有小 K_V 值时，会产生小转速、大转矩，应选用大桨。得出的结论就是大 K_V 值配小桨，小 K_V 值配大桨。

5.3.3 电调模型

电调的模型可以简化，如图 5-9 所示。其中，U_{eo} 为调节占空比后的等效直流电压，可表示为

$$U_{eo} = U_m + I_m R_e \tag{5.3.20}$$

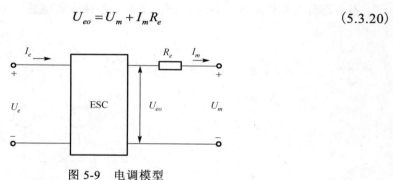

图 5-9　电调模型

电调输出电压占空比为

$$\sigma = \frac{U_{eo}}{U_e} \approx \frac{U_{eo}}{U_b} \tag{5.3.21}$$

式中，U_b 表示电池的电压，占空比 σ 的大小可以等效地反映油门大小，0 为油门最低处，1 为满油门处。

电调的输入电流为

$$I_e = \sigma I_m \tag{5.3.22}$$

电调的输入电压为

$$U_e = U_b - n_r I_e R_b \tag{5.3.23}$$

式中，n_r 表示电调的个数，一个电机对应一个电调；R_b 表示电池的内阻。

5.3.4　电池模型

电池建模对电池实际放电过程进行简化，假设放电过程中电压不变，悬停电流为定值，电池的放电能力呈线性变化，有

$$\begin{cases} I_b = n_r I_e \\ C_{\text{real}} = C_b - I_b T_{\text{real}} \end{cases} \tag{5.3.24}$$

式中，I_b 表示电池的电流；C_{real} 表示电池的实际电容量，单位为 mA·h；T_{real} 表示电池的使用时间。因此在不超过电池最小放电容量 $C_{\min}$ 的情况下，四旋翼无人机的悬停时间可表示为

$$T_{\text{loiter}} = \frac{C_b - C_{\min}}{I_b \dfrac{60}{1000}} \tag{5.3.25}$$

式中，T_{loiter} 为悬停时间（min）。

图 5-10 为矢量与坐标系动力系统信号传递图，由此建立动力系统模型。

$$\varpi = \frac{1}{T_m s + 1}(C_R \sigma + \varpi_b) \tag{5.3.26}$$

式中，电机油门 σ 为输入；电机转速 ϖ 为输出；T_m 为电机的动态响应常数。

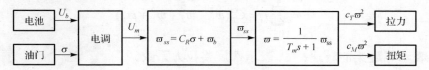

图 5-10　矢量与坐标系动力系统信号传递图

5.4　动力系统性能计算与实验验证

根据用户自定义的机头的位置不同，四轴飞行器可以分为"X"模式和"+"模式，其字形结构如图 5-11 所示。"X"模式的机头方向位于两个电机之间，而"+"模式的机头方向位于某一个电机上。"X"和"+"就是表示正对机头方向时飞行器的形状。

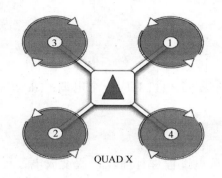

(a) "X" 字形结构

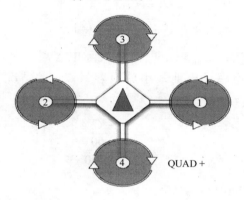

(b) "+" 字形结构

图 5-11　四轴飞行器字形结构

对于这两种不同模式的四旋翼无人机，其作用在机体上的总拉力相同，为

$$F = \sum_{i=1}^{4} T_i = C_T(\varpi_1^2 + \varpi_2^2 + \varpi_3^2 + \varpi_4^2) \tag{5.4.1}$$

式中，ϖ 表示螺旋桨的转速；C_T 表示螺旋桨拉力系数。

对于 "+" 字形四旋翼，螺旋桨产生的力矩为

$$\begin{cases} \tau_x = dc_T(-\varpi_1^2 + \varpi_2^2) \\ \tau_y = dc_T(\varpi_3^2 + \varpi_4^2) \\ \tau_z = c_M(\varpi_1^2 + \varpi_2^2 - \varpi_3^2 - \varpi_4^2) \end{cases} \tag{5.4.2}$$

式中，$c_T = \dfrac{1}{4\pi^2}\rho D_\rho^4 C_T$；$c_M$ 表示螺旋桨扭矩系数，并且有 $c_M = \dfrac{1}{4\pi^2}\rho D_\rho^5 C_M$；$\tau_x$、$\tau_y$ 表示绕 X 轴、Y 轴旋转的拉力力矩；τ_z 表示绕 Z 轴旋转的扭矩。其中逆时针转动的电机产生顺时针的扭矩（关于 Z 轴）。

由此根据螺旋桨实际的转动方向可得 "+" 字形四旋翼的控制分配模型为

$$\begin{bmatrix} F \\ \tau_x \\ \tau_y \\ \tau_z \end{bmatrix} = \begin{bmatrix} c_T & c_T & c_T & c_T \\ -dc_T & -dc_T & 0 & 0 \\ 0 & 0 & dc_T & -dc_T \\ c_M & c_M & -c_M & -c_M \end{bmatrix} = \begin{bmatrix} \varpi_1^2 \\ \varpi_2^2 \\ \varpi_3^2 \\ \varpi_4^2 \end{bmatrix} \tag{5.4.3}$$

对于"X"字形四旋翼，螺旋桨产生的力矩为

$$\tau_x = dc_T\left(-\frac{\sqrt{2}}{2}\varpi_1^2 + \frac{\sqrt{2}}{2}\varpi_2^2 + \frac{\sqrt{2}}{2}\varpi_3^2 - \frac{\sqrt{2}}{2}\varpi_4^2\right)$$

$$\tau_y = dc_T\left(\frac{\sqrt{2}}{2}\varpi_1^2 - \frac{\sqrt{2}}{2}\varpi_2^2 + \frac{\sqrt{2}}{2}\varpi_3^2 - \frac{\sqrt{2}}{2}\varpi_4^2\right) \tag{5.4.4}$$

$$\tau_x = c_M(\varpi_1^2 + \varpi_2^2 - \varpi_3^2 - \varpi_4^2)$$

由此可得"X"字形四旋翼的控制分配模型为

$$\begin{bmatrix} F \\ \tau_x \\ \tau_y \\ \tau_z \end{bmatrix} = \begin{bmatrix} c_T & c_T & c_T & c_T \\ -\dfrac{\sqrt{2}}{2}dc_T & \dfrac{\sqrt{2}}{2}dc_T & \dfrac{\sqrt{2}}{2}dc_T & \dfrac{\sqrt{2}}{2}dc_T \\ \dfrac{\sqrt{2}}{2}dc_T & -\dfrac{\sqrt{2}}{2}dc_T & \dfrac{\sqrt{2}}{2}dc_T & -\dfrac{\sqrt{2}}{2}dc_T \\ c_M & c_M & -c_M & -c_M \end{bmatrix} = \begin{bmatrix} \varpi_1^2 \\ \varpi_2^2 \\ \varpi_3^2 \\ \varpi_4^2 \end{bmatrix} \tag{5.4.5}$$

"X"模式的四旋翼无人机动作更灵活，机动性更强。因为如果要控制四旋翼向右运动，"X"模式的飞行器会令左侧的两个电机加速，同时右侧的两个电机减速，四个电机共同提供转动所需的力矩；而"+"模式的飞行器则只能让左侧的一个电机加速，右边的两个电机减速，只能靠改变两个电机的转速来实现相同的目的。本书选取"X"模式四旋翼作为研究对象。

问题 1：给定"X"字形结构四旋翼总重量 G，求解悬停时间 T_{loiter}，其中油门占空比为 σ，电调输入电流为 I_e，电调输入电压为 U_e，转速为 N，螺旋桨转矩为 M。

根据螺旋桨模型，可以得出

$$N = 60\sqrt{\frac{G}{\rho D_\rho^4 C_T n_r}}$$

$$M = \rho D_\rho^5 C_M\left(\frac{N}{60}\right)^2 \tag{5.4.6}$$

依据前面介绍，列出电机模型

$$\begin{cases} U_m = f_{U_m}(\Theta_m, M, N) \\ I_m = f_{I_m}(\Theta_m, M, N) \end{cases} \tag{5.4.7}$$

式中，f_{U_m} 和 f_{I_m} 的表达式在电机模型中已给出。

列出电调模型表达式为

$$\begin{cases} \sigma = f_\sigma(\Theta_c, U_m, I_m, U_b) \\ I_e = f_{I_e}(\sigma, I_m) \\ U_e = f_{U_e}(\Theta_b, I_e) \end{cases} \tag{5.4.8}$$

式中，f_σ、f_{I_e}、f_{U_e} 的表达式在电调模型已给出 $I_b \approx n_r I_e$，依据电池模型，可以得到

$$T_{\text{loiter}} = f_{\text{loiter}}(\Theta_b, I_b) \tag{5.4.9}$$

问题 2：给定"X"字形结构四旋翼总重量 G，油门占空比 σ，求解飞行器的极限情况下电调输入电流 I_e、电调输入电压 U_e、电池电流 I_b、转速 N，求解系统效率 η（系统效率是指在满油门状态下螺旋桨输出功率与电池输出功率的比值）。

依题意，需要先计算出 M、U_M、I_m，即

$$\begin{cases} \sigma = f_\sigma(\Theta_c, U_m, I_m, U_b) = 1 \\ M = \rho D_\rho^5 C_M \left(\dfrac{N}{60}\right)^2 \\ U_M = f_{U_M}(\Theta_m, M, N)\eta \\ I_m = f_{I_m}(\Theta_m, M, N) \end{cases} \tag{5.4.10}$$

根据 U_M、I_m，计算得到 I_e、U_e、I_b 为

$$\begin{cases} I_e = f_{I_e}(1, I_m) \\ U_e = f_{U_e}(\Theta_b, I_e) \\ I_b = n_r I_m \end{cases} \tag{5.4.11}$$

最终计算得到系统的效率为

$$\eta = \frac{\dfrac{2\pi}{60} n_r N M}{U_b} \tag{5.4.12}$$

问题 3：给定"X"字形结构四旋翼总重量 G，油门占空比 $\sigma = 0.8$，求解飞行器的最大载重和最大倾斜角。

根据

$$\begin{cases} \sigma = f_\sigma(\Theta_c, U_m, I_m, U_b) = 0.8 \\ M = \rho D_\rho^5 C_M \left(\dfrac{N}{60}\right)^2 \\ U_m = f_{U_m}(\Theta_m, M, N) \\ I_m = f_{I_m}(\Theta_m, M, N) \end{cases}$$

得到单旋翼最大拉力为

$$T = C_T \rho D_\rho^4 \left(\frac{N}{60} \right)^2 \tag{5.4.13}$$

最大载重为

$$Gr_{\text{maxload}} \tag{5.4.14}$$

最大俯仰角为

$$\theta \arccos \frac{G}{n_r T} \max \tag{5.4.15}$$

问题 4：给定 "X" 字形结构四旋翼总重量 G，求解飞行器的最大飞行速度、最远飞行距离以及综合飞行时间（指飞行器飞行距离达到最远时的飞行时间）。

阻力跟拉力的关系为

$$F_{\text{drag}(\theta)} = G \tan \theta$$
$$T(\theta) = \frac{G}{n_r \cos \theta} \tag{5.4.16}$$

阻力跟速度的关系为

$$\begin{cases} F_{\text{drag}}(\theta) = \dfrac{1}{2} C_d(\theta) \rho V^2 S \\ C_d(\theta) = C_1(1 - \cos^3 \theta) + C_2(1 - \sin^3 \theta) \end{cases} \tag{5.4.17}$$

得到飞行器的最大飞行速度表达式为

$$V(\theta) = \sqrt{\frac{2G \tan \theta}{\rho S[C_1(1 - \cos^3 \theta)] + C_2(1 - \sin^3 \theta)}} \tag{5.4.18}$$

螺旋桨转速为

$$N(\theta) = \frac{60 \sqrt{\dfrac{2G}{\rho C_1 n_r \cos \theta S_{sa}}}}{\pi \zeta D_\rho} \tag{5.4.19}$$

螺旋桨转矩为

$$M(\theta) = \frac{1}{4} \rho B_\rho C_d \left[\pi \zeta D_\rho \frac{N(\theta)}{60} \right]^2 S_{sa} D_\rho \tag{5.4.20}$$

可以求得飞行时间 $T_{\text{fly}}(\theta)$。

飞行距离为

$$Z(\theta) = 60 V(\theta) T_{\text{fly}}(\theta) \tag{5.4.21}$$

求解以上问题，存在以下约束。

(1)油门线性占空比在[0，1]上：一般希望，合理的占空比为 50%左右，也就是油门在中间时，恰好多旋翼能够悬停。

(2)电机电枢电流不超限，否则电机会烧掉。

(3)电调输入电流不超限，否则电调会烧掉。

(4)电池输入电流不超限，否则发热损坏电池。

5.5　习　　题

1. 简述叶素分析法的原理。
2. 列举几种微型无人机的气动布局方式。
3. 在电机模型中，简述 K_V 值大小与桨大小的关系。
4. 简述四轴飞行器"X"模式和"+"模式的区别。
5. 简述"X"模式的四旋翼无人机的优点。

第6章 飞行机器人姿态测量

飞行机器人姿态测量是飞行机器人系统的重要组成部分。高精度的飞行机器人姿态检测有利于飞行机器人的飞行平稳控制、飞行速度控制、飞行高度控制。飞行机器人姿态测量主要包括空气动力学参数测量、飞行机器人惯性量测量、飞行机器人方位角测量、飞行机器人位置测量。由于低成本小型无人机中所使用的姿态测量传感器存在精度低、噪声大的缺点，并且易受温度等环境的影响，不能准确地测量出无人机的姿态，特别是在无人机加速飞行过程中，姿态误差会很快累积扩大，不能长时间加速飞行。为提高无人机姿态测量精度，本章提出设计由陀螺仪、加速度计和磁强计组成的姿态测量系统，并利用 Mahony 滤波的方法实现对误差四元数的估计，从而得到无人机的欧拉角。

6.1　空气动力学参数测量

空气动力学参数测量主要包括：飞行高度测量、空速测量、偏航角、俯仰角和滚转角的测量。飞行高度测量主要依靠绝压传感器和温度传感器实现对大气静压和温度的测量，并依赖标准气压高度公式换算出飞行机器人的高度参数。有效的高精度飞行高度检测有利于高精度飞行机器人的飞行高度控制。空速参数作为无人机在飞行过程中的一项重要气动参数，可以直接影响到无人机的纵向运动，也是无人机油门杆和姿态控制必不可少的一环。对于空速的测量，通过绝压传感器测量大气静压；通过差压传感器来测量飞行器运动引起的冲压；温度传感器用来测量飞行器时的总温度，通过测量到的数据代入方程得到空速信息。

6.1.1　飞行高度测量

在航空领域中，测量气压高度普遍是依据大气压强变化的规律，即大气压强值随着海拔的增加而减小，从而可以通过检测大气静压间接获得海拔。在理想的气体环境下，实际高度约等于气压高度，而在实际的气体条件下，由于温度和空气密度等因素的差异始终存在，实际高度与气压高度间存在着差距。所以在实际的检测气压高度时，主要工作之一就是尽量减小其他环境因素对高度测量带来的影响，以便使得测量的气压高度尽可能地逼近实际高度，同时还要有较好的分辨率。

主流的飞行机器人的飞行高度一般小于 5km，所以在对无人机的飞行环境和相关气体参数测量时，主要以对流层参数为参照。根据国际标准可以得到高度 H 和大气压力 P_H 间的关系式，即标准气压高度公式。

$$P_H = P_b\left[1+\frac{\beta}{T_b}(H-H_b)\right]^{g_0/\beta R} \tag{6.1.1}$$

得到

$$\frac{P_H}{P_b} = \left[1+\frac{\beta}{T_b}(H-H_b)\right]^{g_0/\beta R} \tag{6.1.2}$$

$$\left(\frac{P_H}{P_b}\right)^{\beta R/g_0} = 1+\frac{\beta}{T_b}(H-H_b) \tag{6.1.3}$$

$$H-H_b = \frac{T_b}{\beta}\left[\left(\frac{P_H}{P_b}\right)^{\beta R/g_0}-1\right] \tag{6.1.4}$$

所以高度的计算公式为

$$H = \frac{T_b}{\beta}\left[\left(\frac{P_H}{P_b}\right)^{\beta R/g_0}-1\right]+H_b \tag{6.1.5}$$

式中，P_H 为高度 H 下的气压，单位为 Pa；P_b 为高度 H_b 下的气压，单位为 Pa；β 为温度梯度，单位为 K/m；R 为空气专用气体常数，单位为 m^2/ks^{-2}；g_0 为重力加速度，单位为 m/s^2；T_b 为地面高度 H_b 下的温度，单位为 K。由于系统测量的是相对高度，即以飞行机器人起飞点为基准高度，所以取值 H_b 为 0 m。此外，其他的气体参数为 $\beta=-6.5\times10^{-3}$K/m，$R=287.04468$。将气压传感器测量得到的 P_H 和 P_b、温度传感器测量的 T_b 代入式（6.1.5）中即可求出无人机的实时相对高度值。

6.1.2　空速测量

空速测量为飞行器相对周围空气的运动速度（空速）的测量。飞行器的飞行真空速定义为飞机的重心相对于空气气流的运动速度投影到飞机纵轴对称平面内的分量。飞机相对于空气的运动速度也可等价地视为飞机不动而空气以大小相等方向相反的流速流过飞机。根据流体的贝努利方程，流速可以折算成压力，即动压（近似地等于冲压）。根据空气动力学，当空气流速等于或大于声速时会产生激波。激波前后空气的压力与温度等状态参数会发生剧烈的变化，这与低速气流流动时有很大差异，因此流体力学中一般将空气流速分为小于声速（亚声速）和大于声速（超声速）两种情况来讨论其压力、温度、流速等参数之间的约束关系。本教材所面向的应用系统，空速测量范围小于300km/h，属于低速流体，因而可以不用考虑空气的压缩性，故本教材只讨论亚声速情况下飞行器空速的测量。根据有关文献，亚声速情况下飞行器的真空速与大气压

力、静温（或密度）的关系为

$$V = \sqrt{\frac{2q_c}{\rho}} = \sqrt{\frac{2RT_s q_c}{\rho_s}} \tag{6.1.6}$$

式中，V 表示飞行器的飞行真空速；q_c、ρ、R、T_s、ρ_s 分别表示冲压、飞行器所在处大气的密度、空气的专用气体常数、大气静温、大气静压。根据式（6.1.6），只要测得飞行器所在处的大气静压、冲压（近似等于动压）和静温就可解算出飞行器的真空速。又因在飞行过程中准确测量大气静温比较困难，故实际中往往是先测量总温、马赫数，然后根据总温、马赫数和静温之间的函数关系计算出静温。不过，根据有关理论，在空速测量范围小于 300km/h 时，总温与静温之差的最大值小于静温的 5%。

从上面介绍的测量原理可知，只要测量出飞行器飞行时的环境静压、冲压及温度，将其代入式（6.1.6）即可解算出飞行器的真空速。绝压传感器用来测量大气静压；差压传感器用来测量飞行器运动引起的冲压；温度传感器用来测量飞行器的总温度。

6.1.3　俯仰角、滚转角和偏航角的测量

飞行器要实现平稳、安全必须依靠姿态检测系统进行实时的姿态信息检测，并将检测到的原始数据反馈给主控制器进行相应的滤波、融合解算等处理。处理之后的姿态信息具有噪声小、动态性能高等特点，能够快速准确地反映当前飞行器的姿态。

四旋翼飞行器的姿态信号主要是指其姿态角，即俯仰角、滚转角和偏航角。飞行器姿态测量主要是加速度、陀螺仪计以及磁力计。如图 6-1 所示，加速度计输出重力在机体坐标系 x、y、z 三个轴上的分量信号，陀螺仪输出飞行器绕三轴旋转的角速度信号，磁力计输出磁场强度在三轴上的分量信号。这些信号经过滤波、融合等处理，可以得出俯仰角、滚转角和偏航角姿态信息。

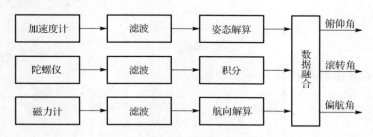

图 6-1　姿态解算的基本原理

本书介绍采用 Mahony 的互补滤波算法，其主要过程如下。

$$\dot{q} = \frac{1}{2}\hat{q} \otimes P(\bar{\Omega} + \delta) \tag{6.1.7}$$

$$\delta = k_p \cdot e + k_i \cdot \int e \tag{6.1.8}$$

$$e = \bar{v} \times \hat{v} \tag{6.1.9}$$

式中，$\hat{q}$ 表示系统姿态估计的四元数表示；δ 表示经过 PI 调节器产生的信息；e 表示传感器系统实测的惯性向量 $\bar{v}$ 和预测了 $\hat{v}$ 之间的相对旋转（误差）；$P(\cdot)$ 表示纯四元数操作符，即实部为 0 的四元数，表示只有旋转，没有位移。

在 PI 调节器中，参数 k_p 用于控制加速度计和陀螺仪之间的交叉频率，参数 k_i 用于校正陀螺仪的误差。

与卡尔曼滤波相似，Mahony 滤波也分为预测-校正。在预测环节，由三轴陀螺仪测得的角速度，通过四元数 q 的时间变化率（或称为导数）与飞行器的运动角速度 ω 之间的关系计算出四元数的姿态预测。q_e^b 表示从地理坐标系到机体坐标系，或机体坐标系姿态在地理坐标系下的表示。

$$q_e^b(k) = q_e^b(k-1) + q_e^b(k)\Delta t \tag{6.1.10}$$

在预测环节得到的四元数 $q_e^b(k)$，通过加速度计和磁力计的值进行校正，该环节通常分为两个部分。

(1) 通过加速度计得到 Δq_{acc}，然后校正四元数中的滚转（roll）和俯仰（pitch）分量。

(2) 当磁力计可读时，通过 Δq_{mag} 校正四元数中的偏航（yaw）分量。

1）加速度计校正

加速度计信号首先经过低通滤波器（消除高频噪声）得

$$y(k) = \frac{RC}{T+RC} y(k-1) + \frac{T}{T+RC} x(k) \tag{6.1.11}$$

然后，对得到的结果进行归一化（normalized），有

$$\Delta \hat{q}_{acc} = \frac{\Delta \bar{q}_{acc}}{\| \Delta \bar{q}_{acc} \|} \tag{6.1.12}$$

计算偏差为

$$e = \Delta \hat{q}_{acc} \times v \tag{6.1.13}$$

式中，v 表示重力向量在机体坐标系中的向量。

$$\begin{bmatrix} v_x \\ v_y \\ v_z \end{bmatrix} = \mathbf{R}_e^b \begin{bmatrix} 0 \\ 0 \\ 1 \end{bmatrix} = \begin{bmatrix} 2(q_1 q_3 - q_0 q_2) \\ 2(q_2 q_3 - q_0 q_1) \\ q_0^2 - q_1^2 - q_2^2 + q_3^2 \end{bmatrix} \tag{6.1.14}$$

2）磁力计的校正

数据预处理与加速度计相同，先滤波，然后归一化，得到 Δq_{mag}。计算误差为

$$e = \Delta \hat{q}_{mag} \times w \tag{6.1.15}$$

磁力计的输出 m 在机体坐标系下，将其转换到导航坐标系为

$$\begin{bmatrix} h_x \\ h_y \\ h_z \end{bmatrix} = C_b^m \begin{bmatrix} m_x \\ m_y \\ m_z \end{bmatrix} \tag{6.1.16}$$

导航坐标系的 x 轴与正北对齐，故可以将磁力计在 xOy 平面的投影折算到 x 轴。

$$b_x = \sqrt{h_x^2 + h_y^2} \tag{6.1.17}$$

$$b_z = h_z \tag{6.1.18}$$

再次变换到机体坐标系为

$$\begin{bmatrix} w_x \\ w_y \\ w_z \end{bmatrix} = C_n^b \begin{bmatrix} b_x \\ 0 \\ b_z \end{bmatrix} \tag{6.1.19}$$

3）更新四元数

根据一阶龙格-库塔方法求解一阶微分方程。

$$\dot{x} = f(x, w) \tag{6.1.20}$$

$$x(t, T) = x(t) + T \cdot f(x, w) \tag{6.1.21}$$

可以求出四元数微分方程的差分形式为

$$q_0(t + T) = q_0(t) + \frac{T}{2}[-\omega_x q_1(t) - \omega_y q_2(t) - \omega_z q_3(t)] \tag{6.1.22}$$

最后得到规范化的四元数为

$$q = \frac{q_0 + q_1 i + q_2 j + q_3 k}{\sqrt{q_0^2 + q_1^2 + q_2^2 + q_3^2}} \tag{6.1.23}$$

通过转化可以得到四旋翼无人机当前的欧拉角。经过上述 Manhony 互补滤波得到预测、校正流程，四旋翼无人机的姿态得以始终更新、迭代。

6.2　飞行机器人惯性量测量

6.2.1　加速度测量

加速度计是测量加速度的仪表。加速度测量是工程技术提出的重要课题。首先，当物体具有很大的加速度时，物体及其所载的仪器设备和其他无相对加速度的物体均受到能产生同样大的加速度的力，即受到动载荷。欲知动载荷就要测出加速度。其次，要知道各瞬时飞机、火箭和舰艇所在的空间位置，可通过惯性导航(见陀螺平台惯性导航系统)连续地测出其加速度，然后经过积分运算得到速度分量，再次积分得到一个方向的位置坐标信号。三个坐标方向的仪器测量结果就综合出运动曲线并给出每瞬时航行器所在的空间位置。某些控制系统中，常需要加速度信号作为产生控制作用所需的信息的一部分，这里也出现连续地测量加速度的问题。能连续地给出加速度信号的装置称为加速度传感器。

图 6-2 为一轴加速度计示意图。一轴加速度计的构件有外壳(与被测物体固连)、参考质量、输入电压、输出电压等。加速度计要求有一定量程、精确度、敏感性等，这些要求在某种程度上往往是矛盾的。以不同原理为依据的加速度计，其量程不同(从几个 g 到几十万个 g)，它们对突变加速度频率的敏感性也各不相同。常见的加速度计所依据的原理有① 参考质量由弹簧与壳体相连，它和壳体的相对位移反映出加速度分量的大小，这个信号通过电位计以电压量输出；②参考质量由弹簧与壳体固连，加速度引起的动载荷弹簧变形，根据胡克定律知道在弹簧的弹性限度内，弹簧的形变和力成正比，再通过电压的变化表现出位移的大小；③参考质量通过压电元件与壳体固连，参考质量的动载荷对压电元件产生压力，压电元件输出与压力(加速度分量)成比例的电信号；④参考质量由弹簧与壳体连接，放在线圈内部，反映加速度分量大小的位移改变线圈的电感，从而输出与加速度成正比的电信号。此外，还有伺服类型的加速度计，其中引入一个反馈回路，以提高测量的精度。为了测出在平面或空间的加速度矢量，需要两个或三个加速度计，各测量一个加速度分量。

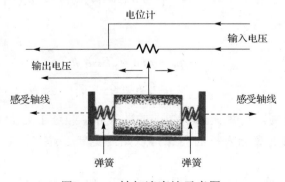

图 6-2　一轴加速度计示意图

在飞行机器人测量系统上常使用三轴加速度计，输出为 x、y、z 三个轴上的加速度分量。以 MPU6050 三轴加速度计为例，介绍加速度计的姿态解算。加速度计向量模型如图 6-3 所示。

其中，x、y、z 代表空间内的 x 轴、y 轴、z 轴，向量 $\boldsymbol{R}$ 是加速度计测量的力矢量。接收时，$\boldsymbol{R}_x$、$\boldsymbol{R}_y$、$\boldsymbol{R}_z$ 是 $\boldsymbol{R}$ 在 x、y、z 轴的投影。它们之间的关系为

$$\boldsymbol{R}^2 = (\boldsymbol{R}_x)^2 + (\boldsymbol{R}_y)^2 + (\boldsymbol{R}_z)^2 \tag{6.2.1}$$

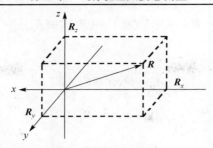

图 6-3　加速度计向量模型

目前市面上的加速度计从输出上分为两种，一种是数字的，另一种是模拟的。miniAHRS 使用的是 MPU6050 三轴加速度计，是 I2C 接口的数字传感器。通过特定的命令可以配置加速度的量程，并将内部 ADC 的转换结果读出来。

加速度计的读数以 LSB 为单位，它仍然不是 $g(9.8\text{m/s}^2)$，最后需要转换。加速度计灵敏度，通常表示为 LSB/g。当选择 $2g$ 的量程时，对应的灵敏度= 16384 LSB/g。为了得到最终的力值，单位为 g，用下面的公式：

$$R_x = \text{ADC}R_x / \text{灵敏度} \tag{6.2.2}$$

也就是说，当 x 轴的计数为 $\text{ADC}R_x$ 时，那么对应的加速度值就是 $(\text{ADC}R_x/16348)g$。

回到加速度向量模型，将相关角度符号补上，如图 6-4 所示。

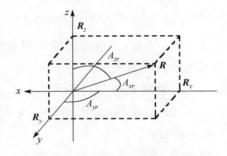

图 6-4　带夹角的加速度计向量模型

在加速度计姿态解算的过程中，定义向量 $\boldsymbol{R}$ 和 x、y、z 轴之间的角度为 A_{xr}、A_{yr}、A_{zr}。

可以看到，$\boldsymbol{R}$ 和 $\boldsymbol{R}_x$ 组成直角三角形。

$$\cos(A_{xr}) = \boldsymbol{R}_x / \boldsymbol{R} \tag{6.2.3}$$

以此类推，有

$$\cos(A_{yr}) = \boldsymbol{R}_y / \boldsymbol{R} \tag{6.2.4}$$

$$\cos(A_{zr}) = \boldsymbol{R}_z / \boldsymbol{R} \tag{6.2.5}$$

可以得到

$$\boldsymbol{R} = \mathrm{SQRT}[(\boldsymbol{R}_x)^2 + (\boldsymbol{R}_y)^2 + (\boldsymbol{R}_z)^2] \tag{6.2.6}$$

当使用 arccos（ ）反余弦时，有

$$A_{xr} = \arccos(\boldsymbol{R}_x / \boldsymbol{R}) \tag{6.2.7}$$

$$A_{yr} = \arccos(\boldsymbol{R}_y / \boldsymbol{R}) \tag{6.2.8}$$

$$A_{zr} = \arccos(\boldsymbol{R}_z / \boldsymbol{R}) \tag{6.2.9}$$

我们可以通过很多公式解释加速度计模型。我们也能很快解释陀螺仪以及如何用加速度计和陀螺仪的数据进行整合，以得到更精确的角度估计。

在这之前，先来看看更有用的公式。

$$\cos X = \cos(A_{xr}) = \boldsymbol{R}_x / \boldsymbol{R} \tag{6.2.10}$$

$$\cos Y = \cos(A_{yr}) = \boldsymbol{R}_y / \boldsymbol{R} \tag{6.2.11}$$

$$\cos Z = \cos(A_{zr}) = \boldsymbol{R}_z / \boldsymbol{R} \tag{6.2.12}$$

这三个公式通常称为方向余弦。可以轻松地验证：

$$\mathrm{SQRT}(\cos X^2 + \cos Y^2 + \cos Z^2) = 1 \tag{6.2.13}$$

$$\mathrm{SQRT}((\cos x)^2 + (\cos y)^2 + (\cos z)^2) = 1 \tag{6.2.14}$$

这个属性避免监视矢量 $\boldsymbol{R}$ 的模（长度）。很多时候，只对惯性矢量方向感兴趣，因此，为了简化程序运算，对其进行规范化处理。

暂且从理论分析回到现实的传感器输出中，当水平放置 MPU6050，只有 z 轴感受到重力向量，它将输出 $1g$。对应的 ADC 值就是 16384（$2g$ 的量程）。此时，$\boldsymbol{R}$ 就是重力向量，$\boldsymbol{R}_x = 0$，$\boldsymbol{R}_y = 0$，$\boldsymbol{R}_z = \boldsymbol{R} = 1g$。

重力向量与各个轴的夹角为

$$A_{xr} = \arccos(\boldsymbol{R}_x / \boldsymbol{R}) = 90° \tag{6.2.15}$$

$$A_{yr} = \arccos(\boldsymbol{R}_y / \boldsymbol{R}) = 90° \tag{6.2.16}$$

$$A_{zr} = \arccos(\boldsymbol{R}_z / \boldsymbol{R}) = 90° \tag{6.2.17}$$

当 MPU6050 水平放置时，理论上 z 轴感受到重力将读出 16384。同时 x 轴和 y 轴的读数将是 0，可实际并不是这样的。这是由于每个芯片在制作时都不一样，数据手册上的都是理论的值，真正的芯片在水平放置时 z 轴可能并不是 16384。我们需要找到当各个轴在 $0g$ 重力时的计数，$1g$ 时的读数，以及$-1g$ 时的读数，得到一个补偿值，在每次读取 ADC 结果后都进行补偿。这个过程称为标定。

用数学公式表示为

$$ADCx = K * Gx + Offset \tag{6.2.18}$$

式中，ADCx 为传感器输出；Gx 为真实的加速值；Offset 表示加速度为 0g 时传感器的输出；K 为标度因数。

6.2.2　角速度测量

陀螺仪是用高速回转体的动量矩敏感壳体相对惯性空间绕正交于自转轴的一个或两个轴的角运动检测装置。利用其他原理制成的角运动检测装置起同样功能的也称为陀螺仪。

1850 年，法国的物理学家傅科(Foucault)为了研究地球自转，首先发现高速转动中的转子(rotor)，由于它具有惯性，它的旋转轴永远指向一个固定方向，他用希腊字gyro(旋转)和 skopein(看)两字合为 gyroscopic 一字来命名这种仪表。陀螺仪是一种既古老又很有生命力的仪器，从第一台真正实用的陀螺仪器问世以来已有大半个世纪，但直到现在，陀螺仪仍在吸引着人们对它进行研究，这是由于它本身具有的特性所决定的。陀螺仪最主要的基本特性是它的稳定性和进动性。人们从儿童玩的地陀螺中早就发现高速旋转的陀螺可以竖直不倒而保持与地面垂直，这就反映了陀螺的稳定性。研究陀螺仪运动特性的理论是绕定点运动刚体动力学的一个分支，它以物体的惯性为基础，研究旋转物体的动力学特性。

陀螺仪是测试角速度的传感器，也有人把角速度说成角速率，说的是一样的物理量。拿电机做例子，当我们说一个电机 10r/s 时，一转是 360°，那么它的主轴在 1s 内转过3600°。也就是说这个电机在转动时的角速度为 3600dps。dps 就是 degree per second(度每秒，或者写成°/s)。

本书以 MPU6050 为例，介绍陀螺仪传感器。图 6-5 为陀螺仪加速度测量示意图。MPU6050 集成了三轴的陀螺仪。角速度全量程范围为±250dps、±500dps、±1000dps与±2000dps。当选择量程为±250dps 时，将会得到分辨率为 131LSB/(°/s)，也就是当载体在 +x 轴 +z 轴转动 1dps 时，ADC 将输出 131。

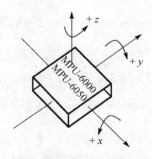

图 6-5　陀螺仪加速度测量示意图

回到加速度向量模型，将相关角度符号补上，如图 6-6 所示。

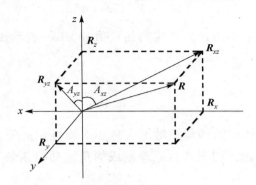

图 6-6　陀螺仪加速度测量坐标图

MPU6050 带有三个陀螺仪，每个陀螺仪各自负责检测相应轴的转动速度，也就是检测围绕各个轴转动的速度。像三轴的陀螺仪将同时检测 x 轴、y 轴、z 轴的旋转。

图 6-6 为陀螺仪加速度测量坐标图，首先定义：R_{xz} 是 R 向量在 xz 平面上的投影，R_{yz} 是 R 向量在 yz 平面上的投影，R_{xz} 和 R_z 形成了直角三角形，利用勾股定理，得到 $R_{xz}^2 = R_x^2 + R_y^2$，$R_{yz}^2 = R_y^2 + R_z^2$。

还要注意的是：$R^2 = R_{xz}^2 + R_y^2$。同时我们将定义 z 轴和 R_{xz}、R_{yz} 之间的夹角。A_{xz} 为 R_{xz} 和 z 轴间的夹角，A_{yz} 为 R_{yz} 和 z 轴间的夹角。综上所述，我们已经知道陀螺仪测量角度的变化率。为了解释这一点，假设在时刻 t_0 我们已经测量了围绕 y 轴的旋转角（这将是 A_{xz} 角），我们将其定义为 A_{xz0}，接下来，在稍后的时间 t_1 里，测量这个角度是 A_{xz1}。变化率为

$$\text{Rate}\, A_{xz} = (A_{xz1} - A_{xz0}) / (t_1 - t_0) \tag{6.2.19}$$

如果 A_{xz} 单位是°，并以 s 为时间单位，那么 $\text{Rate}\, A_{xz}$ 将以°/s 表示。

通过 I2C 接口读出来的转换结果 ADC 值，并不是以°/s 为单位。一般按以下公式进行转换。

$$\text{Anglerate} = \text{ADCrate}/\text{灵敏度} \tag{6.2.20}$$

以量程为±1000°/s 为例，说明如何转换。假设读取 x 轴的 ADC 值为 200，由上面可知在±1000°/s 下的灵敏度为 32.8LSB/(°/s)。根据上面的公式得

$$\text{Anglerate} = 200/32.8 = 6.09756°/s \tag{6.2.21}$$

这就是说，MPU6050 检测到模块正在以约 6°/s 的速度绕 x 轴（或者在 yz 平面上）旋转。ADC 值并不都是正的，请注意，当出现负数时，意味着该设备从现有的正方向沿相反的方向旋转。

6.3　飞行机器人方位角测量

6.3.1　航向陀螺仪测量

航向陀螺仪(directional gyroscope)是利用陀螺特性测量飞机航向的飞行仪表。陀螺转子高速旋转时，其旋转轴具有方向稳定不变的特性。因此方位陀螺仪在飞机转弯时，虽然仪表壳体随着飞机转向，但陀螺转子仍稳定在一定方位上，航向刻度指出了飞机所转过的角度。由于飞机所在位置的地理北向随着地球自转和飞机的运动而不断地相对于惯性空间转动，所以须随时修正陀螺自转轴的指向，才能正确地测量飞机航向角。航向陀螺仪在长时间内测量航向的精度较低，故常用来测量飞机转弯时航向角的变化。

航向陀螺仪的结构原理如图 6-7 所示，其主要部件是方位陀螺仪，外环轴(方位轴)通过轴承竖直支撑在仪表壳体内。当陀螺转子高速旋转时，自转轴和装在外环上的航向刻度环靠陀螺稳定性稳定在一定方位上。当飞机转弯时，仪表壳体与标线随同飞机相对航向刻度环转过的角度就是飞机航向的变化角。方位陀螺仪不能自寻地理方位，飞机所在地的地理北向随着地球自转和飞机的运动而不断地相对惯性空间转动，因此须随时修正陀螺自转轴的指向，才能正确地测量飞机航向角。一种最简单的修正方法是沿自转轴方向装一配重，产生绕内环轴的修正力矩，使陀螺绕外环轴不断进动。因修正力矩不能随纬度的变化和飞机运动速度的不同而改变，航向陀螺仪在长时间内测量航向的精度较低，故常用来测量飞机转弯时航向角的变化，供指示器指示或作为陀螺磁罗盘和航向系统的一个主要部件。

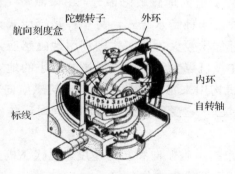

图 6-7　航向陀螺仪的结构原理

航向陀螺仪分为直读式和远读式。直读式航向陀螺仪又称陀螺半罗盘；远读式航向陀螺仪输出飞机航向角变化的信息，供指示器指示或作为陀螺磁罗盘和航向系统等飞行仪表设备的一个主要部件。为了避免飞机机动飞行时陀螺方位轴偏离地垂线而引起倾侧支架误差，有的航向陀螺仪在外环(方位环)外面还增加 1～2 个随动环，随动环由垂直陀螺仪输出的俯仰和倾侧信息控制，这可使外环(方位环)不受飞机姿态的影响而始终保持垂直方向，提高测量精度。

6.3.2　陀螺磁罗盘测量

陀螺磁罗盘是指一种把磁罗盘与二自由度陀螺仪组合在一起指示磁航向的仪表。陀螺磁罗盘是飞行器上广泛应用的一种仪表。

地磁南北极是根据地壳体铁磁物质的分布确定的，而地理南北极是根据地球自转轴确定的，它们之间不一致，存在一个磁偏角。在地球上某个地点的磁子午线是一条指向地磁北的方向线，磁罗盘的磁针指向是这条磁子午线，因此用磁罗盘可建立磁航向基准。中国在公元前 2000 多年就发明了指南针，它是磁罗盘早期雏形。利用磁针定向原理做成的仪表称为永磁式磁罗盘，它是飞机上最早应用的航向仪表。单纯的永磁式磁罗盘因晃动不稳定，在飞机加速飞行、转弯或机动飞行时会产生大的测量误差，已被淘汰。

陀螺磁罗盘把磁罗盘和二自由度陀螺仪组合起来，具有磁传感器(主要是磁罗盘)、航向在磁子午线方向的特点。二自由度航向陀螺具有良好的指向稳定性，但它不具备自动寻磁子午线的能力。陀螺磁罗盘利用了它们各自的特点，并使图中的陀螺机构即二自由度航向陀螺仪的航向指向受磁传感器控制，建立磁航向基准。当飞机飞行方向改变时为驾驶员提供磁航向角指示，又能指示飞机转弯角度。除永磁式磁罗盘外，感受地磁场的还有地磁感应元件，做成感应式磁传感器。飞机上的陀螺磁罗盘主要采用感应式磁传感器，因而也称感应式陀螺磁罗盘。

陀螺磁罗盘的结构形式多种多样，但从结构上讲主要由以下几部分组成。

(1)磁传感器：陀螺磁罗盘的地磁敏感部分，用来测量飞机的磁航向，并输出磁航向信号。磁传感器有两种，一种是永磁式，另一种是感应式。永磁式是利用磁棒来感应地磁，测量精度较低且体积较大；感应式则利用地磁感应元件来感测地磁，应用较多。磁传感器一般安装在飞机翼尖等飞机磁场影响较小的地方。

(2)陀螺机构：陀螺机构用来稳定磁传感器测出的磁航向信号。陀螺机构相当于一个陀螺半罗盘(航向陀螺仪)，它受磁传感器控制，同时磁传感器又通过它输出稳定的航向信号给航向指示器。

(3)航向指示器：用来指示磁航向和转弯角度。现代飞机多采用综合指示器，不仅能指示磁航向，还可以指示无线电方位角等。

(4)放大器：用来放大陀螺磁罗盘中的电信号，以控制伺服同步装置。

磁传感器包括地磁感应元件和磁电位器。地磁感应元件用来测量磁航向，磁电位器则用来复现磁航向信息。磁电位器由环形电阻和一对电刷组成。环形电阻上有三个互隔 120° 的固定抽头，分别与指示器和陀螺电位器的三个电刷连接，磁电位器的磁航向由电阻与电刷之间的相对位置确定。陀螺机构为一航向陀螺仪，其外环轴上固定一个环形电阻，该环形电阻与三个电刷组成陀螺电位器，环形电阻直径两端处接有电源。陀螺电位器的三个抽头与磁传感器中环形电阻相隔 120°的三个固定抽头相连接，组成一个伺服同步装置。当磁电位器所反映的磁航向角与陀螺电位器反映的航向基准不一致，出现失调角，即产生失调电压时，磁电位器的一对电刷 a 与 b 端就会输出失调电压，该失调电压经放大器放大后，驱动协调电机经减速器带动陀螺电位器上的电刷转动，直至失调电压为零。这意味着陀螺电位器的航向基准与磁电位器的磁航向同步。陀螺电位器还与指示器组成一个伺服同步装置。指示器中有伺服电动机、减速器、伺服电位器。陀螺电位器在建立磁航向的过程中，通过伺服同步装置的工作，将磁航向信号传递给指示器。指示器的伺服电动机工作，通过减速器转动航向刻度盘，将磁航向基准在刻度盘上反映出来。此时刻度盘上的航向基准线（0~180°线）与指示器上代表飞机纵轴的指标的夹角，即为该罗盘所测飞机的磁航向。罗盘指示的航向取决于陀螺机构的陀螺电位器所确定的航向。通常指示器上有磁差修正的机械调整装置，将磁差修正值加到磁航向中，指示器则指示真航向。

陀螺磁罗盘既能测量飞机航向，又可比较准确地指示出飞机的转弯角速度。平飞时，利用磁传感器测量飞机的磁航向，然后通过陀螺机构控制指示器的指针，使它指示出飞机的磁航向。飞机转弯时，为防止磁传感器对磁航向的错误修正，监视飞机的偏航速率，经角速度传感器切除修正信号，使飞机在改变航向时，航向基准完全由航向陀螺仪来稳定，指示出飞机的转弯角度。

6.4 飞行机器人位置测量

6.4.1 飞行机器人的定位

对于四旋翼飞行器来说，GPS 定位技术的应用推动了四旋翼飞行器自动驾驶技术的迅猛发展，使得各种类型的四旋翼飞行器能够进一步脱离遥控器直至最终实现全自动的稳定飞行，以完成人们在各种如勘探矿井、地震救灾、电视电影特定角度拍摄等领域的应用。如今，高精度的 GPS 模块已经成功地运行在如 Ardu Pilot Mega 飞控的四旋翼飞行器上，这使得基于 GPS 的四旋翼飞行器自动飞行得更加成熟。因此，在成熟的飞行控制方案下的四旋翼飞行器的二次开发，具有十分重要的意义。

定位卫星导航是通过不断对目标物体进行定位从而实现导航功能的。目前，全球范围内有影响的卫星定位系统有美国的全球定位系统(GPS)、欧盟的伽利略卫星导航系统(GSNS)、俄罗斯的格拉纳斯卫生导航系统(GLONASS)和中国的北斗卫星导航系统(BDS)。这里主要介绍现阶段应用较为广泛的全球定位系统。

GPS 的基本原理：当 GPS 卫星正常工作时，会不断地用 1 和 0 二进制码元组成的伪随机码(简称伪码)发射导航电文。导航电文包括卫星星历、工作状况、时钟改正、电离层时延修正、大气折射修正等信息。当用户接收到导航电文时，提取出卫星时间并将其与自己的时钟做对比便可得知卫星与用户的伪距 R，再利用导航电文中的卫星星历数据推算出卫星发射电文时所处位置，由于用户接收机使用的时钟与卫星星载时钟不可能总是同步，引进了一个 Δt 即卫星与接收机之间的时间差作为未知数。为了求出接收机的位置 x、y、z，只要接收机测出四颗卫星的伪距，利用下面公式便可得到四个方程，联立起来就可以求得四个未知数 x、y、z、Δt。

$$R = \sqrt{(x_1-x)^2 + (y_1-x)^2 + (z_1-x)^2} + \Delta t \cdot c \tag{6.4.1}$$

6.4.2　无线电测距

　　无线电测距是一种基于电磁波应用技术的测距方法。无线电测距即用无线电的方法测量距离，这是无线电导航的基本任务之一。无线电测距按其工作原理可分为三种：脉冲测距(也称为时间测距)、相位测距和频率测距。按其工作方式可分为带有独立定时器的测距器和不带独立定时器的测距器。

　　1)带有独立定时器的测距器

　　带有独立定时器的测距器的工作原理如图 6-8 所示。图 6-8 中的定时器产生一个由基准振荡器形成的时间(或相位)标准。在测距开始之前. 将定时器Ⅰ和定时器Ⅱ相互校对好，使其起始时间(或相位)相同。定时器Ⅰ控制发射机的发射时间(或相位)，当信号经过一定的传播时间被接收机接收后，与定时器Ⅱ的时间进行比较，测量出时间差(或相位差)后即可确定电波的传播时间 r，然后按公式 $R = c \times r$ 即可求得所测距离。

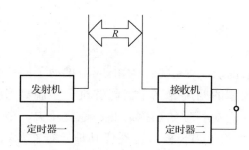

图 6-8　带有独立定时器的测距器的工作原理

　　由于这种方式是直接利用发射机辐射的信号，所以工作距离较近，适合于近距离导航参数的计算。

　　2)不带独立定时器的测距器

　　根据目标的特点可分为无源反射式测距和询问回答式测距。

（1）无源反射式测距。

此类测距器的定时器兼有控制发射机的起始时间与测量时间间隔的基准时间两种功能。距离计算公式为

$$R = \frac{1}{2}c \cdot \tau \tag{6.4.2}$$

式中，τ 为电波总的传播时间。

与带有独立定时器的测距方式相比，由于是无源反射，因而接收到的信号强度较弱。为了保证正常工作，需要有较大的发射功率和较高的接收灵敏度。雷达测量目标的距离和在飞行器上测量距地面的相对高度多采用该方式。

（2）询问回答式测距。

询问回答式测距与无源反射式测距的不同之处在于，由接收机和发射机组成的回答器代替了原来的无源反射目标，而询问器则与无源反射式测距器的组成相同。

6.5 习　　题

1．简述飞行高度测量原理。

2．飞行机器人测量系统上常使用哪种加速度计？

3．四旋翼飞行器的姿态信号主要是指什么？飞行器姿态测量主要包括什么？

4．航向陀螺仪有几种类型，分别为哪几种？

5．无线电测距分别按其工作原理和工作方式进行分类，可分为哪几种？

第7章 飞行机器人姿态估计

实时、稳定、精准的姿态信息是无人机实现自主飞行和执行各种任务的基础。受载荷和尺寸的限制，很多小型飞行机器人通常不适合搭载高性能、体积大、价格高的传统姿态测量系统。

微机电系统(micro electro mechanical systems，MEMS)的传感器和嵌入式处理器由于其体积小、重量轻、功耗低等优点，在小型飞行机器人惯性导航上应用广泛。但MEMS惯性器件用于姿态估计时存在如下问题。

(1)陀螺仪存在漂移，单独使用陀螺仪估计无人机姿态易导致积累误差。

(2)加速度计受线性加速度和振动影响较大，单独利用加速度计估计载体姿态角，会出现较大误差，动态时可信度较低。

(3)磁阻仪易受周围环境(如高压线、铁矿厂等)所产生的磁场干扰，从而影响航向角的输出。由于此类误差是随机的，无法预先消除，因此不能单独通过上述方法获取准确的姿态角，必须采用合理的数据融合方法以补偿各类误差带来的影响，才能获得稳定可靠的姿态信息。

描述飞行器姿态常用的方法有 Euler 角法、等效旋转矢量法、方向余弦法和四元数法等。Euler 角法描述简单、无冗余参数，但存在奇异值，计算量大；方向余弦法可全姿态工作，但存在 9 个参数，求解计算量大；等效旋转矢量法可消除计算的方向余弦矩阵或四元数中的不可交换性误差，但存在大量参数冗余；四元数法因为具有计算量小、非奇异性、无超越函数和可全姿态工作等优点，得到了广泛应用。

7.1 空气动力学参数的估计

本教材在总结、分析常见姿态测量方法的基础上，提出一种基于四元数扩展 Kalman 滤波器的小型无人机姿态测量方案。通过建立四元数姿态描述模型和 MARG(magnetic angular rate and gravity)传感器测量模型，构建以四元数、陀螺仪零漂误差为状态向量、以加速度计和磁阻仪解算的航向角为观测向量的扩展 Kalman 滤波器。为减小载体机动时和外界磁干扰对姿态测量的影响，本书设计自适应的测量噪声协方差矩阵，提高姿态测量精度，实现三自由度的姿态测量。

根据捷联惯性导航原理，飞行器的姿态角就是载体坐标系 b 相对于导航坐标系 n 的方位关系。本书定义载体坐标系为 $O\text{-}X_bY_bZ_b$，该坐标系与机体固联，原点选为飞行器质心，X_b 轴沿机体横轴指向右，Y_b 轴沿机体纵轴指向前，Z_b 轴垂直指向机体上方，且构成右手坐标系。定义地理坐标系 $O\text{-}X_bY_bZ_b$ 作为导航坐标系，该坐标系的原点在飞行器的质心，X_n、Y_n 和 Z_n 轴分别从原点出发指向东、北和天向，简称 ENU 系。

载体坐标系向导航坐标系的转换可以用 Euler 角和四元数表示，通常用四元数进行姿态解算，用 Euler 角描述姿态角，两者关系可通过姿态矩阵进行转换。设载体坐标系 b 是由导航坐标系 n 按照 $x \to y \to z$ 旋转顺序，分别旋转 $\psi \to \theta \to \phi$ 角度得到的，其中，ψ 为航向角；θ 为俯仰角；φ 为滚转角；且 φ、θ 和 ψ 都为 Euler 角。则载体坐标系和导航坐标系之间的转换关系可表示为

$$\begin{bmatrix} x_b \\ y_b \\ z_b \end{bmatrix} = \boldsymbol{C}_n^b \begin{bmatrix} x_n \\ y_n \\ z_n \end{bmatrix}$$

其中

$$\boldsymbol{C}_n^b = \begin{bmatrix} \cos\varphi\cos\psi - \sin\theta\sin\varphi\sin\psi & \cos\varphi\sin\psi + \sin\theta\sin\varphi\cos\psi & -\cos\theta\sin\varphi \\ -\cos\theta\sin\psi & \cos\theta\sin\psi & \sin\theta \\ \sin\varphi\cos\psi - \sin\theta\cos\varphi\sin\psi & \sin\varphi\sin s\psi - \sin\theta\cos\varphi\cos\psi & \cos\theta\cos\varphi \end{bmatrix} \quad (7.1.1)$$

式(7.1.1)为坐标转换矩阵，也称为姿态矩阵。

四元数定义为 $\boldsymbol{q} = [q_0 \quad \boldsymbol{e}]^{\mathrm{T}} = [q_0 \quad q_1 \quad q_2 \quad q_3]^{\mathrm{T}}$，其中，$\boldsymbol{e} = [q_1 \quad q_2 \quad q_3]$ 为向量部分；q_0 为标量部分，且满足归一化约束 $\boldsymbol{q}^{\mathrm{T}}\boldsymbol{q} = q_0^2 + q_1^2 + q_2^2 + q_3^2 = 1$，则由四元数表示的坐标转换矩阵为

$$\boldsymbol{C}_n^b = \begin{bmatrix} q_0^2 + q_1^2 - q_2^2 - q_3^2 & 2(q_1q_2 - q_0q_3) & 2(q_1q_3 - q_0q_2) \\ 2(q_1q_2 - q_0q_3) & q_0^2 - q_1^2 + q_2^2 - q_3^2 & 2(q_2q_3 - q_0q_1) \\ 2(q_1q_2 - q_0q_3) & 2(q_2q_3 - q_0q_1) & q_0^2 - q_1^2 1 q_2^2 + q_3^2 \end{bmatrix} = \begin{bmatrix} T_{11} & T_{12} & T_{13} \\ T_{21} & T_{22} & T_{23} \\ T_{31} & T_{32} & T_{33} \end{bmatrix} \quad (7.1.2)$$

由式(7.1.1)和式(7.1.2)可得载体的姿态角为

$$\begin{bmatrix} \varphi \\ \theta \\ \psi \end{bmatrix} = \begin{bmatrix} -\arctan(T_{13}/T_{33}) \\ \arcsin(T_{23}) \\ -\arctan(T_{21}/T_{22}) \end{bmatrix} \quad (7.1.3)$$

式中，滚转角 φ 和航向角 ψ 需要对主值进行相位判断。

由四元数定义可推出四元数姿态运动学方程，

$$\dot{\boldsymbol{q}} = \frac{1}{2}\boldsymbol{q} \otimes \boldsymbol{\omega} = \frac{1}{2}\boldsymbol{\Omega}_b\boldsymbol{q}$$

其中，$\boldsymbol{\Omega}_b$ 表示载体坐标系相对于导航坐标系的角速度在载体坐标系上的分量，可通过载体上的三轴陀螺仪测得，其矩阵形式可表示为

$$\boldsymbol{\Omega}_b = \begin{bmatrix} 0 & -\omega_x & -\omega_y & -\omega_z \\ -\omega_x & 0 & \omega_z & -\omega_y \\ -\omega_y & -\omega_z & 0 & \omega_x \\ -\omega_z & \omega_y & -\omega_x & 0 \end{bmatrix} \tag{7.1.4}$$

式中，ω_x 表示绕滚转轴角速度；ω_y 表示绕俯仰轴角速度；ω_z 表示绕航向轴角速度。

采用一阶 Runge-Kutta 法求解四元数微分方程，可得其离散时间模型为

$$\boldsymbol{q}(k) = \boldsymbol{q}(k-1) + \frac{T}{2}[\boldsymbol{\Omega}_b(k-1)]\boldsymbol{q}(k-1) = \left\{1 + \frac{T}{2}[\boldsymbol{\Omega}_b(k-1)]\right\}\boldsymbol{q}(k-1) \tag{7.1.5}$$

式中，T 表示系统采样时间间隔；$\boldsymbol{q}(k-1)$ 表示 $k-1$ 时刻四元数。设置初始四元数 $\boldsymbol{q}(0)$，利用式 (7.1.5) 可递推出第 k 时刻四元数 $\boldsymbol{q}(k)$ 的取值，进而更新姿态矩阵。

MARG 传感器由一个三轴 MEMS 陀螺仪、一个三轴 MEMS 加速度计和一个三轴 MEMS 磁阻仪组成，直接固连在飞行器上，各传感器内部测量坐标轴相互正交，且与载体坐标系重合，因此各传感器输出为三维矢量，对应的输出为角速度 $\boldsymbol{\omega}_b$、加速度 $\boldsymbol{a}_b$、磁场向量 $\boldsymbol{m}_b$。

使用 MEMS 传感器求解飞行器姿态时主要存在以下几种误差。

(1) 传感器的安装误差和标度误差。

(2) 陀螺仪的漂移和加速度计的零位误差。

(3) 初始条件误差，包括导航参数和姿态角的初始误差。

(4) 计算误差，主要包括量化误差、用四元数求解姿态角和滤波算法的计算误差。

(5) 载体机动导致的动态误差。

其中前两项由 MARG 传感器导致，而由于 MARG 传感器精度较低，其误差还包括测量噪声。MARG 传感器输出误差将影响姿态的精度，所以有必要对其进行误差校准。

陀螺仪通过测量载体三个轴向的角速率，积分后即可得到载体转动角度，但由于 MEMS 陀螺仪制造工艺等因素，陀螺仪输出存在随机漂移和测量噪声误差，积分时间越长，姿态估计的误差越大，严重影响姿态角测量精度，所以需先对陀螺仪测量值进行校正。陀螺仪测量模型为 $\boldsymbol{\omega}_b = \boldsymbol{K}_\omega \boldsymbol{\omega} + \boldsymbol{b}_\omega + \boldsymbol{V}_\omega$，其中，$\boldsymbol{\omega}_b$ 表示陀螺仪的测量值；$\boldsymbol{\omega}$ 表示陀螺仪真值角速度；$\boldsymbol{K}_\omega$ 表示标度系数矩阵；$\boldsymbol{b}_\omega$ 表示陀螺仪随机漂移矩阵；$\boldsymbol{V}_\omega$ 表示测量噪声矩阵，为零均值的 Gauss 白噪声，协方差为 $\sigma_\omega^2 \boldsymbol{I}$。

加速度计通过测量重力加速度矢量在载体坐标系上的分量，解算飞行器在静止或匀速状态下的滚转角和俯仰角。当飞行器做非匀速运动、机体振动较大并存在偏置误差时，会使稳态姿态角解算失效，因此需要对测量值进行校正。加速度计测量模型为 $\boldsymbol{a}_b = \boldsymbol{K}_a[\boldsymbol{C}_n^b(\boldsymbol{g} + \boldsymbol{a}_f)] + \boldsymbol{b}_a + \boldsymbol{v}_a$，其中，$\boldsymbol{a}_b$ 表示加速度计的测量值；$\boldsymbol{K}_a$ 表示标度系数矩阵；$\boldsymbol{g} = [0 \quad 0 \quad -g]^T$ 表示地理坐标系下的重力加速度矢量，g 表示重力加速度常量；$\boldsymbol{a}_f$ 表

示载体的线性加速度矩阵；$\boldsymbol{b}_a$ 表示偏置误差矩阵；$\boldsymbol{v}_a$ 表示测量噪声矩阵，为零均值的 Gauss 白噪声，协方差为 $\sigma_\omega^2 I$。

7.2　惯性量、方向角、位置估计

视频流广泛地应用于通过时变图的像密度来近似计算运动视场。在各种视频流计算方法中，采用了纹理检测与 Lucas-Kanade 金字塔算法相结合的方法，该方法提供了精确的运行视场估计。在无人机表面布置具有特定图案的一些点，便于视频流计算。纹理检测器忽略了周围环境，因此难以准确确定运动视场。

在摄像头图像平面上的点 $p(x_i,y_i)$ 对应真实世界上的点 $P(X,Y,Z)$，它可以通过针孔摄像按照式 (7.2.1) 的投影来获得

$$\begin{cases} x_i = f\dfrac{X}{Z} \\ y_i = f\dfrac{Y}{Z} \end{cases} \tag{7.2.1}$$

式中，(x_i,y_i) 表示像平面上的点；f 为摄像头的焦距；Z 为摄像头与无人机之间的距离。

对式 (7.2.1) 两边微分，得到如下视频流方程。

$$\begin{bmatrix} \mathrm{OF}_{xi} \\ \mathrm{OF}_{yi} \end{bmatrix} = \boldsymbol{T}_{\mathrm{OF}} + \boldsymbol{R}_{\mathrm{FO}} \tag{7.2.2}$$

式中

$$\boldsymbol{T}_{\mathrm{OF}} = \frac{1}{Z}\begin{bmatrix} -f & 0 & x_i \\ 0 & -f & y_i \end{bmatrix}\begin{bmatrix} V_x \\ V_y \\ V_z \end{bmatrix} \tag{7.2.3}$$

$$\boldsymbol{R}_{\mathrm{OF}} = \begin{bmatrix} \dfrac{x_iy_i}{f} & -\left(f+\dfrac{x_i^2}{f}\right) & y_i \\ f+\dfrac{y_i^2}{f} & -\dfrac{x_iy_i}{f} & -x_i \\ 0 & -f & y_i \end{bmatrix}\begin{bmatrix} \omega_x \\ \omega_y \\ \omega_z \end{bmatrix} \tag{7.2.4}$$

式中，OF_{ji} 为点 p_i 在坐标 j 上的视频流分量；V_k、ω_k 分别表示无人机沿坐标 k 方向的平移和旋转速率。

实际上，图像坐标系的原点并不是经常在主点上，而且每一幅图像的坐标轴的比

例尺度是不同的。因此，图像坐标系需要一个反映摄像头固有参数的额外变换矩阵 k。摄像头标定后，并考虑透视投影的误差，可得

$$
\begin{cases}
x_i = \dfrac{s_x f}{Z} X_i + x_0 \\[2mm]
y_i = \dfrac{s_x f}{Z} Y_i + y_0
\end{cases}
\tag{7.2.5}
$$

式中，s_x、s_y 为考虑像素大小的尺度因子；(x_0, y_0) 为图像坐标系的原点。

这种新的变换建立的视频流与无人机三维运动之间的真实关系。一旦目标被检测到，视频系统能够感知无人机的六自由度运动。假设这些点和无人机具有相同的运动，则可计算出视频流均值为

$$
\begin{cases}
\dfrac{\sum \mathrm{OF}_{xi}}{n} = \dfrac{\sum T_{\mathrm{OF}_{xi}}}{n} + \dfrac{\sum T_{\mathrm{OF}_{xi}}}{n} \\[3mm]
\dfrac{\sum \mathrm{OF}_{yi}}{n} = \dfrac{\sum T_{\mathrm{OF}_{yi}}}{n} + \dfrac{\sum T_{\mathrm{OF}_{yi}}}{n}
\end{cases}
\tag{7.2.6}
$$

式中

$$
\begin{cases}
\dfrac{\sum T_{\mathrm{OF}_{xi}}}{n} = -\dfrac{V_x}{Z} - \dfrac{\sum x_i}{n}\dfrac{V_x}{Z} \\[3mm]
\dfrac{\sum R_{\mathrm{OF}_{xi}}}{n} = \dfrac{\sum x_i y_i}{n}\omega_x - \dfrac{\sum (1 + x_i^2)}{n}\omega_y + \dfrac{\sum y_i}{n}\omega_z \\[3mm]
\dfrac{\sum T_{\mathrm{OF}_{yi}}}{n} = -\dfrac{V_y}{Z} - \dfrac{\sum y_i}{n}\dfrac{V_z}{Z} \\[3mm]
\dfrac{\sum R_{\mathrm{OF}_{yi}}}{n} = \dfrac{\sum (1 + y_i^2)}{n}\omega_x - \dfrac{\sum x_i y_i}{n}\omega_y + \dfrac{\sum x_i}{n}\omega_z
\end{cases}
\tag{7.2.7}
$$

这里 n 为视频流估计的点数。

在图像坐标系中，测量的视频流平均值表示为

$$
\begin{cases}
\dot{x} = -\dfrac{V_x}{Z} - K_x^x \dfrac{V_x}{Z} + K_{xy}^x \omega_x - K_{x^2}^x \omega_y + K_y^x \omega_z \\[3mm]
\dot{y} = -\dfrac{V_y}{Z} - K_y^y \dfrac{V_z}{Z} + K_{y^2}^y \omega_x - K_{xy}^x \omega_y - K_x^y \omega_z
\end{cases}
\tag{7.2.8}
$$

式中，$\dfrac{V_x}{Z}$、$\dfrac{V_y}{Z}$ 为无人机在摄像头坐标系中的相对速度；$\dfrac{V_z}{Z}$ 为接触时间的逆，称为相对深度；K_j^i 为尺度因子常数，取决于摄像头固有参数。

光轴的旋转运动导致视频流的线性运动，旋转和平移同时运动会导致视频流的非线性运动。对于旋转，尺度因子常数可以表示为摄像头固有参数和丰富纹理检测器的输出矢量的函数。一旦计算出尺度因子，就可以通过卡尔曼滤波器来消除视频流的旋

转分量。

对于方向角的估计，可以通过磁力计对磁场进行实时测量，得到水平磁场分布，磁场的水平分量为

$$\begin{cases} m_{xn} = m_{xb}\cos\theta + m_{yb}\sin\varphi\sin\theta - m_{zb}\cos\varphi\sin\theta \\ m_{yn} = m_{yb}\cos\varphi + m_{zb}\sin\varphi \end{cases} \tag{7.2.9}$$

解算得到方向角的估计值 $\psi = \arctan(m_{yn} / m_{xn})$。

在飞行机器人控制系统中，主芯片通过集成电路总线接口(IIC)连接 MPU6050 型号的 MEMS 惯性传感器。加速度传感器的测量信号的数学模型为

$$\boldsymbol{a}_{\mathrm{IMU}} = \boldsymbol{R}^{\mathrm{T}}(\boldsymbol{a} - \boldsymbol{g}) + \boldsymbol{b}_a + \boldsymbol{\eta}_a \tag{7.2.10}$$

式中，$\boldsymbol{a}_{\mathrm{IMU}}$ 为加速度的测量值；$\boldsymbol{R}$ 为旋转矩阵；$\boldsymbol{a}$ 为加速度的真实值；$\boldsymbol{g}$ 为重力加速度；$\boldsymbol{b}_a$ 为测量的静态偏差；$\boldsymbol{\eta}_a$ 为测量的随机噪声。图 7-1 为静止状态下，该加速度传感器分别在体坐标系 b 的 x、y、z 三轴方向上测量得到的原始加速度数据。

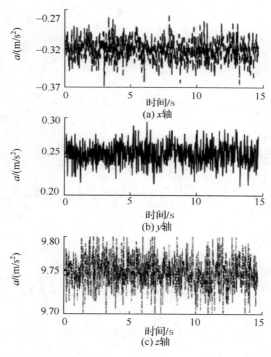

图 7-1　加速度传感器 x、y、z 三轴原始加速度数据

实验结果显示该加速度传感器的测量随机噪声的大小为 $0.05\mathrm{m/s}^2$。同时该加速度传感器信号测量的静态偏差因各个轴而异。有文献提到即使对加速度传感器进行合理的校正也无法完全消除测量的静态偏差。因此直接利用加速度传感器积分估计无人机的空间位置，估计值的误差将随着时间而逐步累积。

主控制芯片通过串行外设接口(SPI)连接 MS5611 型号的气压传感器。气压与相对高度的转换关系为

$$H = 44330 \times \left[1 - \left(\frac{P}{RP} \right)^{0.190295} \right] \quad\quad (7.2.11)$$

式中，P 为当前高度的气压测量值；RP 为高度零点的气压值；H 为相对高度值。气压传感器测量信号的数学模型表达为

$$H_{\text{baro}} = H + b_{\text{baro}} + \eta_{\text{baro}} \quad\quad (7.2.12)$$

式中，H_{baro} 为当前气压传感器测量高度值；H 为当前的真实高度；b_{baro} 为气压传感器的时变漂移；η_{baro} 为随机测量噪声。如图 7-2 所示，该气压传感器的随机测量噪声为 0.5m。

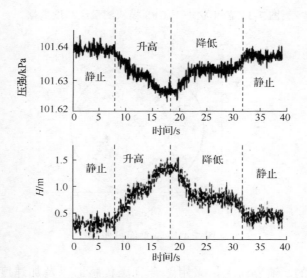

图 7-2　气压传感器测量压强及对应测量高度

主控制芯片通过串口(USART)连接 M8N 型号的 GPS 模块，通过配置修改该模块的测量更新频率为 5 Hz。GPS 信号测量的数学模型可以表达为

$$P_{\text{GPS}}(t) = P(t - \mathrm{d}t) + b_{\text{GPS}}(t) \quad\quad (7.2.13)$$

式中，$P_{\text{GPS}}(t)$ 为当前时刻 GPS 传感器的测量值。假设 GPS 测量值存在一个 $\mathrm{d}t$ 大小的时间滞后，所以将 $P(t - \mathrm{d}t)$ 定义为 $\mathrm{d}t$ 时刻之前无人机所处的真实位置。$b_{\text{GPS}}(t)$ 为 GPS 传感器测量的时变漂移。

图 7-3 为静止状态下，在空旷的室外环境中该 GPS 模块测量得到的当前无人机所处位置的原始经纬度数据。将该经纬度测量数据投影到 x-y 平面坐标系中得到如图 7-4 所示的位置分布。投影后的位置数据显示该 GPS 模块在 x 轴与 y 轴方向上的测量精度为 2 m。同时由于无线通信以及测量与计算的时间要求，GPS 模块输出的测量

信息通常存在时间滞后。

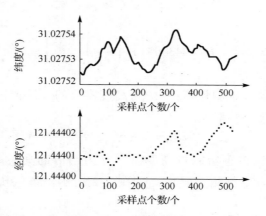

图 7-3   静止状态下 GPS 模块测量经纬度数据

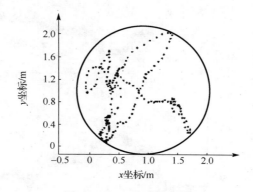

图 7-4   x-y 平面投影图

在惯性坐标系的 z 轴方向上，采用融合气压传感器以及加速度传感器的数据进行相对高度的估计。图 7-5 为高度方向数据融合算法框图。

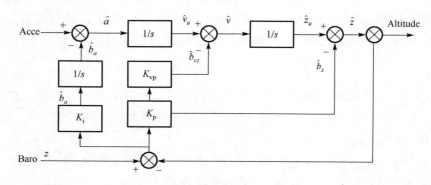

图 7-5   高度方向数据融合算法框图

图 7-5 所示的高度估计算法可以描述为加速度传感器以 500 Hz 的频率更新得到运

动加速度测量值 a_u，减去加速度的静态误差估计值 $\hat{b}_a$，得到修正后的运动加速度值 $\hat{a}$。修正后的运动加速度值 $\hat{a}$ 积分得到速度的预测值 $\hat{v}_u$，减去当前速度的比例修正值 $\hat{b}_{vz}$，得到修正后的速度估计值 $\hat{v}$。$\hat{v}$ 积分得到高度的预测值 $\hat{z}_u$，减去当前高度的比例修正值 $\hat{b}_z$，得到修正后的高度估计值 $\hat{z}$。气压传感器更新测量得到测量高度值 z，更新下一时刻速度的比例修正值 $\hat{b}_{vz}$，高度的比例修正值 $\hat{b}_z$。同时利用积分环节计算下一时刻加速度的静态误差值修正量，积分更新下一时刻的加速度静态误差 $\hat{b}_a$。该算法数学表达式为

$$\begin{cases} \hat{a} = a_u - \hat{b}_a \\ \hat{v} = \hat{v}_u - \hat{b}_{vz} = \hat{v}_u - K_p K_{vp}(z - \hat{z}) \\ \hat{z} = \hat{z}_u - \hat{b}_z = \hat{z}_u - K_p(z - \hat{z}) \\ \hat{b}_a = K_i(z - \hat{z}) \end{cases} \tag{7.2.14}$$

式中，K_p、K_{vp}、K_i 为比例以及积分修正系数值，修正系数在实验调试过程中调整至最佳值。

　　GPS/MEMS 的传感器组合导航是四旋翼无人机获得位置信息的一种重要方法。因此，本教材采用融合 GPS 以及 MEMS 加速度传感器的信号进行水平位置的估计。图 7-6 为在惯性坐标系的 x 轴与 y 轴方向上的信息融合算法框图，x 轴与 y 轴方向上算法一致。

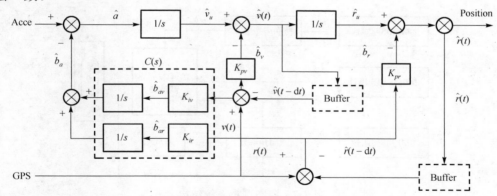

图 7-6　水平方向传感器数据融合算法框图

　　图 7-6 所示的水平位置估计算法可以描述为加速度传感器更新测量得到运动加速度测量值 a_u，减去静态误差 $\hat{b}_a$，得到修正的运动加速度值 $\hat{a}$。修正的运动加速度 $\hat{a}$ 积分得到速度与位置的预测值 $\hat{v}_u$、$\hat{r}_u$。等待 GPS 更新测量后计算运动速度测量值 $v(t)$、位置测量值 $r(t)$，将 GPS 传感器测量的延迟时间记为 dt。因此从缓存区中取出对应于 dt 时间之前的速度估计值 $\hat{v}(t-dt)$、位置估计值 $\hat{r}(t-dt)$。计算速度的比例修正值 $\hat{b}_v$、位置的比例修正值 $\hat{b}_r$。修正当前速度的预测值 $\hat{v}_u$ 以及位置的预测值 $\hat{r}_u$，得到当前速度的估计值 $\hat{v}(t)$，位置的估计值 $\hat{r}(t)$。将该速度的估计值与位置的估计值存入缓存区中。

最后计算加速度静态误差的修正值，并更新下一时刻的加速度传感器静态误差 $\hat{b}_a$。该算法数学表达式为

$$\begin{cases} \hat{a} = a_u - \hat{b}_a \\ \dot{\hat{b}}_{ar} = K_{ir}[r(t) - \hat{r}(t - \mathrm{d}t)] \\ \dot{\hat{b}}_{av} = K_{iv}[v(t) - \hat{v}(t - \mathrm{d}t)] \\ \hat{r}(t) = \hat{r}_u - K_{pr}[r(t) - \hat{r}(t - \mathrm{d}t)] \\ \hat{v}(t) = \hat{v}_u - K_{pv}[v(t) - \hat{v}(t - \mathrm{d}t)] \end{cases} \tag{7.2.15}$$

式中，K_{pr}、K_{pv}、K_{ir}、K_{iv} 分别为比例以及积分修正系数，修正系数在实验调试过程中调整至最佳值。

7.3　位姿估计器设计

姿态测量系统结构如图 7-7 所示。为保证系统输出的姿态角可靠、稳定，本教材将陀螺仪、加速度计和磁阻仪测量值通过扩展 Kalman 滤波器进行多传感器信息融合，求取姿态角、更新姿态矩阵，并设置自适应的测量噪声协方差矩阵，提高姿态测量精度。

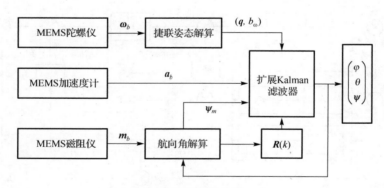

图 7-7　姿态测量系统结构

考虑非线性离散系统：

$$\begin{cases} \boldsymbol{x}(k) = \boldsymbol{f}[\boldsymbol{x}(k-1), k-1] + \boldsymbol{w}(k-1) \\ \boldsymbol{z}(k) = \boldsymbol{h}[\boldsymbol{x}(k), k] + \boldsymbol{v}(k) \end{cases} \tag{7.3.1}$$

式中，$\boldsymbol{x}(k) \in \mathbf{R}^n$ 表示 k 时刻系统的状态矢量；$\boldsymbol{z}(k) \in \mathbf{R}^n$ 表示 k 时刻的观测矢量；$\boldsymbol{f}$ 表示 n 维矢量函数，$\boldsymbol{h}$ 表示 m 维矢量函数，$\boldsymbol{f}$ 和 $\boldsymbol{h}$ 对其自变量都是非线性的；$\boldsymbol{w}(k) \in \mathbf{R}^n$ 和 $\boldsymbol{v}(k) \in \mathbf{R}^n$ 是协方差分别为 $\boldsymbol{Q}(k)$ 和 $\boldsymbol{R}(k)$ 的过程噪声矢量。

设系统状态量为

$$\boldsymbol{x}(k) = [q_0(k) q_1(k) q_2(k) q_3(k) b_{wx}(k) b_{wy}(k) b_{wz}(k)]^{\mathrm{T}} \tag{7.3.2}$$

式中，$q_0(k)$、$q_1(k)$、$q_2(k)$、$q_3(k)$ 为姿态四元数；$b_{\omega x}(k)$、$b_{\omega y}(k)$、$b_{\omega z}(k)$ 分别为绕滚转轴、俯仰轴和航向轴的陀螺仪随机漂移向量。则系统的状态方程为

$$\boldsymbol{x}(k) = \begin{bmatrix} q(k) \\ b_\omega(k) \end{bmatrix} = \begin{bmatrix} (I + (T/2)\boldsymbol{\Omega}_\omega)q(k-1) \\ b_\omega(k-1) \end{bmatrix} + \begin{bmatrix} w_q(k-1) \\ w_\omega(k-1) \end{bmatrix} = f[x(k-1), k-1] \tag{7.3.3}$$

对 $f[\boldsymbol{x}(k-1), k-1]$ 求取 Jacobi 矩阵得

$$\boldsymbol{\Phi}(k, k-1) = \frac{\partial f(x(k-1), k-1)}{\partial x(k-1)} \bigg|_{x(k-1)=\hat{x}(k-1)}$$

$$= \begin{bmatrix} 1 & -T\hat{\omega}_x/2 & -T\hat{\omega}_y/2 & -T\hat{\omega}_z/2 & Tq_1/2 & Tq_2/2 & Tq_3/2 \\ -T\hat{\omega}_x/2 & 1 & -T\hat{\omega}_z/2 & -T\hat{\omega}_y/2 & -Tq_0/2 & Tq_3/2 & -Tq_2/2 \\ T\hat{\omega}_y/2 & -T\hat{\omega}_z/2 & 1 & T\hat{\omega}_x/2 & -Tq_3/2 & -Tq_0/2 & Tq_1/2 \\ T\hat{\omega}_z/2 & T\hat{\omega}_y/2 & -T\hat{\omega}_x/2 & 1 & Tq_2/2 & -Tq_1/2 & -Tq_0/2 \\ 0 & 0 & 0 & 0 & 1 & 0 & 0 \\ 0 & 0 & 0 & 0 & 0 & 1 & 0 \\ 0 & 0 & 0 & 0 & 0 & 0 & 1 \end{bmatrix} \tag{7.3.4}$$

式中，$[\hat{\omega}_x \quad \hat{\omega}_y \quad \hat{\omega}_z]^{\mathrm{T}} = [\omega_x \quad \omega_y \quad \omega_z]^{\mathrm{T}} - [b_{\omega x} \quad b_{\omega y} \quad b_{\omega z}]^{\mathrm{T}}$，$\hat{\omega}_x$、$\hat{\omega}_y$、$\hat{\omega}_z$ 表示陀螺仪估计值；ω_x、ω_y、ω_z 表示陀螺仪测量值。过程噪声协方差 $\boldsymbol{Q}(k)$ 为

$$\boldsymbol{Q}(k) = \begin{bmatrix} \sigma_q^2 \boldsymbol{I}_{4\times4} & 0 \\ 0 & \sigma_\omega^2 \boldsymbol{I}_{3\times3} \end{bmatrix} \tag{7.3.5}$$

设系统观测量为 $z(k) = [a_{bx}(k) \quad a_{by}(k) \quad a_{bz}(k) \quad \psi_m(k)]^{\mathrm{T}}$。其中：$a_{bx}(k)$、$a_{by}(k)$、$a_{bz}(k)$ 表示载体坐标系中的三轴加速度测量值；$\psi_m(k)$ 表示通过磁阻仪的输出值在水平面上投影所得到的航向角。

当飞行器静止和匀速运动时，存在

$$\begin{bmatrix} a_{bx} \\ a_{by} \\ a_{bz} \end{bmatrix} = C_n^b \begin{bmatrix} 0 \\ 0 \\ -g \end{bmatrix} = \begin{bmatrix} -2g(q_1q_3 - q_0q_2) \\ -2g(q_2q_3 - q_0q_1) \\ -g(q_0^2 - q_1^2 - q_2^2 + q_3^2) \end{bmatrix} \tag{7.3.6}$$

系统的观测方程为

$$z(k) = \begin{bmatrix} a_{bx}(k) \\ a_{by}(k) \\ a_{bz}(k) \\ \psi_m(k) \end{bmatrix} = \begin{bmatrix} -2g(q_1q_3 - q_0q_2) \\ -2g(q_2q_3 - q_0q_1) \\ -g(q_0^2 - q_1^2 - q_2^2 + q_3^2) \\ \arctan\left(-\dfrac{2g(q_1q_3 - q_0q_2)}{q_0^2 - q_1^2 + q_2^2 - q_3^2}\right) \end{bmatrix} + \boldsymbol{v}(k) = \boldsymbol{h}[x(k), k] + \boldsymbol{v}(k) \tag{7.3.7}$$

对 $h[x(k),k]$ 求取 Jacobi 矩阵，可得系统量测矩阵为

$$H(k) = \frac{\partial H(x(k),k)}{\partial x(k)}\bigg|_{x(k)=\hat{x}(k,k-1)}$$

$$= \begin{bmatrix} 2gq_2 & 2gq_3 & 2gq_0 & -2gq_1 & 0 & 0 & 0 \\ -2gq_1 & -2gq_0 & -2gq_3 & -2gq_2 & 0 & 0 & 0 \\ -2gq_0 & 2gq_1 & 2gq_2 & 2gq_3 & 0 & 0 & 0 \\ \dfrac{2q_3D_1+4q_0D_3}{D_1^2+4D_2^2} & \dfrac{-2q_2D_1-4q_1D_2}{D_1^2+4D_2^2} & \dfrac{-2q_1D_1+4q_2D_2}{D_1^2+4D_2^2} & \dfrac{2q_0D_0-4q_3D_2}{D_1^2+4D_2^2} & 0 & 0 & 0 \end{bmatrix} \quad (7.3.8)$$

式中，$D_1 = q_0^2 - q_1^2 + q_2^2 - q_3^2$，$D_2 = q_1q_2 - q_0q_3$。

量测噪声协方差阵为

$$R(k) = \begin{bmatrix} \sigma_a^2 I_{3\times3} & 0 \\ 0 & \sigma_m^2 I_{1\times1} \end{bmatrix} \quad (7.3.9)$$

$R(k)$ 为正定常数对角阵。

根据扩展 Kalman 滤波理论，通过时间更新和量测更新的迭代求得系统状态向量的最优估计，系统的扩展 Kalman 滤波递推过程如下所示。

(1) 初始估计。计算状态初始值 $x(0)$，设定过程噪声协方差 $Q(k)$、量测噪声协方差 $R(k)$ 和误差方差矩阵 $P(0)$。

(2) 时间更新。计算状态转移函数的 Jacobi 矩阵：

$$\Phi(k,k-1) = \frac{\partial f(x(k-1),k-1)}{\partial x(k-1)}\bigg|_{x(k-1)=\hat{x}(k-1)} \quad (7.3.10)$$

由状态转移函数可得状态的一步预测值：$\hat{x}(k,k-1) = f(\hat{x}(k-1),k-1)$，计算状态向量一步预测误差方差矩阵为

$$p(k,k-1) = \Phi(k,k-1)p(k,k-1)\Phi^{T}(k,k-1) + Q(k) \quad (7.3.11)$$

(3) 量测更新。计算量测函数的 Jacobi 矩阵：$H(k) = \dfrac{\partial H[x(k),k]}{\partial x(k)}\bigg|_{x(k)=\hat{x}(k,k-1)}$。由量测函数可得量测向量的一步预测值：$z(k,k-1) = h[\hat{x}(k,k-1)]$。计算状态增益矩阵：

$$K(k) = P(k,k-1)H^{T}(k)[H(k)P(k,k-1)H^{T}(k) + R(k)]^{-1} \quad (7.3.12)$$

从而 k 时刻状态向量估计值为

$$\hat{x}(k) = \hat{x}(k,k-1) + K(k)\{z(k) - h[\hat{x}(k,k-1),k]\} \quad (7.3.13)$$

更新状态误差协方差阵为

$$P(k) = [I - K(k)H(k)]P(k,k-1)[I - K(k)H(k)]^{T} + K(k)R(k)K^{T}(k) \quad (7.3.14)$$

本教材取加速度测量值和磁阻仪解算的水平航向角作为系统观测量，但加速度计受

线性加速度和振动影响较大，单独利用加速度计估计载体姿态角将会出现较大的误差，动态时可信度较低，而磁阻仪易受周围环境如高压线、铁矿厂等产生的磁场干扰，从而严重影响航向角的输出。为了解决该问题，我们设计自适应量测噪声协方差为

$$\boldsymbol{R}(k) = \begin{bmatrix} \sigma_a^2 \boldsymbol{I}_{3\times3} & 0 \\ 0 & \sigma_m^2 \boldsymbol{I}_{1\times1} \end{bmatrix}$$

式中

$$\sigma_a^2 = c_a \left(\|a(k)\| - \|g\| \right), \sigma_m^2 = c_m \left(\|m(k)\| - \|h\| \right) \tag{7.3.15}$$

其中，c_a 和 c_m 为设定的权重因子。当载体线性加速度和外界磁干扰越大时，相应的协方差也越大，此时状态增益矩阵将减小，以减缓 Kalman 预测校准。

7.4　习　　题

1. 为什么要对陀螺仪测量值进行校正？
2. 加速度计是如何解算滚转角和俯仰角的？
3. 使用 MEMS 传感器求解飞行器姿态时主要存在哪几种误差？
4. 写出离散时间模型。
5. MARG 传感器由什么组成？

第 8 章 飞行机器人 PID 控制器设计

PID 控制是一种在各行业中得到广泛应用的控制方法，其动态和静态特性优良，可靠性高，适应性强，算法简单，参数整定方便，具有较强的鲁棒性。特别是对于那些数学模型不易精确求得、参数变化较大、不能通过有效的测量手段获得参数的系统，往往可以得到满意的控制效果。

8.1 PID 的形式及其表示法

在模拟控制系统中，控制器最常用的控制规律是 PID 控制。计算机控制本质上是一种采样控制，它只能根据采样时刻的偏差值计算控制量。因此，连续 PID 控制算法不能直接使用，需要采用离散化方法。在计算机 PID 控制中，使用的是数字 PID 控制器。

8.1.1 模拟 PID 控制

模拟 PID 控制系统原理框图如图 8-1 所示。系统由模拟 PID 控制器和被控对象组成。

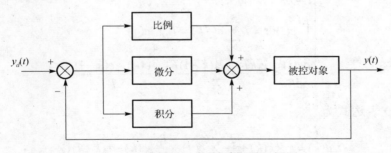

图 8-1 模拟 PID 控制系统原理框图

PID 控制器是一种线性控制器，它根据给定值 $y_d(t)$ 与实际输出值 $y(t)$ 构成控制偏差。

$$e(t) = y_d(t) - y(t) \tag{8.1.1}$$

PID 的控制规律为

$$u(t) = k_\text{p} \left[e(t) + \frac{1}{T_\text{I}} \int_0^t e(t)\text{d}t + \frac{T_\text{D}\text{d}e(t)}{\text{d}t} \right] \qquad (8.1.2)$$

或写成传递函数的形式

$$G(s) = \frac{U(s)}{E(s)} = k_\text{p} \left(1 + \frac{1}{T_\text{I}s} + T_\text{D}s \right) \qquad (8.1.3)$$

式中，k_p 为比例系数；T_I 为积分时间常数；T_D 为微分时间常数。

简单来说，PID 控制器各校正环节的作用如下所示。

（1）比例环节：成比例地反映控制系统的偏差信号 $e(t)$，偏差一旦产生，控制器立即产生控制作用，以减少偏差。

（2）积分环节：主要用于消除静差，提高系统的无差度。积分作用的强弱取决于积分时间常数的大小，积分时间常数越大，积分作用越弱，反之则越强。

（3）微分环节：反映偏差信号的变化趋势（变化速率），并能在偏差信号变得太大之前，在系统中引入一个有效的早期修正信号，从而加快系统的动作速度，减少调节时间。

8.1.2　数字 PID 控制

1）位置式 PID 控制算法

简单来说，PID 控制器各校正环节的作用如下：按模拟 PID 控制算法，以一系列的采样时刻点 kT 代表连续时间 t，以矩形法数值积分近似代替积分，以一阶后向差分近似代替微分，即

$$\begin{cases} t \approx kT, \quad k = 0,1,2,\cdots \\ \displaystyle\int_0^t e(t)\text{d}t \approx T\sum_{j=0}^k e(jT) = T\sum_{j=0}^k e(j) \\ \dfrac{\text{d}e(t)}{\text{d}t} \approx \dfrac{e(kT) - e[(k-1)T]}{T} = \dfrac{e(k) - e(k-1)}{T} \end{cases} \qquad (8.1.4)$$

可得离散 PID 表达式为

$$\begin{aligned} u(k) &= k_\text{p} \left\{ e(k) + \frac{T}{T_\text{I}} \sum_{j=0}^k e(j) + \frac{T_\text{D}}{T}[e(k) - e(k-1)] \right\} \\ &= k_\text{p}e(k) + k_\text{i} \sum_{j=0}^k e(j)T + k_\text{d}\frac{[e(k) - e(k-1)]}{T} \end{aligned} \qquad (8.1.5)$$

式中，$k_\text{i} = \dfrac{k_\text{p}}{T_\text{I}}$；$k_\text{d} = k_\text{p}T_\text{D}$；$T$ 为采样周期；k 为采样序号，$k = 1,2,\cdots$；$e(k-1)$ 和 $e(k)$ 分别为第 $(k-1)$ 时刻和第 k 时刻所得的偏差信号。

由 z 变换的性质

$$z[e(k-1)] = z^{-1}E(z)$$

$$z\left[\sum_{j=0}^{k} e(j)\right] = \frac{E(z)}{1-z^{-1}}$$

式 (8.1.5) 的 z 变换式为

$$U(z) = K_{\mathrm{P}}E(z) + K_{\mathrm{I}}\frac{E(z)}{1-z^{-1}} + K_{\mathrm{D}}[E(z) - z^{-1}E(z)] \tag{8.1.6}$$

由式 (8.1.6) 便可得到数字 PID 控制器的 z 传递函数为

$$G(z) = \frac{U(z)}{E(z)} = K_{\mathrm{P}} + \frac{K_{\mathrm{I}}}{1-z^{-1}} + K_{\mathrm{D}}(1-z^{-1}) \tag{8.1.7}$$

$$G(z) = \frac{1}{1-z^{-1}}[K_{\mathrm{P}}(1-z^{-1}) + K_{\mathrm{I}} + K_{\mathrm{D}}(1-z^{-1})^2] \tag{8.1.8}$$

数字 PID 控制器的结构图如图 8-2 所示。

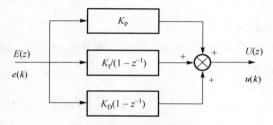

图 8-2　数字 PID 控制器的结构图

位置式 PID 控制系统框图如图 8-3 所示。根据位置式 PID 控制算法得到其程序框图如图 8-4 所示。

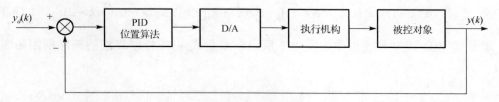

图 8-3　位置式 PID 控制系统框图

这种算法的缺点是，由于全量输出，所以每次输出均与过去的状态有关，计算时要对 $e(k)$ 进行累加，计算机运算工作量大。而且，因为计算机输出的 $u(k)$ 对应的是执行机构的实际位置，如计算机出现故障，$u(k)$ 的大幅度变化，会引起执行机构位置的大幅度变化，这种情况往往是生产实践中不允许的，在某些场合，还可能造成重大的生产事故，因而产生了增量式 PID 控制的控制算法。增量式 PID 是指数字控制器的输出只是控制量的增量 $\Delta u(k)$。

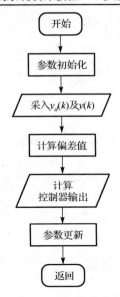

图 8-4　位置式 PID 控制算法程序框图

2) 增量式 PID 控制算法

当执行机构需要的是控制量的增量(例如，驱动步进电机)时，应采用增量式 PID 控制。根据递推原理可得

$$u(k-1) = k_p \left\{ e(k-1) + k_i \sum_{j=0}^{k-1} e(j) \right.$$
$$\left. + k_d [e(k-1) - e(k-2)] \right\} \tag{8.1.9}$$

所以增量式 PID 控制算法为

$$\Delta u(k) = u(k) - u(k-1) \tag{8.1.10}$$

$$\Delta u(k-1) = k_p [e(k) - e(k-1)] + k_i e(k) + k_d [e(k) - 2e(k-1) + e(k-2)] \tag{8.1.11}$$

增量式 PID 控制系统框图如图 8-5 所示。增量式 PID 控制算法的程序框图如图 8-6 所示。

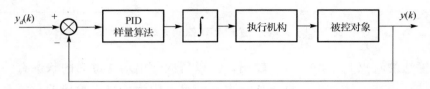

图 8-5　增量式 PID 控制系统框图

增量式控制虽然只是算法上做了一点改进，却带来了不少优点。

(1)由于计算机输出增量，所以误动作时影响小，必要时可用逻辑判断的方法去掉。

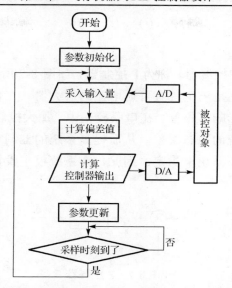

图 8-6　增量式 PID 控制算法的程序框图

（2）手动/自动切换时冲击小，便于实现无扰动切换。此外，当计算机发生故障时，由于输出通道或执行装置具有信号的锁存作用，故能仍然保持原值。

（3）算式中不需要累加。增量控制 $\Delta u(k)$ 的确定仅与最近 3 次的采样值有关，所以较容易通过加权处理而获得比较好的控制效果。

但增量式控制也有其不足之处：积分截断效应大，有静态误差；溢出的影响大。因此，在选择时不可一概而论，一般认为在以晶闸管作为执行器或在控制精度要求高的系统中，可采用位置控制算法，而在以步进电机或电动阀门作为执行器的系统中，即可采用增量控制算法。

8.2　PID 控制的局限

自 20 世纪 40 年代提出以来，PID 控制理论始终在控制工程实际应用中处于统治地位，在运动控制、工业过程控制、航空航天控制等领域中的应用占有率在 80% 以上。使用比例积分微分控制对系统进行控制时，不需要被控系统的精确模型，通过合理的整定 PID 控制器的参数，能够使系统稳点在期望值，但是在欠驱动系统中，PID 控制器不能保证误差的一致渐进收敛。

PID 控制器由比例单元、微分单元和积分单元组合而成，实质上就是用来对误差信号 $e(t)$ 进行校正的。常采用比例、微分、积分等基本控制规律，或者采用这些基本控制规律的某些组合，如比例-微分、比例-积分、比例-积分-微分等组合控制规律，以实现对被控对象的有效控制。

而误差信号 $e(t)$ 是给定值 $r(t)$ 与实际输出值 $c(t)$ 之差，即

$$e(t) = r(t) - c(t) \tag{8.2.1}$$

1) 比例 (P) 控制规律

具有比例控制规律的控制器，称为 P 控制器，如图 8-7 所示，其中 K_p 称为 P 控制器增益。P 控制器实质上是一个具有可调增益的放大器。在信号变换过程中 P 控制器只改变信号的增益而不影响其相位。在串联校正中，加大控制器增益 K_p，可以提高系统的开环增益，减小系统的稳态误差，从而提高系统的控制精度，但会降低系统的稳定性，甚至可能造成闭环系统不稳定。因此，在系统校正设计中，很少单独使用比例控制规律。

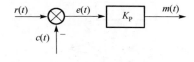

图 8-7　P 控制器

2) 比例-微分 (PD) 控制规律

具有比例-微分控制规律的控制器，称为 PD 控制器，其输出 $m(t)$ 与输入 $e(t)$ 的关系为

$$m(t) = K_p e(t) + K_p \tau \frac{\mathrm{d}e(t)}{\mathrm{d}t} \tag{8.2.2}$$

式中，K_p 为比例系数；τ 为微分时间常数。K_p 与 τ 都是可调的参数。PD 控制器如图 8-8 所示。

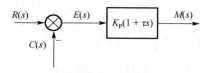

图 8-8　PD 控制器

PD 控制器中的微分控制规律，能反映输入信号的变化趋势，产生有效的早期修正信号，以增加系统的阻尼程度，从而改善系统的稳定性。在串联校正时，可以使系统增加一个 $\dfrac{-1}{\tau}$ 的开环零点，使系统的相角裕度提高，因而有助于系统动态性能的改善。

需要指出，因为微分控制作用只对动态过程起作用，而对稳态过程没有影响，且对系统噪声非常敏感，所以单一的 D 控制器在任何情况下都不宜与被控对象串联起来单独使用。通常，微分控制规律总是与比例控制规律或比例-积分控制规律结合起来，构成组合的 PD 或 PID 控制器，应用于实际的控制系统。PD 控制器提高系统的阻尼程度，可通过参数 K_p 及 τ 来调整。

3) 积分(I)控制规律

具有积分控制规律的控制器，称为 I 控制器。I 控制器的输出信号 $m(t)$ 与其输入信号 $e(t)$ 的积分成正比，即

$$m(t) = K_i \int_0^t e(t)\mathrm{d}t \qquad (8.2.3)$$

式中，K_i 为可调系数。由于 I 控制器的积分作用，当其输入 $e(t)$ 消失后，输出信号 $m(t)$ 有可能是一个不为零的常量。

在串联校正时，采用 I 控制器可以提高系统的型别，有利于系统稳态性能的提高，单积分控制使系统增加了一个位于原点的开环极点，使信号产生 90° 的相角滞后，对系统的稳定性不利。因此，在控制系统的校正设计中，通常不宜采用单一的 I 控制器。I 控制器如图 8-9 所示。

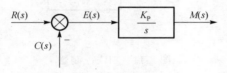

图 8-9　I 控制器

4) 比例-积分(PI)控制规律

具有比例-积分控规律的控制器，称 PI 控制器，其输出信号 $m(t)$ 同时成比例地反映输入信号 $e(t)$ 及其积分，即

$$m(t) = K_P e(t) + \frac{K_P}{T_i} \int_0^t e(t)\mathrm{d}t \qquad (8.2.4)$$

式中，K_P 为可调比例系数；T_i 为可调积分时间常数。PI 控制器如图 8-10 所示。

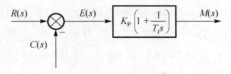

图 8-10　PI 控制器

在串联校正时，PI 控制器相当于在系统中增加了一个位于原点的开环极点，同时也增加了一个位于 s 左半平面的开环极点。位于原点的极点可以提高系统的型别，以消除或减小系统的稳态误差，改善系统的稳态性能；而增加的负实零点则用来减小系统的阻尼程度，缓和 PI 控制器极点对系统稳定性及动态过程产生的不利影响。只要积分时间常数 T_i 足够大，PI 控制器对系统稳定性的不利影响可大为减弱。在控制工程实践中，PI 控制器主要用来改善控制系统的稳态性能。

5) 比例-积分-微分（PID）控制规律

具有比例-积分-微分控制规律的控制器，称为 PID 控制器。这种组合具有三种基本规律各自的特点，其运动方程为

$$m(t) = K_P e(t) + \frac{K_P}{T_i}\int_0^t e(t)\mathrm{d}t + K_P \tau \frac{\mathrm{d}e(t)}{\mathrm{d}t} \tag{8.2.5}$$

相应的传递函数是

$$G_c(s) = K_P\left(1 + \frac{s}{T_i s} + \tau s\right) = \frac{K_P}{T_i}\cdot\frac{T_i \tau s^2 + T_i s + 1}{s} \tag{8.2.6}$$

PID 控制器如图 8-11 所示。

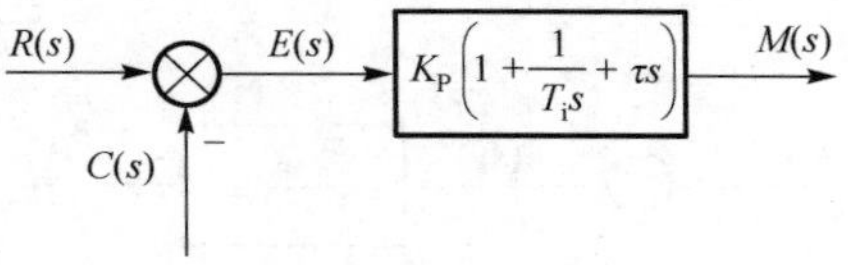

图 8-11　PID 控制器

若 $4\tau/T_i < 1$，式（8.2.6）还可以写成

$$G_c(s) = \frac{K_P}{T_i}\cdot\frac{(\tau_1 s + 1)(\tau_2 s + 1)}{s} \tag{8.2.7}$$

式中

$$\tau_1 = \frac{1}{2}T_i\left(1 + \sqrt{1 - \frac{4T}{T_i}}\right), \tau_2 = \frac{1}{2}T_i\left(1 - \sqrt{1 - \frac{4T}{T_i}}\right)$$

由式（8.2.7）可见，当利用 PID 控制器进行串联校正时，除可使系统的型别提高一级外，还将提供两个负实零点。与 PI 控制器相比，PID 控制器除了同样具有提高系统的稳态性能的优点，还多提供一个负实零点，从而在提高系统的动态性能方面，具有更大的优越性。因此，在工业过程控制系统中，广泛地使用 PID 控制器，PID 控制器各部分参数的选择，在系统现场调试中最后确定。通常，应使 I 部分发生在系统频率特性的低频段，以提高系统的稳态性能；而使 D 部分发生在系统频率特性的中频段，以改善系统的动态性能。

K_P 比例增益的优点是便于调整系统的开环比例系数，提高系统的稳态精度以加快响应速度；缺点是如果 K_p 过大会使系统的超调量增大，而且会使系统稳定裕度变小，甚至不稳定。

K_i 积分增益的优点是其可以用来消除稳态误差；缺点是引入积分项会对系统的稳定性产生影响，会使得系统的稳定裕度减小。

K_d 微分增益的优点是其能使系统的响应速度变快，减小超调，微分控制对动态过

程有预测作用，有助于减轻振荡；其缺点是微分控制对干扰噪声十分敏感，会导致系统抑制干扰的能力降低。

PID 控制算法的局限性主要来自以下几方面。

(1)算法结构的简单性决定了 PID 控制比较适用于 SISO 最小相位系统，在处理大时滞、开环不稳定过程等难控对象时，需要通过多个 PID 控制器或与其他控制器的组合，才能得到较好的控制效果。

(2)算法结构的简单性同时决定了 PID 控制只能确定闭环系统的少数主要零极点，闭环特性从根本上是基于动态特性的低阶近似假定的。

(3)出于同样原因，决定了常规 PID 控制器无法同时满足跟踪设定值和抑制扰动的不同性能要求。

8.3　PID 算法的改进

在计算机控制系统中，PID 控制规律是用计算机程序来实现的，因此它的灵活性很大。一些原来在模拟 PID 控制器中无法实现的问题，在引入计算机以后，就可以得到解决，于是产生了一系列的改进算法，形成非标准的控制算法，以改善系统的品质，满足不同控制系统的需要。

1)积分分离 PID 控制算法

在 PID 控制算法中，积分环节的引入其主要的目的是消除系统的稳态静差、提高控制的精度。但是随着积分环节的引入，相应地也会出现一些问题，例如，在过程的启动、结束或较大幅度增减给定值时，短时间内系统输出会有较大的偏差，由于 PID 运算的积分积累，可能导致控制量超过执行机构可能允许的最大动作范围对应的极限控制量，从而引起系统较大超调，甚至引起振荡，同时也增大了调节时间，这种现象在许多的生产过程中是绝对不允许的。正是在这种背景下产生了积分分离 PID 控制算法。积分分离 PID 控制算法根据实际情况引入或取消积分作用，使得控制系统的性能有了较大的改善。

积分分离 PID 控制算法的基本原理为被控量与设定值偏差较大时，取消积分作用，以避免由于积分作用使系统的稳定性降低，超调量增大，从而产生较大的振荡；当被控量接近给定值时，引入积分作用，以便消除静态误差，提高控制精度。其具体实现如下所示。

(1)根据实际情况，设定阈值 $\varepsilon > 0$；当 $|e(k)| \leqslant \varepsilon$ 时，引入积分作用，采用 PID 控制，以消除静态误差，保证系统的控制精度。

(2)当 $|e(k)| > \varepsilon$ 时，取消积分作用，采用 PD 控制，以避免由于积分作用使系统的超调增大，产生较大的振荡。

积分分离 PID 控制算法可表示为

$$u(k) = K_{\text{P}}e(k) + \beta k_i \sum_{j=0}^{k} e(j)T + \frac{k_{\text{d}}[e(k) - e(k-1)]}{T} \qquad (8.3.1)$$

式中，T 为采样时间；β 项为积分项的开关系数。

$$\beta = \begin{cases} 1, & |e(k)| \leqslant \varepsilon \\ 0, & |e(k)| > \varepsilon \end{cases}$$

式中，ε 为设定的阈值。

积分分离 PID 控制算法的程序框图如图 8-12 所示。当系统误差较大时，取消积分环节，采用 PD 控制，避免由于积分累积引起系统较大的超调；当系统误差较小时，引入积分环节，采用 PID 控制，以消除误差，提高控制精度。

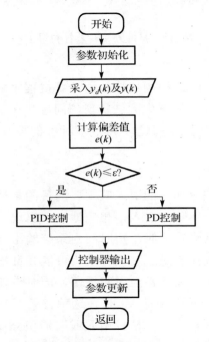

图 8-12　积分分离 PID 控制算法的程序框图

2) 遇限削弱积分 PID 控制算法

积分分离 PID 控制算法在开始时不积分，而遇限削弱积分 PID 控制算法则正好与之相反，一开始就积分，进入限制范围后即停止积分。遇限削弱积分 PID 控制算法的基本思想是当控制进入饱和区以后，便不再进行积分项的累加，而只执行削弱积分的运算。因而，在计算 $u(k)$ 时，先判断 $u(k-1)$ 是否已超出限制值。若 $u(k-1) > u_{\max}$，则只累加负偏差；若 $u(k-1) < u_{\max}$，则累加正偏差。遇限削弱积分 PID 控制算法的程序框图如图 8-13 所示。这种算法可以避免控制量长时间停留在饱和区。

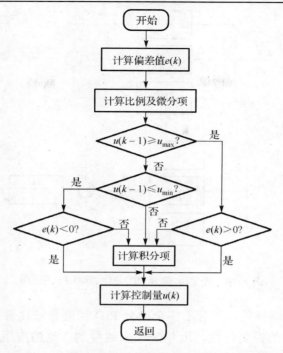

图 8-13 遇限削弱积分 PID 控制算法的程序框图

3) 不完全微分 PID 控制算法

微分环节的引入，改善了系统的动态特性，但对于干扰特别敏感。在误差扰动突变时，微分项如下：

$$u_{\mathrm{D}}(k) = \left(K_{\mathrm{P}} \frac{T_{\mathrm{D}}}{T} \right)[e(k) - e(k-1)] = K_{\mathrm{D}}[e(k) - e(k-1)] \tag{8.3.2}$$

当 $e(k)$ 为阶跃函数时，$u_{\mathrm{D}}(k)$ 输出为

$$u_{\mathrm{D}}(0) = K_{\mathrm{D}}, \quad u_{\mathrm{D}}(1) = u_{\mathrm{D}}(2) = \cdots = 0$$

即仅第一个周期有输出，且幅值为 $K_{\mathrm{D}} = K_{\mathrm{P}} T_{\mathrm{D}} / T$，以后均为零。该输出的特点如下所示。

(1) 微分项的输出仅在第一个周期起激励作用，对于时间常数较大的系统，其调节作用很小，不能达到超前控制误差的目的。

(2) u_{D} 的幅值 K_{D} 一般比较大，容易造成计算机中数据溢出；此外，u_{D} 的幅值过大、过快的变化，对执行机构也会造成不利的影响（通常 $T \ll T_{\mathrm{D}}$）。

克服上述缺点的方法之一是在 PID 算法中加一个一阶惯性环节（低通滤波器）$G_f(s) = 1/[1 + T_f(s)]$，如图 8-14 所示，即构成不完全微分 PID 控制。

图 8-14(a) 是将低通滤波器直接加在微分环节上，图 8-14(b) 是将低通滤波器加在整个 PID 控制器之后。引入不完全微分后，微分输出在第一个采样周期内的脉冲高度下降，然后又按 $\alpha^k u_{\mathrm{D}}(0)$ 的规律（$\alpha < 1$）逐渐衰减。所以不完全微分能有效地克服上述不

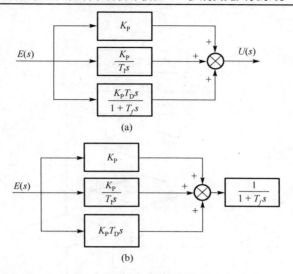

(a)

(b)

图 8-14　不完全微分 PID 控制算法程序框图

足，具有较理想的控制特性。尽管不完全微分 PID 控制算法比普通 PID 控制算法要复杂些，但由于其良好的控制特性，近年来越来越得到广泛的应用。

4）微分先行的 PID 控制算法

微分先行 PID 控制算法程序框图如图 8-15 所示，其特点是只对输出量 $y(t)$ 进行微分，而对设定值 R 不作微分。这样在改变设定值时，输出不会改变，而被控量的变化通常总是比较缓和的。这种输出量先行微分控制适用于设定值 R 频繁升降的场合，可以避免设定值升降时所引起的系统振荡，明显地改善了系统的动态特性。

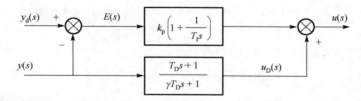

图 8-15　微分先行 PID 控制算法程序框图

5）带死区的 PID 控制算法

在计算机控制系统中，某些系统为了避免控制动作的过于频繁，消除由于频繁动作所引起的振荡，可采用带死区的 PID 控制，如图 8-16 所示。相应的控制算式为

$$e'(k) = \begin{cases} 0, & |e(k)| \leqslant |e_0| \\ e(k), & |e(k)| > |e_0| \end{cases} \tag{8.3.3}$$

式中，死区 e_0 是一个可调的参数，其具体数值可根据实际控制对象由实验确定。若 e_0 值太小，使控制动作过于频繁，达不到稳定被控对象的目的；若 e_0 值太大，则系统将产生较大的滞后。

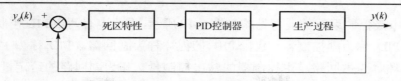

图 8-16　带死区的 PID 控制系统框图

此控制系统实际上是一个非线性系统。即当 $|e(k)| \leqslant |e_0|$ 时，数字调节器输出为零；当 $|e(k)| > |e_0|$ 时，数字调节器有 PID 输出。带死区的 PID 控制算法流程图如图 8-17 所示。

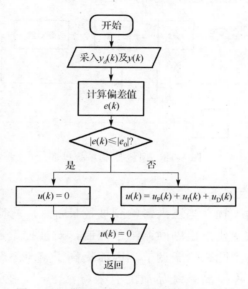

图 8-17　带死区的 PID 控制算法流程图

8.4　串级 PID 控制器

随着工业生产的发展，生产过程对自动控制要求日益提高，单回路 PID 控制虽然具有结构简单、容易实现、控制效果好等特点，但系统往往已经不能满足生产工艺的要求，尤其是在复杂的过程控制工业中显得无能为力。而在常规串级控制系统中，由于串级 PID 控制系统具备较好的抗干扰能力、快速性、适应性和控制质量，对改善控制品质有独到之处，因而在生产过程控制中，应用变得越来越广泛。串级 PID 控制在回路系统上增加了一个副回路，故使性能得到改善。首先，副被控变量检测到扰动的影响，并通过副回路的定值作用及时调节操纵变量，使副回路被控变量恢复到副设定值，从而使扰动对主被控变量的影响减少。即副环回路对扰动进行粗调，主环回路对扰动进行细调。因此，串级控制系统能够迅速地克服进入副环扰动的影响，并使系统余差大大减小。

　　计算机串级控制系统的典型结构如图 8-18 所示,系统中有两个 PID 控制器。图 8-18 中,控制器 PID$_2$ 称为副控制器,包围 PID$_2$ 的内环称为副回路。PID$_1$ 称为主控制器,包围 PID$_1$ 的外环称为主回路。主控制器的输出控制量 u_1 作为副回路的给定量。

　　串级控制系统的计算顺序是先主回路 (PID$_1$) 后副回路 (PID$_2$)。控制方式有两种:一种是异步采样控制,即主回路的采样控制周期 T_1 是副回路采样控制周期 T_2 的整数倍。这是因为一般串级控制系统中主控对象的响应速度慢、副控对象的响应速度快。另外一种是同步采样控制,即主、副回路的采样控制周期相同。这时,应根据副回路选择采样周期,因为副回路的受控对象的响应速度较快。

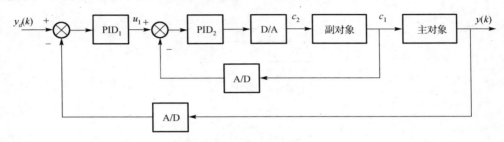

图 8-18　串级控制系统框图

　　串级控制的主要优点如下所示。

　　(1)副过程所受到的干扰,当还未影响到被控量 c_1 时,就得到副回路的控制。

　　(2)副回路中的参数变化,由副回路给予控制,对被控量 c_1 的影响大为减弱。

　　(3)副回路的惯性由副回路给予调节,因而提高了整个系统的响应速度。

　　串级 PID 控制是改善控制系统品质的有效方法之一,在工业过程控制中应用很广泛。

8.5　飞行机器人 PID 参数调试

8.5.1　PID 控制中各参数的作用

　　(1)比例(P)系数。

　　比例控制直接决定控制作用的强弱,大的比例系数不仅可以减小系统的稳态误差还可以提高系统的动态响应速度,但加大比例系数的同时也会带来一定风险,可能引起被控量振荡甚至系统发散。

　　(2)积分(I)系数。

　　积分控制可以消除系统的稳态误差,因为只要存在偏差,它的积分所产生的控制量总是用来消除稳态误差的,直到积分的值为零,控制作用才停止。但它将使系统的动态过程变慢,而且加大积分也会带来一定风险,会让系统的超调增大,破坏稳定性。

(3) 微分 (D) 系数。

微分控制的作用跟偏差的变化速率有关。控制系统在调节时可能会出现振荡甚至发散。原因是控制效果总落后于误差变化。而微分控制能够预测偏差，产生超前校正的作用，所以当有了微分控制时能使系统趋于稳定，并能加快系统的响应速度，减少调整时间，还能减少超调和振荡，但是加大微分也会带来风险，那就是放大了噪声信号。

8.5.2 PID 参数调试的模型建立

在对一个系统进行 PID 参数整定时，应该优先考虑建立此系统的数学模型，得到系统的数学模型后,可由经典控制理论中频域分析等方法计算出系统合适的 PID 参数，在具备系统数学模型的基础上，此方法能够很快地得到准确的 PID 参数，是确定 PID 参数的最优方法。

四轴飞行器本身由于具有六个自由度，运动复杂，受环境干扰因素比较大，所以我们不易于对四轴飞行器建立数学模型，所以在本教材四轴飞行器的飞行控制算法中，我们决定采用对系统数学模型无要求的 PID 控制算法。四轴飞行器飞行在空中，对于稳定性要求很高，传统的单环 PID 易于受到环境波动的影响，不适用于作为四轴飞行器的控制算法。而双闭环 PID 却对环境有很强的适应性，双闭环 PID 的姿态控制流程图如图 8-19 所示。

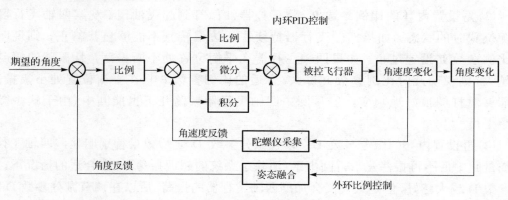

图 8-19 双闭环 PID 的姿态控制流程图

但是对于四轴飞行器，其电机和螺旋桨由于制造时存在的差异，给定每个电机相同占空比的 PWM 波时，其电机转速不一定一样，当电机转速一样时，单个螺旋桨提供的升力也不一定一样。且四轴飞行器为六自由度系统，飞行过程中受空气动力学影响，极其不易于建立相应的数学模型，就无法应用经典控制理论的相关知识计算出四轴飞行器的 PID 参数。在此情况下，本书四轴飞行器决定采用试凑法调试出四轴飞行器的 PID 参数，试凑法不受系统数学模型的限制，直接根据给定的输入和系统的输出反映调节系统的 PID 参数，经过试配法的调节也可以得到一组相对稳定的 PID 参数。

四轴飞行器姿态控制包含三个自由度，俯仰运动(绕机体 Y 轴转动)、横滚运动(绕机体 X 轴旋转)、偏航运动(绕机体 Z 轴旋转)。为了使各个自由度运动不相互干扰，以调剂四轴飞行器俯仰角运动的 PID 参数为例，可以使用一根轻质硬杆穿过机体重心的 X 轴，四轴飞行器可绕轻质杆做旋转运动，四轴飞行器与轻质杆之间的摩擦力很小。如此，四轴飞行器便只限制为俯仰运动一个自由度，在此基础上便可调节俯仰运动的 PID 参数。

8.5.3　PID 参数的调试步骤

四轴飞行器姿态 PID 的整定。

(1)首先，测试出四轴飞行器的起飞油门，将四轴飞行器放在水平地面，轻微地将遥控器油门向上打舵，打到四轴飞行器略微离地时的油门就是此飞行器的起飞油门，起飞油门等于悬停油门，因为四轴飞行器飞行过程中绝大部分时间处在悬停状态下，所以在此油门幅度下调节四轴飞行器的 PID 参数最适合飞行器的飞行。

(2)内环角速度控制环是四轴飞行器稳定的关键，所以优先调节内环角速度环的 PID 参数，首先在程序中将外环角度控制去掉，以期望角度直接作为内环角速度环的输入，再调节内环的 PID 参数。

(3)先设置内环的比例参数 P，将遥控器油门打到起飞油门。观察四轴飞行器在平衡位置时的状态，如果四轴飞行器持续往一边偏转且不能够自我修正，则说明此时比例参数 P 设置过小。如果四轴飞行器在平衡位置处不断振荡，且振荡的幅度越来越大，则说明此时比例参数 P 过大。合适的比例参数 P 只在平衡位置处小幅振荡，且能够对打舵很好地响应，舵量回中四轴飞行器振荡几下也能回中(由于缺少微分参数 D)。

(4)再设置内环的微分参数 D，设置微分参数 D 之后效果特别明显，四轴飞行器在舵量回中后不再振荡几下再回中了(消除了系统的超调振荡)。在合适的情况下，微分参数 D 越大越好，但是太大又会加剧四轴飞行器的振荡。所以在调节微分参数 D 时，现将四轴飞行器调到不振荡后，再不断加大参数 D，直到四轴飞行器再振荡后，再稍稍调小微分参数 D 即可，调节好微分参数 D 后，比例参数 P 还可适当加大30%。

(5)再调节内环的积分参数 I，积分参数 I 的作用是消除静态误差的，加上积分参数 I 之后，四轴飞行器的操作手感会柔和很多。由于四轴飞行器的起飞位置不可能绝对水平，且四轴飞行器的重心不可能绝对位于四轴飞行器的正中心，此时四轴飞行器便存在静态误差，而积分参数 I 的作用就可以使得在一定范围内修正静态误差。太小的 I 无法修正静态误差，太大的 I 则会使电机控制进入饱和区。

(6)最后再加上外环角度环的控制程序，调节外环角度环仅有的一个参数 P，打舵会对应到期望的角度。P 的参数比较简单。P 太小，打舵不灵敏，P 太大，打舵回中易振荡。以合适的打舵反应速度为准。

(7)对于俯仰角的内环和外环 PID 参数调节好之后，横滚的 PID 参数的调节方法同理，但是由于俯仰角和横滚角对于四轴飞行器而言，完全一样(飞控，电池安装不是绝对正中心，所以还会存在些许偏差)，所以俯仰角的 PID 参数也可以给横滚角应用。

(8)至此，四轴飞行器的横滚角和俯仰角 PID 控制效果应该会很好了，但是在全自由度情况下还不一定，各个姿态运动间仍然具有一定的相互影响，有可能会存在四轴飞行器振荡的问题(两个轴的控制量叠加起来，特别是较大的 D，会引起振荡)。如果存在振荡，则需要降低比例参数 P 和微分参数 D 的值，积分参数 I 的值基本不用变。

(9)横滚和俯仰调好后就可以调整高度 PID 的参数了。高度 PID 参数的调节方法是，将四轴飞行器起飞，将遥控器打到定高模式，然后再根据四轴飞行器在高度上变化的效果来调节四轴飞行器高度的 PID 参数，调节步骤和调节效果的判断与俯仰角 PID 参数的调节方法类似。

(10)横滚角、俯仰角、定高模式的 PID 参数调节好后就可以调整偏航的参数了。偏航角 PID 参数的调节方法是，将四轴飞行器先起飞，遥控器打到定高模式，使四轴飞行器保持定高状态，再进行偏航角的 PID 参数的调节。调节步骤和调节效果的判断与俯仰角 PID 参数的调节方法类似。

8.6　习　　题

1. PID 控制器的传递函数形式如何表示？

2. 比例、积分、微分控制分别用什么量表示其控制作用的强弱？并说明它们对控制质量的影响。

3. 简述积分分离 PID 控制算法的基本原理。

4. 串级 PID 控制器相比单回路 PID 控制主要优点体现在哪些方面？

5. 在四轴飞行机器人 PID 控制中，主要使用哪种 PID 控制结构，说明理由。

第 9 章　飞行机器人悬停稳定控制

9.1　飞行机器人悬停稳定控制算法设计

9.1.1　PID 算法

控制的目标是实现四旋翼飞行器点到点的飞行，即飞行器准确到达目标位置，并且之后在盘旋状态下保持稳定。为此，我们将整个控制系统分为内环控制和外环控制两部分。其中，内环控制器对飞行器三个转动位移量 (φ, θ, ψ) 进行控制，而外环控制器用于控制三个平动位移量状态变量 (x, y, z)。PX4 的位置控制采用了位置误差的 P 回路以及速度误差的 PID 回路。

总体的控制过程如下所示。

1）产生位置/速度设定值 _pos_sp/_vel_sp

选择控制源（飞行模式）是手动（manual）、外部（offboard）或者自动（auto）控制，产生位置/速度设定值（期望值）。

目标位置由 control_manual（float dt）、control_offboard（float dt）、control_auto（float dt）三个函数给出。

2）计算可利用的速度设定值 _vel_sp

位置控制使能情况下，运行位置与姿态控制器。位置外环仅使用 P 控制得到速度设定值。

```
_vel_sp(0) = (_pos_sp(0) - _pos(0))* _params.pos_p(0);
_vel_sp(1) = (_pos_sp(1) - _pos(1))* _params.pos_p(1);
_vel_sp(2) = (_pos_sp(2) - _pos(2))* _params.pos_p(2);
```

并根据实际情况对速度进行限制，对于水平方向的速度，有

```
vel_norm_xy = sqrtf(_vel_sp(0)* _vel_sp(0)+_vel_sp(1)* _vel_sp(1));
_vel_sp(0) = _vel_sp(0)* _params . vel_max(0)/
vel_norm_xy;
vel_sp(1) = _vel_sp(1)* _params . vel_max(1)/
vel_norm_xy;
```

对于垂直方向的速度，有

```
_vel_sp(2)= -1.0f * _params . vel_max_up;
```

然后得到可利用的速度设定值

```
_vel_sp(0)= vel_sp_hor(0);
_vel_sp(1)= vel_sp_hor(1);
_vel_sp(2)= acc_v * 2 * _params. acc_hor_max * dt +
_vel_sp_prev(2);
```

3）计算可利用的推力设定值 thrust_sp

NED 系中的推力向量由速度内环的 PID 控制器计算得到，其中三维速度误差为

```
vel_err = _vel_sp - _vel
```

PID 控制算法为

```
_vel_sp(0)= _vel(0)+(-PX4_R(_att_sp.R_body,0,2)*
_att_sp.thrust - thrust_int(0)- _vel_err_d(0)*
_params.vel_d(0))/_params.vel_p(0);
_vel_sp(1)= _vel(1)+(-PX4_R(_att_sp.R_body,1,2)*
_att_sp.thrust - thrust_int(1)- _vel_err_d(1)*
_params.vel_d(1))/_params.vel_p(1);
_vel_sp(2)= _vel(2)+(-PX4_R(_att_sp.R_body,2,2)*
_att_sp.thrust - thrust_int(2)- _vel_err_d(2)*
_params.vel_d(2))/_params.vel_p(2);
```

使用速度变化率计算推力设定值

```
thrust_sp = vel_err.emult(_params.vel_p)+ _vel_err_d.
emult(_params.vel_d)+ thrust_int;
```

4）根据推力向量计算姿态设定值　q_sp/att_sp

因为旋转矩阵中包含了姿态信息，首先计算由四元数组成的用于控制的旋转矩阵 R_body。

```
for(int i =0; i<3; i++){
  R(i,0)=body_x(i);
  R(i,1)=body_y(i);
  R(i,2)=body_z(i); }
```

将四元数设定值复制到姿态设定值中。

```
q_sp.from_dcm(R);
euler = R.to_euler( );
_att_sp.roll_body = euler(0);
_att_sp.pitch_body = euler(1);
```

将推力向量的长度赋值给姿态推力设定值(att_sp.thrust)，这样才够各个方向力度分配。

```
    _att_sp.thrust = thrust_abs;
```

5)将得到的各种信息填充 _local_pos_sp 结构体，并发布出去 _local_pos_sp

```
    orb_publish(ORB_ID(vehicle_local_position_setpoint),
    _local_pos_sp_pub,&_local_pos_sp);
```

6)根据具体应用更改之前得到的姿态设定值 att_sp

(1)若飞机在地面上，则不进行偏航操作，否则执行下列操作。

```
    _att_sp.yaw_sp_move_rate = _manual.r * yaw_rate_max;
```

(2)当未激活爬升速度控制器时，直接控制油门。

```
    _att_sp.thrust = math::min(thr_val,_manual_thr_max.get( ));
```

(3)当且仅当没有使用最优恢复时，如果未激活辅助速度控制器，直接控制横滚和俯仰。

```
    R_sp.from_euler(roll_new,pitch_new,_att_sp.yaw_body);
    memcpy(&_att_sp.R_body[0], R_sp.date, sizeof(_att_sp. R_body));
```

9.1.2　LQG 算法

采用线性二次型高斯函数(LQG)实现飞机的姿态控制。LQG 是一种流行的伺服控制器设计方法，LQG 方法基于分离定理，包括设计一个全状态反馈控制器，然后设计一个观测器来提供反馈所需的状态量估计，最终得到一个与经典控制方法中类似的动态补偿器。

对于四旋翼无人机来说，滚转和俯仰角是通过电机转速控制实现的，因此无法使用稳定器，为了实现飞行器的稳定控制，引入陀螺仪角速度传感器测量角速度，以实现角速度的反馈控制，如图 9-1 所示。

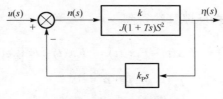

图 9-1　角速度反馈控制

角速度的反馈控制为比例控制，系数为 k_P，输入信号到角速度的传递函数为

$$G_{\eta u}(s) = \frac{\eta(s)}{u(s)} = \frac{k}{(JTs^2 + Js + kk_P)s} \tag{9.1.1}$$

将上述的模型传递函数式用状态空间表示为

$$\begin{cases} \dot{\boldsymbol{x}}(t) = \boldsymbol{A}\boldsymbol{x}(t) + \boldsymbol{B}\boldsymbol{u}(t) \\ \boldsymbol{y}(t) = \boldsymbol{C}\boldsymbol{x}(t) + \boldsymbol{V}(t) \end{cases} \tag{9.1.2}$$

式中，$\boldsymbol{A} = \begin{bmatrix} -\dfrac{1}{T} & -\dfrac{kk_{\mathrm{P}}}{JT} & 0 \\ 1 & 0 & 0 \\ 0 & 1 & 0 \end{bmatrix}$，$\boldsymbol{B} = \begin{bmatrix} 1 \\ 0 \\ 0 \end{bmatrix}$。

式 (9.1.2) 所描述的系统为定常线性系统。定义指标泛函为

$$J = \frac{1}{2} \int_{t_0}^{\mathrm{T}} [\boldsymbol{x}^{\mathrm{T}}(t)\boldsymbol{Q}\boldsymbol{x}(t) + \boldsymbol{u}^{\mathrm{T}}(t)\boldsymbol{R}\boldsymbol{u}(t)] \mathrm{d}t \tag{9.1.3}$$

式中，$\boldsymbol{Q}$ 为半正定对称矩阵；$\boldsymbol{R}$ 为正定矩阵。寻求综合控制函数 $\boldsymbol{u}^*(t)$ 使 J 有最小值。

结合姿态控制的具体要求，为实现控制器的输出能够跟踪输入信号的变化，引入误差：

$$e(t) = \boldsymbol{y}(t) - \boldsymbol{\eta}(t) \tag{9.1.4}$$

式中，$\boldsymbol{y}(t)$ 为系统输出；$\boldsymbol{\eta}(t)$ 为理想的系统输出。并考虑从零时刻开始，则可将指标泛函改写为

$$J = \frac{1}{2} \int_0^{\infty} [\boldsymbol{e}^{\mathrm{T}}(t)\boldsymbol{Q}\boldsymbol{e}(t) + \boldsymbol{u}^{\mathrm{T}}(t)\boldsymbol{R}\boldsymbol{u}(t)] \mathrm{d}t \tag{9.1.5}$$

系统虽能跟踪目标，但无法保持飞行状态的平稳，控制效果不会很理想。为此，考虑设计 LQI 伺服控制器，以保持中间状态变量的平稳变化，增强无人机的稳定性，同时可以跟踪目标。首先引入一个额外的状态变量 $\boldsymbol{x}_r(t)$，$\boldsymbol{x}_r(t)$ 作为偏差的积分，当偏差的积分趋近于常数时，则说明飞行器在逼近目标物，达到跟踪目的，对应的二次性能指标为

$$J = \frac{1}{2} \int_0^{\infty} [\boldsymbol{x}_a^{\mathrm{T}}\boldsymbol{Q}\boldsymbol{x}_a^{\mathrm{T}}(t) + \boldsymbol{u}^{\mathrm{T}}(t)\boldsymbol{R}\boldsymbol{u}(t)] \mathrm{d}t \tag{9.1.6}$$

控制系统的输入由状态反馈算法得到

$$\begin{cases} \boldsymbol{u}(t) = -F_1\boldsymbol{x}(t) - F_2\boldsymbol{x}_r(t) = -F_1\boldsymbol{x}(t) - F_2\int_0^t \boldsymbol{e}(t)\mathrm{d}t \\ \boldsymbol{F} = [F_1 \quad F_2] = \boldsymbol{R}^{-1}\boldsymbol{B}^{\#\mathrm{T}}\boldsymbol{P} \end{cases} \tag{9.1.7}$$

式中，$\boldsymbol{P}$ 为下面里卡蒂代数方程式的解。且

$$\boldsymbol{P}\boldsymbol{A}^{\#} + \boldsymbol{A}^{\#\mathrm{T}}\boldsymbol{P} - \boldsymbol{P}\boldsymbol{B}^{\#}\boldsymbol{R}^{-1}\boldsymbol{B}^{\#\mathrm{T}}\boldsymbol{P} + \boldsymbol{Q} = 0 \tag{9.1.8}$$

式中，$\boldsymbol{A}^{\#} = \begin{bmatrix} A & 0 \\ -C & 0 \end{bmatrix}$，$\boldsymbol{B}^{\#} = \begin{bmatrix} B \\ 0 \end{bmatrix}$。

设计出的最优状态调节器结构，如图 9-2 所示。

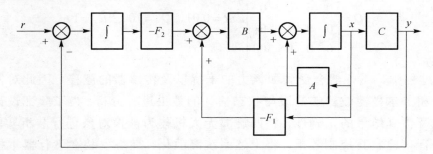

图 9-2　LQI 控制器

在飞机飞行过程中会受到各种过程噪声和观测噪声的干扰，无法准确获得各个状态变量。为解决上述问题引入卡尔曼滤波器，卡尔曼滤波器能够在估计这个未知的状态变量的同时进行滤波，减小噪声对飞行品质的影响。卡尔曼滤波器以系统的输入输出作为滤波器的输入，对原系统的状态变量 $\boldsymbol{X}$ 进行估计，其表达式为

$$\dot{\hat{\boldsymbol{X}}} = A\hat{\boldsymbol{X}} + BU + \boldsymbol{K}_f(\boldsymbol{Y} - C\hat{\boldsymbol{X}}) \tag{9.1.9}$$

式中，$\dot{\hat{\boldsymbol{X}}}$ 为对状态量 $\dot{\boldsymbol{X}}$ 的估计；$\boldsymbol{K}_f$ 为卡尔曼增益，可由式 (9.1.10) 得到

$$\boldsymbol{K}_f = \boldsymbol{P}\boldsymbol{H}^{\mathrm{T}}\boldsymbol{R}_f^{-1} \tag{9.1.10}$$

式中，$\boldsymbol{P}$ 满足代数里卡蒂方程。

$$A\boldsymbol{P} + \boldsymbol{P}A^{\mathrm{T}} + \boldsymbol{\Gamma}\boldsymbol{Q}_f\boldsymbol{\Gamma}^{\mathrm{T}} - \boldsymbol{P}C^{\mathrm{T}}\boldsymbol{R}_f C\boldsymbol{P} = 0 \tag{9.1.11}$$

综上，便可估计出对象的中间状态量即角度、角速度和角加速度。至此，已设计出线性二次最优控制器和卡尔曼滤波器，根据分离原理将两者结合，即线性二次高斯 (LQG) 控制器。组合后其结构方框图如图 9-3 所示。

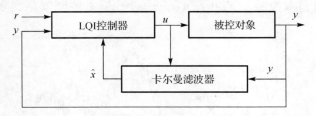

图 9-3　LQG 控制器控制系统整体框图

对于原系统，因为状态反馈的引入可以达到很好的跟踪性能，但同时会使整个系统的稳定性变差，为此引入输出端传输回路恢复技术以获得良好的动态性能和鲁棒性。

通过理论推导和实验结果，选择：

$$\boldsymbol{Q} = \begin{bmatrix} 1 & 0 & 0 & 0 \\ 0 & 6 & 0 & 0 \\ 0 & 0 & 1 & 0 \\ 0 & 0 & 0 & 300 \end{bmatrix}, \quad R = 0.01, \quad Q_f = 100, \quad R_f = 1$$

飞行过程中，飞行器会受到如风力的干扰以及传感器的漂移，因此对控制器的抗噪性能和卡尔曼滤波器的滤波与状态估计的效果进行分析。为了验证设计的控制器的性能及仿真结果的正确性，将四旋翼无人机作为被控对象进行装机实验，通过实际的飞行来检验其控制效果。将上述系统离散化，最终安装在飞行器主控板上的姿态控制器的参数如下。

$$\boldsymbol{A}_{cz} = \begin{bmatrix} 0.514 & -6.047 & -36.648 & 2.621 \\ 0.015 & 0.938 & -0.568 & 0.026 \\ 0.000144 & 0.019 & 0.907 & 0.00025 \\ 0 & 0 & 0 & 1 \end{bmatrix}$$

$$\boldsymbol{B}_{cz} = \begin{bmatrix} -4.354 & 1.311 \\ 0.146 & 0.013 \\ 0.084 & 0.00013 \\ -1 & 1 \end{bmatrix}$$

$$\boldsymbol{C}_{cz} = [-0.289 \quad -4.814 \quad -42.814 \quad 2.964]$$

$$\boldsymbol{D}_{cz} = [-3.635 \quad 1.482]$$

从图 9-4 可以观察到本章所设计的 LQG 控制器可以很好地跟踪控制输入信号的波动，无论是低频还是高频都具有良好的控制效果。跟踪结果存在 ±3° 的偏差，这是因外界存在干扰或是传感器的漂移，是不可避免的。因此本书的姿态控制器能够实现四旋翼无人机稳定的姿态控制，采用 LQG 方法设计姿态控制器是切实可行的。

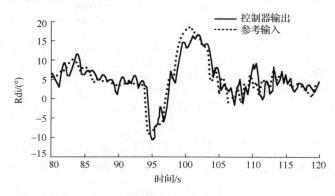

图 9-4　控制器输出与参考输入比较图

9.2　飞行机器人悬停稳定控制的实验平台

9.2.1　飞行机器人悬停实时控制系统

以四旋翼无人机为例进行介绍,四旋翼无人机悬停实时的控制系统主要由遥控器、接收机、自驾仪、地面站和数传电台组成。

1) 遥控器和接收机

遥控器发送飞控手的遥控指令到接收器上,接收机解码后传给飞行控制器,进而四旋翼无人机根据指令做出各种飞行动作,遥控器可以进行一些飞行参数的设置,例如,油门的正反,摇杆灵敏度大小,舵机的重力位置调整,通道的功能定义,飞机时间记录与提醒,拨杆功能设定。高级功能有航模回传的电池电压、电流数据等。表 9-1 为遥控操作说明。

表 9-1　遥控操作说明

遥杆	固定翼	多旋翼	备注
THRO	油门	油门	上下运动
RUDD	方向舵	偏航	偏航运动
ELEV	升降舵	俯仰	前后运动
AILE	副翼	横滚	左右运动

图 9-5 为华科尔遥控器,遥控器常用的无线电频率是 72MHz 与 2.4GHz,其中采用的最多的是 2.4GHz。2.4GHz 技术属于微波领域,有如下几个优点:频率高、同频概率小、低功耗、体积小、反应迅速、控制精度高。2.4GHz 微波的直线性很好。换句话说,控制信号避让障碍物的性能就差了。控制模型过程中,发射天线应与接收天线有效地形成直线,尽量避免遥控模型与发射机之间有很大的障碍物(如房屋及仓库等)。

遥控器的调制方式一般分为脉冲编码调制(pulse code modulation,PCM)和脉冲位置调制(pulse position modulation,PPM)两种。前者指的是信号脉冲的编码方式,后者指的是高频电路的调制方式。PCM 编码的优点不仅在于其很强的抗干扰性,而且可以很方便地利用计算机编程,不增加或少增加成本,实现各种智能化设计,相比 PCM 编码,PPM 比例遥控设备实现相对简单,成本较低,但较容易受干扰。

遥控器的一个通道对应一个独立的动作,一般有 6 通道和 10 通道。多旋翼在控制过程中需要控制的动作路数有上下、左右、前后、旋转,所以最低需要 4 通道遥控器。美国手遥控器和日本手遥控器就是遥控杆对应的控制通道的设置不同。美国手遥控器左手操作杆式"升降+偏航",右手为"俯仰+滚转";日本手遥控器则相反。目前,国内以美国手遥控器为主。

左侧标注（从上到下）：天线、AUX4、GEAR、RUDD D/R、ELEV D/R、左微调、挂扣、ELEV/RUDD摇杆、ELEV微调、RUDD微调、UP/DN按键、EXT按键

右侧标注（从上到下）：提把、AUX5、MIX、FMOD Switch、AILE D/R、右微调、THRO微调、THRO/AILE摇杆、电源开关、AILE微调、R/L按键、ENT按键、显示屏

图 9-5　华科尔遥控器

遥控器有两种油门行程方式：直接式油门主要对应的是期望的推力的大小，其油门杆不会自动回中，最低点为 0%，最高点为 100%；增量式油门对应的是期望的速度大小，松手油门自动回中，油门回中，多旋翼的期望速度为零，也就意味着多旋翼在当地悬停。

根据功率不同，遥控器控制的距离也有所不同。遥控器上也可以使用带有功率放大（power amplifier，PA）模块，带有鞭状天线，可以增大操控距离。

2）自驾仪

自驾仪即无人机的飞行控制系统，也称作飞控（飞行控制器）。图 9-6 为几种常用飞控。飞控主要有三个功能：导航、控制以及决策。其中导航就是解决"无人机在哪"的问题，如何发挥各自传感器优势，得到准确的位置和姿态信息，是自驾仪飞控要做的首要的事情。控制就是解决"无人机怎么去"的问题。首先得到准确的位置和姿态信息，之后根据任务，通过算法计算出控制量，输出给电调，进而控制电机转速。决策就是解决"无人机去哪儿"的问题。去哪儿可能是操作手决定的，也可能是为了安全，按照规定流程的紧急处理方案。

飞控指飞行器的电子控制部分，硬件包括主控 MCU/传感器/其他接口部分。软件包括飞行控制算法等。飞控主要包括以下几部分。

（1）全球定位系统（global positioning system，GPS）：用于得到多旋翼的位置信息；

（2）观测测量单元（inertial measurement unit，IMU）：包括三轴加速度计、三轴陀螺仪、电子罗盘（或磁力计），目的是得到多旋翼的姿态信息；市面上常说的 6 轴 IMU 是包含了三轴加速度计和三轴陀螺仪，9 轴 IMU 是包含了三轴加速计、三轴陀螺仪和三轴磁力计，而 10 轴 IMU 则是在 9 轴 IMU 基础上多了气压计这一轴。

(a) CC3D

(b) PX4

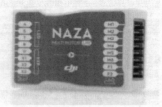
(c) CC3DNAZA

图 9-6 几种常用飞控

（3）气压计和超声波测量模块：目的是得到多旋翼绝对（气压计）或相对高度信息（超声波测量模块）。

（4）微型计算机：提供算法计算平台。

（5）接口：提供各种传感器和电调、通信设备等的硬件接口。

3）地面站

图 9-7 为一个地面站软件，地面站软件是四旋翼地面站的重要组成部分，操作员通过地面站系统提供的鼠标、键盘、按钮和操控手柄等外设来与地面站软件进行交互。预先规划好本次任务的航迹，对多旋翼的飞行过程中飞行状况进行实时监控和修改任务设置以干预多旋翼飞行。任务完成后还可以对任务的执行记录进行回访分析。

图 9-7 地面站软件

4) 数传电台

数传电台是指借助 DSP 技术和无线电技术实现的高性能专业数据传输电台,是一种采用数字信号处理、数字调制解调、具有前向纠错、均衡软判决等功能的无线数据传输电台。数传电台一段接入计算机(地面站软件),一端接入多旋翼自驾仪,通信采用一定协议进行,从而保持自驾仪与地面站的双向通信。图 9-8 为一个 Openpilot 数连接示意图。

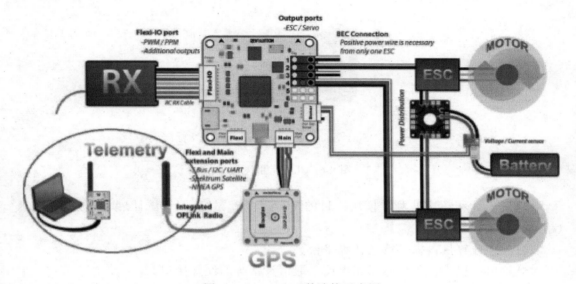

图 9-8　Openpilot 数连接示意图

一般数传电台有 433MHz 或 915MHz 两种频率可供选择。美洲地区可采用 915MHz,欧洲地区和中国等一般采用 433MHz,对 915MHz 频段是禁止的。

通信协议又称通信规程,是指通信双方对数据传送控制的一种约定。只要按照一定的通信协议,可以使得地面站软件通用起来,可以兼容不同的自驾仪。MAVLink 通信协议是一个为微型飞行器设计的非常轻巧的、只由头文件构成的信息编组库。MAVLink 最初由 Meier 根据 LGPL(lesser general public license)许可在 2009 年初发表。Openpilot 自驾仪采用了 UAVTalk 协议与地面站进行通信。

总体来说,四旋翼无人机的机体基本设计遵循以下原则:刚度、强度满足负载要求,机体不会发生晃动、弯曲;在满足其他设计原则下,重量越轻越好;选择合适的长宽高比,各轴间距、结构布局适宜;飞行过程中,满足其他设计原则下,保证机体振动越小越好,尽量保证整体美观耐用。减振方面,因为机体振动主要来源于机架变形、电机和螺旋桨不对称,所以在机架重量和尺寸相同情况下,尽量保证机架拥有更强的刚度,选择做工优良的电机和螺旋桨。为了防止对飞控或者摄像设备的影响,需要进一步考虑加入减振云台。在减噪方面,主要通过设计新型的螺旋桨来达到。

9.2.2　飞行机器人悬停稳定控制实验结果

四旋翼飞行器的旋翼一般由直流无刷电机进行驱动，每个电机都配套有直流调速器，四个直流调速器都接收姿态控制器发出的指令；在部分情况下，四旋翼飞行器可采用 820 空心杯电机，工作电压为 3～5V，转速 3 V 时为 30000 r/min，5V 时为 40000r/min，通过姿态控制器发出 PWM 信号对电动机进行调速，6 倍减速齿轮减速后通过齿轮将动力传递给飞行器的旋翼。而仿真时控制器给电机的是电压值。

直流电机的转速与输入直流电压之间可以近似为线性关系，即 5V 时 40000r/min，经过 6 倍减速，得 1 V 电压对应 22 r/s。即

$$\omega = 22u \tag{9.2.1}$$

式中，ω 为旋翼电机转速，单位为 r/s；u 为控制器输出电压值。

已知螺旋桨升力计算公式为

$$F = k_F \omega^2 \tag{9.2.2}$$

式中，k_F 为经验系数，也可由实验得出。k_F 的大小与螺旋桨的宽度、直径、桨形及材质均有关系，取 k_F 为 6.75×10^{-5}，将式 (9.2.1) 代入式 (9.2.2) 可得

$$F = 6.75 \times 10^{-5} \times (22u)^2 = 3.267 \times 10^{-2} u^2 \tag{9.2.3}$$

根据式 (9.2.3) 设计俯仰角和翻滚角的 PID 控制策略，对于俯仰角，其 PID 的控制算法为

$$\begin{cases} u_1 = K_P \times e_1(k) + K_i \times \sum_{i=0}^{k} e_1(k) + K_d \times [e_1(k) - e_1(k-1)] \\ u_2 = K_P \times e_2(k) + K_i \times \sum_{i=0}^{k} e_2(k) + K_d \times [e_2(k) - e_2(k-1)] \end{cases} \tag{9.2.4}$$

式中，$e_1(k) = (\theta_{set} - \theta)$；$u_2$ 为翻滚角 PID 控制器输出电压值；$e_2(k) = (\phi_{set} - \phi)$。在实际使用时，旋翼的升力为

$$\begin{cases} F_1 = 0.03267 \times (4 - u_1)^2 \\ F_2 = 0.03267 \times (4 - u_2)^2 \\ F_3 = 0.03267 \times (4 + u_1)^2 \\ F_4 = 0.03267 \times (4 + u_2)^2 \end{cases} \tag{9.2.5}$$

式中，u_1 为俯仰角 PID 控制器输出电压值；F_1、F_2、F_3、F_4 分别为四个升力；常数 4 为设定的四旋翼飞行器飞行的基础电压，基础电压产生的引力可使四旋翼飞行器处于离开地面的临界状态。

通过对图 9-9 中的 PID 参数的调试，最终当两组 PID 参数都为 $K_p = 0.023$、$K_i = 0.03$、$K_d = 0.0035$ 时效果较好，其仿真结果如图 9-10 所示。

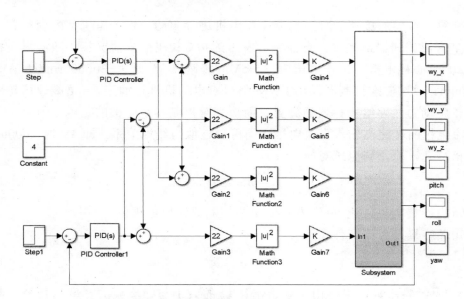

图 9-9　四旋翼飞行器姿态联合控制仿真图

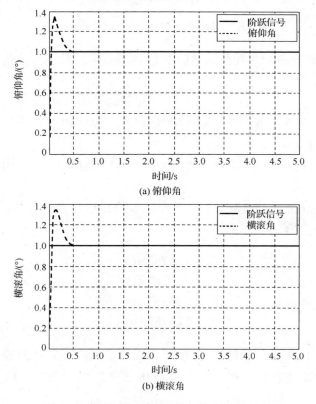

图 9-10　四旋翼飞行器联合控制仿真结果

　　从图 9-10 仿真结果可以看出，当输入阶跃信号时，四旋翼飞行器可以在较短的时间内稳定在设定的飞行姿态，而且超调小。故该控制策略能实现对飞行姿态的快速、精确控制。

　　为了对四旋翼飞行器联合仿真系统的抗干扰性能进行验证，从第 3s 开始，对一个电机加入一个幅值为 0.2V 的持续干扰信号，如图 9-11 所示，其仿真结果图如图 9-12 所示。

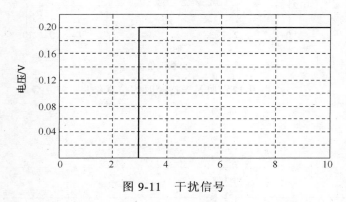

图 9-11　干扰信号

　　从图 9-12 的仿真结果可以看出，在第 3s 给电机加一干扰电压后，四旋翼飞行器能够在很短的时间内重新回到稳定状态。

　　在姿态控制策略的基础上，把 x 轴和 y 轴的位移设定值也设置为 0，高度 z 轴的设定值设置为 500mm，然后进行 PID 控制，让其实现悬停控制，其控制仿真图如图 9-13 所示。其在电机未加干扰和在 2s 时加一干扰信号时的仿真结果如图 9-14 所示。通过图 9-14(a) 可以得出，设定高度为 500mm 时，飞行器在 2.5s 时稳定在设定值。为了检测控制器的抗干扰性，在 2s(图 9-14(d)) 时对电机加一干扰，飞行器的悬停高度受到一定的影响，但是由于控制器的鲁棒性较强，所以四旋翼飞行器仍然能够很快达到稳定。

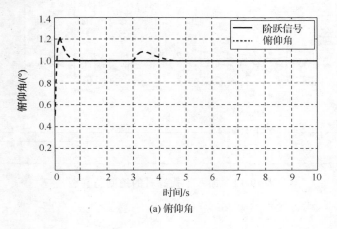

(a) 俯仰角

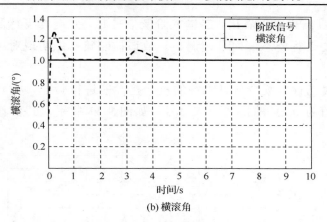

(b) 横滚角

图 9-12　加入干扰源时的仿真结果

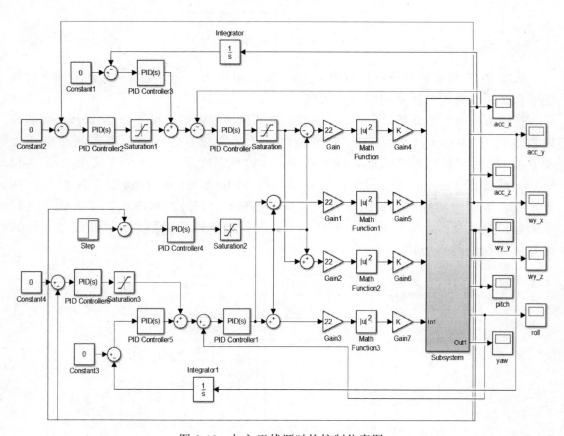

图 9-13　加入干扰源时的控制仿真图

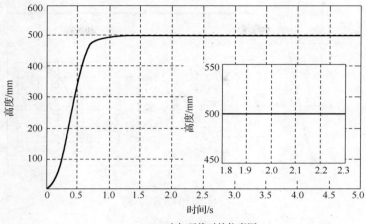

(a) 未加干扰时的仿真图

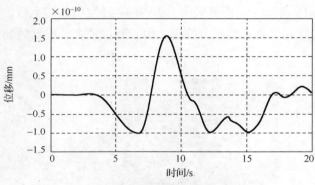

(b) 未加干扰时 x 轴位移仿真图

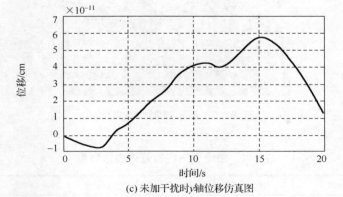

(c) 未加干扰时 y 轴位移仿真图

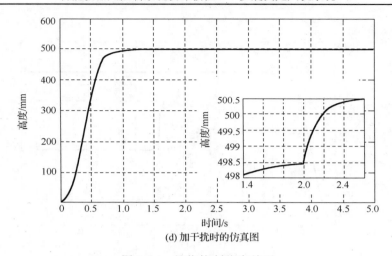

(d) 加干扰时的仿真图

图 9-14　悬停控制仿真结果

　　程序中设定飞机自主起飞，设定的悬停高度为 800mm，悬停 30s 后降落。四旋翼飞行器的悬停状态如图 9-15 所示。上位机采用 LabVIEW 开发的监测平台，采用蓝牙通信模块把下位机的姿态角和位置信息采集到上位机。由于数据较多，根据时间摘取的部分数据如表 9-2 所示。

图 9-15　悬停控制状态实物

表 9-2　四旋翼飞行器悬停姿态数据

时间/姿态	ϕ /(°)	θ /(°)	φ /(°)	x / mm	y / mm	z / mm
0s	0	0	0	0	0	0
1s	0.1	0.12	0.05	2.5	−1.25	110

续表

时间/姿态	$\phi/(°)$	$\theta/(°)$	$\varphi/(°)$	x/mm	y/mm	z/mm
2.5s	0.1	−0.10	−0.1	0.2	−2.35	325
4s	0.05	−0.05	−0.075	−0.37	0.55	430
6s	0.08	−0.01	−0.025	−2.57	2.25	653
7.5s	0.12	0.15	0.125	−3.17	3.05	804
9s	0.02	0.25	0.45	1.17	4.25	798
10s	0.72	−0.35	−0.25	0.15	2.75	801

试验结果表明四旋翼飞行器悬停效果较好，采用多路 PID 进行四旋翼飞行器的悬停控制，可以完全达到悬停控制效果且响应较快。试验结果与理论结果吻合。

9.3 习　　题

1．悬停稳定控制的 PID 算法将整个控制系统分为内环控制和外环控制两部分，这两部分分别控制哪些量？

2．利用 LQG 算法进行无人机悬停稳定控制最主要的优点是什么？

3．四旋翼飞行器控制系统主要由哪几部分组成？

4．遥控器有哪几种调制方式？

5．遥控器常用的无线电频率为多少 Hz？并简述其优点。

实 践 篇

第 10 章　飞行机器人控制器硬件系统设计

10.1　控制器需求分析

Pixhawk 飞控系统主要由微控制器、传感器、存储模块、驱动模块以及外部接口组成，Pixhawk 系统的整体框图如图 10-1 所示。

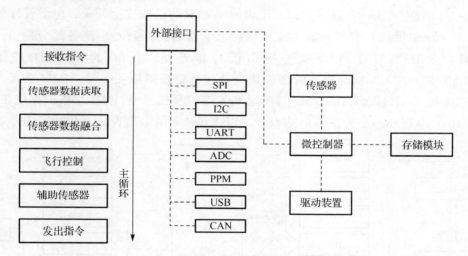

图 10-1　Pixhawk 系统的整体框图

微控制器是系统的核心，完成系统的控制与协调功能。将用户发出的指令转化为控制驱动装置的指令，进行相关的处理。为了获得无人机的实时位置与姿态，传感器是必不可少的，当飞控接收到用户发出的指令以后，传感器便将实时测得的数据进行融合，并传输给控制器进而解算出给驱动装置的控制量。存储模块记录了无人机飞行的整个过程的所有数据以及飞控的脚本启动文件。通过外部接口可以在无人机上搭载许多外部设备，例如，光流、GPS、数传、图传等，这些接口不仅方便了用户与无人机之间的交互，而且提供了多种总线接口为后期开发具体功能应用极大地降低了工作量。

10.2　整　体　设　计

Pixhawk 飞控的硬件一分为四：主板主要负责运算以及控制，主板上搭载了 2MB Flash/256KB RAM 的微控制器 STM32F427VIT6，128KB Flash/8KB SRAM 的微控制器 STM32F100C8T6B，板载的 16KB SPI FRAM 磁性随机存储器 FM25V01，一套飞行器姿态测量传感器，包括九轴运动处理器 MPU9250、气压计 MS5611 以及磁力计 HMC5983；减振 IMU 板搭载各种传感器主要负责姿态测量，包括三轴加速度计和磁力计 LSM303D，三轴陀螺仪 L3GD20，三轴加速度计陀螺仪 MPU6000，以及气压计 MS5611；接口板提供各种接口给外部设备便于连接，包括 14 个 PWM 伺服输出，PPM 遥控器输入，Spektrum/DSM 接收机，模拟 PWM RSSI 信号输入，S.Bus 伺服输出，IIC、SPI、CAN、ADC、UART 总线接口，压电蜂鸣器驱动以及安全开关；电源管理模块单独制作了一块电路板，负责对输入电压的接驳和管理，同时对电路各部分提供一系列的 EMI、ESD 保护。主控板与接口板直接通过 80pin 的插座 DF17(1.0H)-80DP-0.5V(57)-ND 连接；电源管理模块直接与接口板焊接在一起；IMU 载板与主控板通过 20pin 的 H11905CT-ND 连接。考虑到飞控的减振需要，IMU 载板上集成了 FPC。

图 10-2 为 Pixhawk 的整体电路设计。Pixhawk 采用余度设计，集成备份电源和基

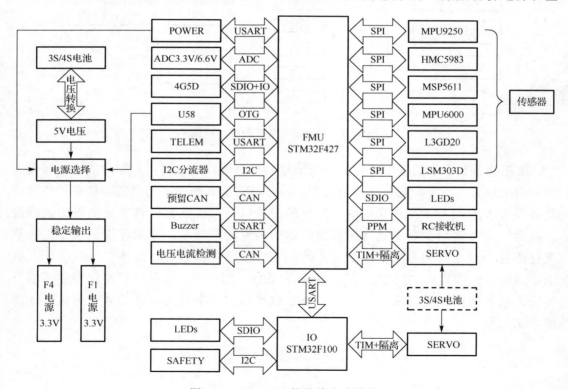

图 10-2　Pixhawk 的整体电路设计

本安全飞行控制器，主控制器失效时可安全切换到备份控制，其中 32 位的 ARM Cortex M4 微控制器 STM32F427VIT6 作为主处理器，32 位 ARM Cortex M3 微控制器 STM32F100C8T6B 作为故障协处理器；传感器也进行了冗余设置，飞控上搭载了 3 套测量姿态的 IMU 惯性测量单元，主板上 1 套，IMU 载板上 2 套，安装在主板上的传感器和减振传感器被用在不同的集线器之中，防止所有传感器的传输数据准备信号被路由；提供了大量的外设接口，包括 UART、I2C、CAN、ADC；可以输出 14 路 PWM 供舵机输出；采用多余度供电系统，可实现不间断供电，并且每个设备单独供电；使用了外置安全开关；全色 LED 智能指示灯；反映飞行器各种状态的声音指示器，并集成了 micro SD 卡控制器，可以进行高速数据记录。

10.3　主控系统设计

图 10-3 为 Pixhawk 的控制模块。

图 10-3　Pixhawk 的控制模块

1）STM32F427（微控制器）：Flash（闪存）2MB，RAM（随机存取存储器）256KB

32 位的 ARM Cortex M4 微控制器 STM32F427 计算能力强大、使用简单、外设功能丰富。其上能够轻松运行所有小型的嵌入式实时操作系统（如 uC/OS-Ⅱ），从而能够运行较为复杂的四轴飞行器飞控算法，其最小系统外围电路相当简单，如图 10-4 所示。

2）STM32F100（故障协处理器）：Flash（闪存）128KB，RAM（随机存取存储器）8KB

一颗性能强劲的 32 位主控制器 STM32F427 ARM Cortex M4 核心外加 FPU（浮点运算单元）168 MHz/256 KB RAM/2 MB 闪存。还有一颗独立供电的故障保护备用控制器 32 位 STM32F103 可以在主处理器失效时实现手动恢复。

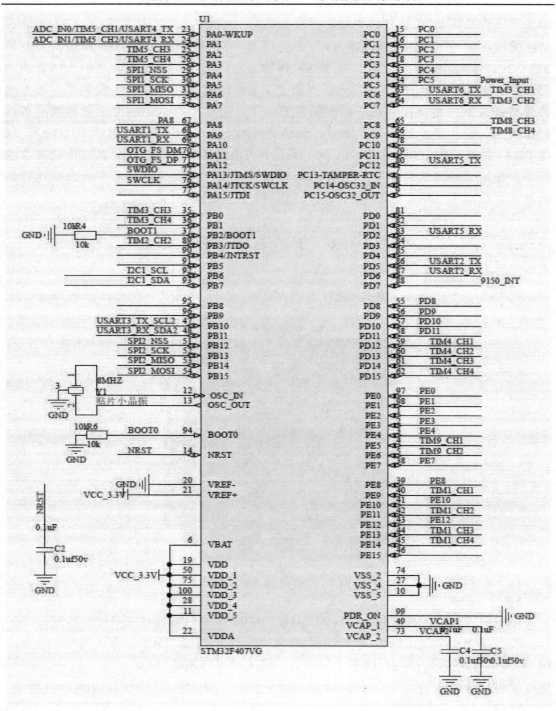

图 10-4　STM32F427 的原理图

3)板载的 16KB SPI FRAM(磁性随机存取存储器)

主控芯片 STM32F427 上连接了一块 FM25V01 128KB 非易失铁电存储器。这种存储器既有 EEPROM 的速度，又有像 Flash 一样掉电不会丢失数据的优点，一般用来作备份数据存储，一旦飞控在空中故障重启，可以延续前面的状态和计算结果。

图 10-5 中，FM25V01 与 STM32F427 采用的是串行外围设备接口（serial peripheral interface，SPI）总线连接的方式。Pixhawk 中各个传感器与处理器之间也都是通过 SPI 接口进行通信的。SPI 接口是 Motorola 首先提出的全双工三线同步串行外围接口，采用主从模式（master slave）架构；支持多 slave 模式应用，一般仅支持单 master。时钟由 master 控制，在时钟移位脉冲下，数据按位传输，高位在前，低位在后（MSB first）；SPI 接口有 2 根单向数据线，为全双工通信，目前应用中的数据速率可达几 Mbit/s 的水平，这也是我们为什么选择了使用 SPI 总线进行连接而不是 I2C 的原因，I2C 能作为高速传感器总线。

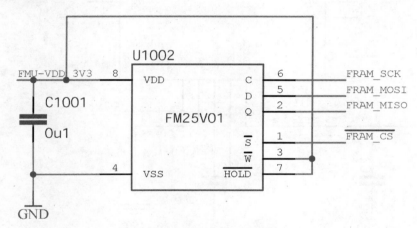

图 10-5　FM25V01 存储器电路

4）MPU9250 加速度计/陀螺仪/磁力计

MPU9250 作为一款 9 轴的数字运动处理器，其包含了三轴 16 位加速度计、陀螺仪、AK8963 磁力计（相当于 MPU6050+AK8963），MPU9250 的角速度全格感测范围为 ±250°/s、±500°/s、±1000°/s 与 ±2000°/s，可准确跟踪快速与慢速动作，用户可程式控制的加速度计全格感测范围为 ±2g、±4g、±8g 与 ±16g，最大磁力计可达到 4800μT。产品传输可透过最高 400kHz 的 I2C 或最高达 20MHz 的 SPI。图 10-6 为主板上的 MPU9250 电路设计。

MPU9250 陀螺仪是由三个独立检测 X 轴、Y 轴、Z 轴的 MEMS 组成的。利用科里奥利效应来检测每个轴的转动（一旦某个轴发生变化，相应电容传感器会发生相应的变化，产生的信号被放大、调解、滤波，最后产生与角速率成正比的电压，然后将每一个轴的电压转换成 16 位的数据）。各种速率（±250°/s、±500°/s、±1000°/s 和 ±2000°/s）都可以被编程。ADC 的采样速率也是可编程的，为每秒 3.9～8000 个，用户还可以选择是否使用低通滤波器来滤掉多余的杂波。

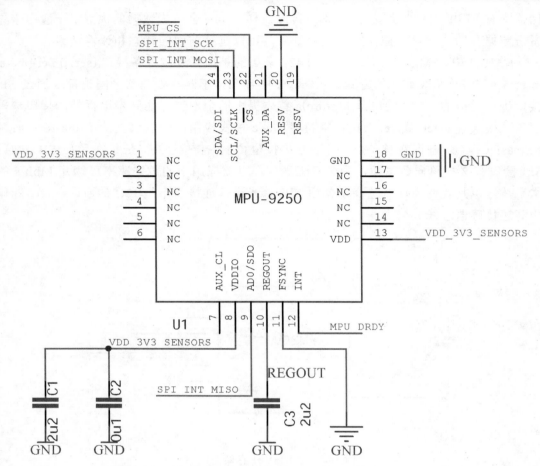

图 10-6　主板上的 MPU9250 电路设计

MPU9250 的三轴加速度也是单独分开测量的。根据每个轴上的电容来测量轴的偏差度。结构上降低了各种因素造成的测量偏差。当被置于平面时，它会出在 X 和 Y 轴上为 $0g$，Z 轴上为 $1g$ 的重力加速度。加速度计校准是根据工厂的标准来设定的。每一个传感器都有专门 ADC 来提供数字性的输出。范围是通过编程可调±$2g$、±$4g$、±$8g$和±$16g$。

三轴磁力计采用高精度的霍尔效应传感器，通过三轴磁力计采用高精度的霍尔效应传感器，通过驱动电路、信号放大和计算电路来处理信号采集地磁场在 X 轴、Y 轴、Z 轴上的电磁强度。每个 ADC 均可满量程（0±4800μT）并输出 16 位的数据。

5）MS5611 气压计

MEAS MS5611 气压计，用来测量高度。主板上的 MS5611 电路设计如图 10-7 所示。MS5611 传感器响应时间只有 1ms，工作功耗为 1A，可以测量 10～1200mbar 的气压数值。MS5611 具有 SPI 和 I2C 总线接口、与单片机有着相同的供电电压、–40～+85℃的工作温度、全贴片封装、全金属屏蔽外壳、集成 24 位高精度 AD 采集器等特性，这些特性使其非常适合在高度集成的数字电路中工作，所以成为飞控测量气压高度的首选。

6）HMC5983 磁力计

霍尼韦尔三轴电子罗盘 HMC5983 是一个温度补偿的三轴集成电路罗盘，用于测量磁场。主板上的 HMC5983 电路设计如图 10-8 所示。内置高分辨的 HMC118X 系列的磁阻传感器加上 ASIC，还有放大器、自动消磁带、偏置带和一个 12bit ADC 。测量航向角的精确度达到 1°～2°。在±8GS 的磁场中实现 2mGS 的分辨率，与单片机相同的供电电压，−30～ +85℃的工作环境温度。供电电压为 2.16～3.6V。

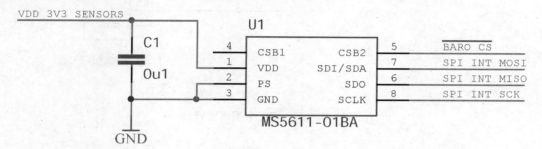

图 10-7　主板上的 MS5611 电路设计

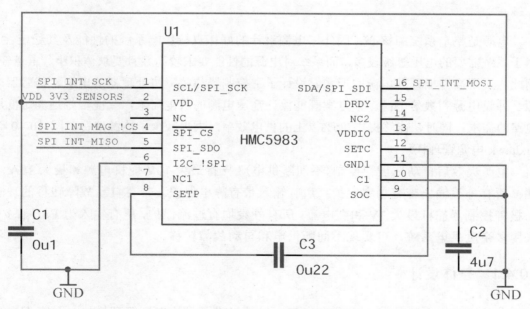

图 10-8　主板上的 HMC5983 电路设计

7）适配 SDIO 接口的微型 SD 接口

SD 卡槽与主控的 IO 口通过上拉电阻连接，可以增加输出驱动能力。micro SD 卡槽电路设计如图 10-9 所示。

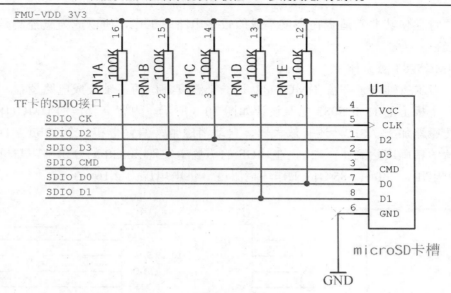

图 10-9　micro SD 卡槽电路设计

10.4　电源管理系统设计

电源是整个系统的核心，因此，电源设计的好坏直接影响系统的性能及其稳定性。由于系统需要的电压等级较多，而系统对电源的性能要求较高并且要求体积小、重量轻，因此，采用高性能开关电源的形式。设计了主控制器与故障协处理器的电源、传感器电源、外设电源和数传电源。该方案既能保证高压电源的供电需求，又能很好地满足低压电路的需求；同时，能够提供 85%以上的供电效率，大大减少了能源浪费。图 10-10 为 Pixhawk 电源管理模块。

电源失效后自动二极管控制(不间断供电)；支持最大 10V 舵机电源和最大 10A 功耗；所有外设输出带有功率保护；所有输入带有静电保护。带有自动故障转移的理想二极管控制器舵机最大 7V 和高电流，所有外设均有过流保护，所有输入为 ESD 保护。采用多余度供电系统，可实现不间断供电和自动故障转移。

10.4.1　整体设计

电源管理模块从 FMU 中分离出来，另外组成了一块电源管理模块，具有低电耗和低散热的特点。电源管理模块的功能是给飞控和所有的外接设备提供单一、独立的 5V 供给，集成了两块电源模块和相匹配的选择，包括电流和电压感应。为外接设备提供电量分配和监控。对于常规的接线失败进行了保护，以及在电压不足/过载时提供保护，为电流提供了过载保护，并具有掉电恢复和侦查的功能。

图 10-10　Pixhawk 电源管理模块

图 10-11 中电源管理模块选用了凌力尔特公司(Linear Technology Corporation)的三电源优先级供电控制器 LTC4417，该器件适用于 2.5～36V 系统。该控制器可从电源接口、USB、电调电源三个输入中选择优先级最高的有效电源来给负载供电。有效电源是指输入电压处于由欠压和过压门限定的窗口区域内时间达到 256ms。只有在高优先级电源无效时才会自动切换到低优先级电源。

Pixhawk 中的每个设备都是单独供电的。经过 LTC4417 输出的有效电压进入到几个电源芯片 MIC5332，并进行电池的接驳和管理，由电池控制芯片 BQ24315 从一个电池取出两路稳定的 5V 电源分别供给不同类的设备，防止互相干扰。MIC5332 的电源来自单独的 BQ24313。两级处理保障了电源的可靠性。

BQ24315 和 BQ24313 都是高度集成的过压和过流保护芯片，输入电流上限为 1.5A。BQ23313/5 时刻监控着输入电压、输入电流，并且有着线性的输出。当过压情况出现时，它能通过关闭内部开关迅速转移电压，响应时间小于 1ms；在发生过流情况时，它能够将系统的电流限制在一定的范围内，这极大地提高了系统的安全性。

图 10-12 中两个 BQ24315 芯片都输入稳定的 5V 电压，分别输出 VDD_5V_HIPOWER 给外接数传，输出 VDD_5V_PERIPH 给 GPS、CAN 总线以及 I2C 等外部设备。VDD_5V_ HIPOWER_OC 指示数传电压的状态，输出高电平正常，输出低电平说明电调电压过压，同时切断 OUT 输出。

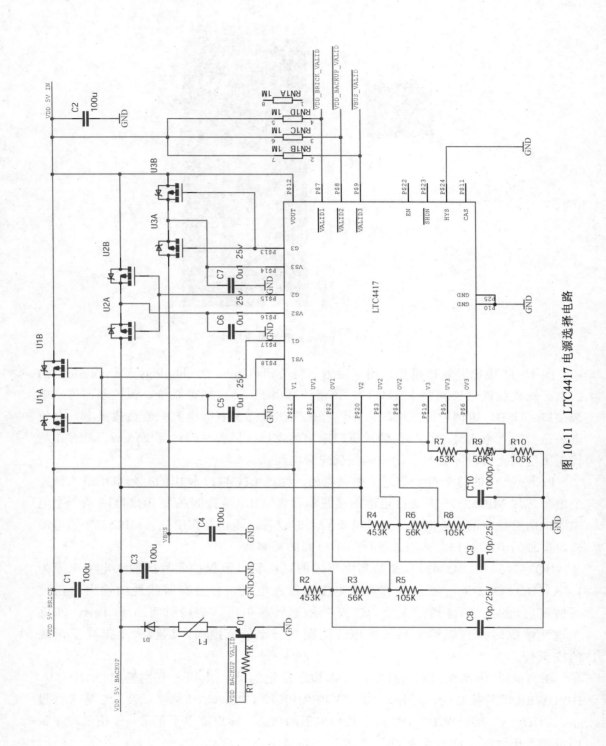

图 10-11 LTC4417 电源选择电路

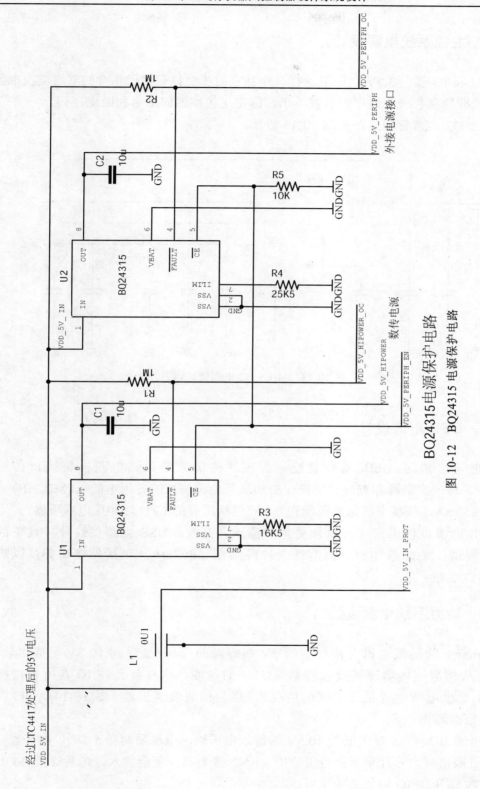

图 10-12　BQ24315 电源保护电路

10.4.2　主控系统电源设计

FMU 和 IO 都在 3.3V 电压下运行，而且它们两个都有自己私有的双通道校准器，每一个校准器都有一个通电的重置输出，绑定了校准器的通电和断电序列。

MIC5332 电源管理电路如图 10-13 所示。

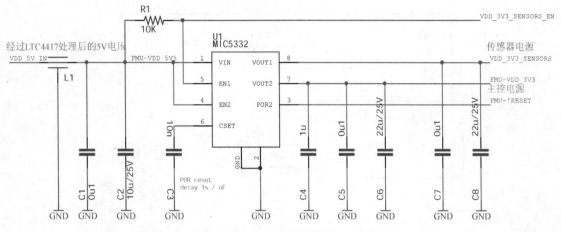

图 10-13　MIC5332 电源管理电路

10.4.3　USB 电源设计

电能可以通过 USB 或是通过电源模块接口或是第二电源模块接口传输给 Pixhawk，每一个电源都有翻转电极保护和从其他源头来的备用电能。FMU + IO 电能缓冲是 250mA，外接电源总共限制在 2.5A（包括所有的 LED 灯和压电蜂鸣器）。

USB 电源可以用来支持软件更新、测试和开发。USB 电源供给外接设备的接口用来测试，然而总体的电流消耗会被限制在 500 mA，包括外接设备，以防止 USB 接口过载。

10.4.4　动力系统电源设计

Pixhawk 的伺服电机支持标准的 5V 和有限的高压（最高到 10.5V 伺服供能）。IO 将会从伺服连接器那里接收到最高 10V 的电能，这样就允许 IO 在所有情况下（包括主要供电断电或是受干扰的情况）转移到伺服装置供能。图 10-14 为 IO 以及电机电源电路图。

这里的 BQ24313 对于低于 10.5V 的输入电压输出电压限制在 5.5V 以内，当输入电压超过阈值时，芯片将阻止电压输出。EN2 置为高，使能输入，最后通过 VOUT2 输出 3.3V 电压供 IO 协处理器使用。

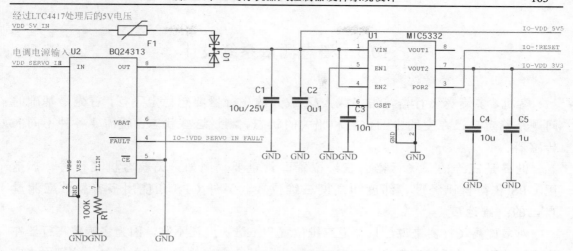

图 10-14　IO 以及电机电源电路图

10.4.5　备用电源设计

Pixhawk 中加了一个备用电源(AUX)接口，这个接口设置成和第一电源输入一样。图 10-15 为电源接口电路图。

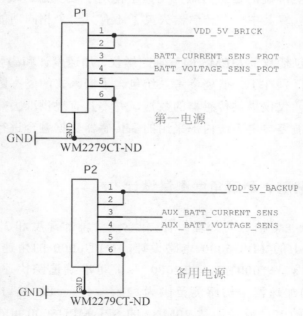

图 10-15　电源接口电路图

在输入电压方面，超过 5.7 V 的电压会被屏蔽。Pixhawk 和外部设备在备用电源上需要最高可达 2.75 A 的电流，电源模块或是其他电源都可以支持所需的电流。

10.5　姿态测量系统设计

客机、多旋翼飞行器等很多载人/不载人的飞行器要想稳定飞行，首先最基础的问题是确定自己在空间中的位置和相关的状态。测量这些状态，就需要各种不同的传感器。

世界是三维的，飞行器的三维位置非常重要。例如，民航客机飞行时，都是用 GPS 获得自己经度、纬度和高度三维位置。另外 GPS 还能用多普勒效应测量自己的三维速度。

对多旋翼飞行器来说，只知道三维位置和三维速度还不够，因为多旋翼飞行器在空中飞行时，是通过调整自己的姿态来产生往某个方向的推力的。例如，往侧面飞实际上就是往侧面倾，根据一些物理学的原理，飞行器的一部分升力会推着飞行器往侧面移动。为了能够调整自己的姿态，就必须有办法测量自己的姿态。姿态用三个角度表示，因此也是三维的。与三维位置、三维角度相对应的物理量是三维速度、三维加速度和三维角速度，一共是十五个需要测量的状态。

因此本飞控中使用了相关的传感器来获取这些状态量，并且采用双传感器的冗余设置，目的是得到更准确的姿态信息，飞控中使用了双罗盘、双 GPS、双加速度计和双陀螺仪，这样就算其中一个传感器失灵了还有另一个相同功能的传感器，大大增强了系统的稳定性。

航姿参考系统包括基于 MEMS 的三轴陀螺仪、加速度计和磁强计。航姿参考系统与惯性测量单元的区别在于，航姿参考系统包含了嵌入式的姿态数据解算单元与航向信息，惯性测量单元仅仅提供传感器的数据，并不具有提供准去热可靠的姿态数据的功能。目前常用的航姿参考系统内部采用的多传感器数据融合进行的行子解算单元为卡尔曼滤波器。

10.5.1　俯仰、偏航、翻滚角度测量设计

MPU6000 是一个 6 轴运动处理组件，包含了 3 轴加速度和 3 轴陀螺仪。图 10-16 为 IMU 减振模块上的 MPU6000 电路设计。MPU6000 的角速度全格感测范围为 $\pm250°/s$、$\pm500°/s$、$\pm1000°/s$ 与 $\pm2000°/s$，可准确追踪快速与慢速动作，并且用户可程式控制的加速器全格感测范围为 $\pm2g$、$\pm4g$、$\pm8g$ 与 $\pm16g$。产品传输可透过最高至 400kHz 的 I2C 或最高达 20MHz 的 SPI。MPU6000 可在不同电压下工作，VDD 供电电压为 2.5V±5%、3.0V±5% 或 3.3V±5%，逻辑接口 VVDIO 供电为 1.8V±5%。

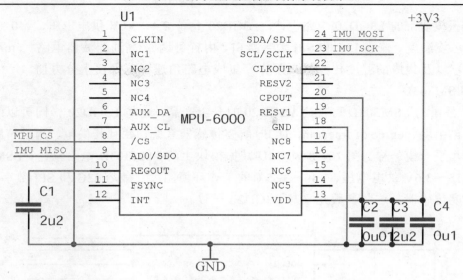

图 10-16　IMU 减振模块上的 MPU6000 电路设计

10.5.2　速度、加速度测量设计

　　飞控中使用了三轴 16 位 ST Micro L3GD20 陀螺仪，用于测量旋转速度；三轴 14 位加速度计和磁力计 LSM303D，用于确认外部影响和罗盘指向，可选择外部磁力计，在需要时可以自动切换。

　　1）L3GD20

　　ST 公司的三轴 16 bit ST Micro L3GD20 陀螺仪，用于测量旋转速度。图 10-17 为

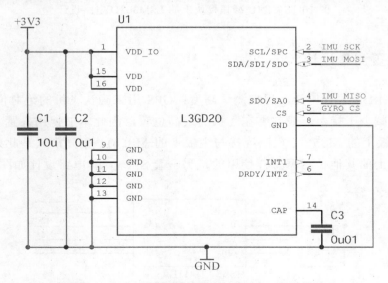

图 10-17　IMU 减振模块上的 L3GD20 电路设计

IMU 减振模块上的 L3GD20 电路设计。L3GD20 具备 2.4~3.6V 供电电压、−40~+85℃ 的工作环境温度、兼容 I2C 和 SPI 数字接口、内置可调低/高通滤波器电路、6mA 的工作功耗，以及集成的温度传感器，用作高集成电路角速率陀螺仪十分方便。

2）LSM303D

ST 公司的 LSM303D 可视为 L3GD20 的升级产品。它与 L3GD20 一同可以组成完整的 9 自由度（degree of freedom，DOF）航姿传感器系统，并且其供电、测量精度和数字接口几乎一模一样。图 10-18 为 IMU 减振模块上的 LSM303D 电路设计。LSM303D 具备 2.16~3.6V 供电电压、−40~+85℃ 的工作环境温度、兼容 I2C 和 SPI 数字接口、集成温度传感器，这些参数几乎与 L3GD20 一致。

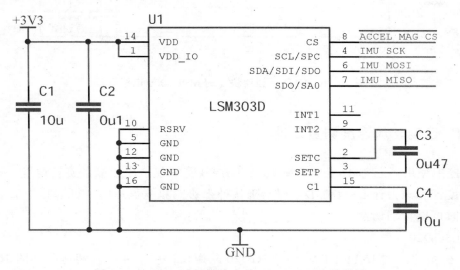

图 10-18　IMU 减振模块上的 LSM303D 电路设计

10.5.3　位置测量设计

MEAS MS5611 气压计，用来测量高度；GPS 用来确认飞机的绝对位置，但是由于 GPS 需要减少干扰，一般安装在飞机的最高位置，因此本书使用外置 GPS 模块。

IMU 载板上的 MS5611 电路连接与主板上的 MS5611 相同，只是此处的 MS5611 与 IMU 载板上的其他传感器一样使用的是另一套 SPI 总线，电路设计如图 10-19 所示。

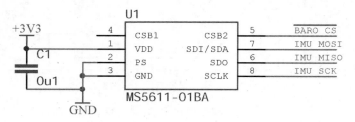

图 10-19　IMU 减振模块上的 MS5611

10.6　通信系统设计

接口板提供各种接口给外部设备便于连接，包括 14 个 PWM 伺服输出，PPM 遥控器输入，Spektrum/DSM 接收机，模拟 PWM RSSI 信号输入，S.Bus 伺服输出，I2C、SPI、CAN、ADC、UART 总线接口，压电蜂鸣器驱动以及安全开关。Pixhawk 接口板如图 10-20 所示。

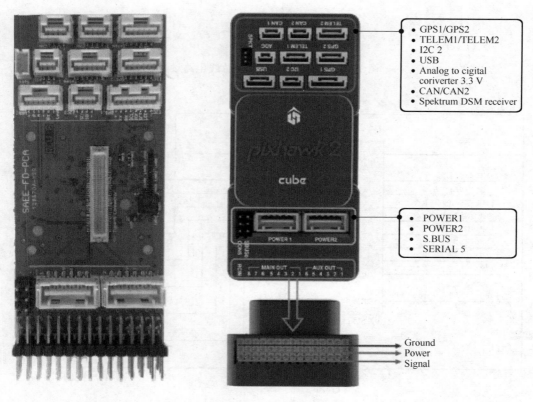

图 10-20　Pixhawk 接口板

1）扩展接口电路设计

MAX3051 CAN 总线电路设计如图 10-21 所示。将 MAX3051 作用于 CAN 协议控制器和控制局域网（CAN）总线物理连线的接口。MAX3051 为总线提供差分传输能力，为 CAN 控制器提供差分接收能力。MAX3051 适用于+3.3V 供电、不受汽车工业（ISO 11898）规范故障保护限制的应用。

对于 USART 总线接口，使用了 TXS0108 通用电平驱动芯片，如图 10-22 所示。这里主要是起到信号隔离和增强驱动能力的作用。这样做的好处是一旦某个串口出现大电流只能烧毁驱动芯片，不会烧毁 MCU。

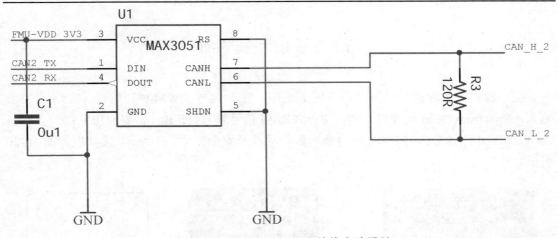

图 10-21　MAX3051 CAN 总线电路设计

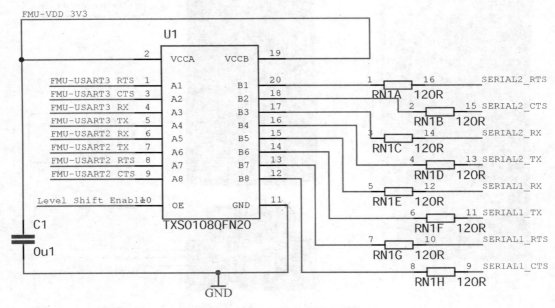

图 10-22　TXS0108 隔离电路设计

2）电机驱动

电机驱动模块使用了 TXS0108 通用电平驱动芯片，这里主要是起到信号隔离和增强驱动能力的作用。这样做的好处是一旦某个串口出现大电流只能烧毁驱动芯片，不会烧毁 MCU。图 10-23 为电机驱动电路。

TXS0108E 的 OE 脚连接了一个电容并接到 GND 上，这样设计的目的是使得在上电以及断电过程中输出处于高阻态。VCCA = VCCB，A 端与 B 端不需要电平转换，只起到隔离作用。在协处理器 IO 上连接了八个 PWM 输出，主处理器上有六个 PWM 输出。

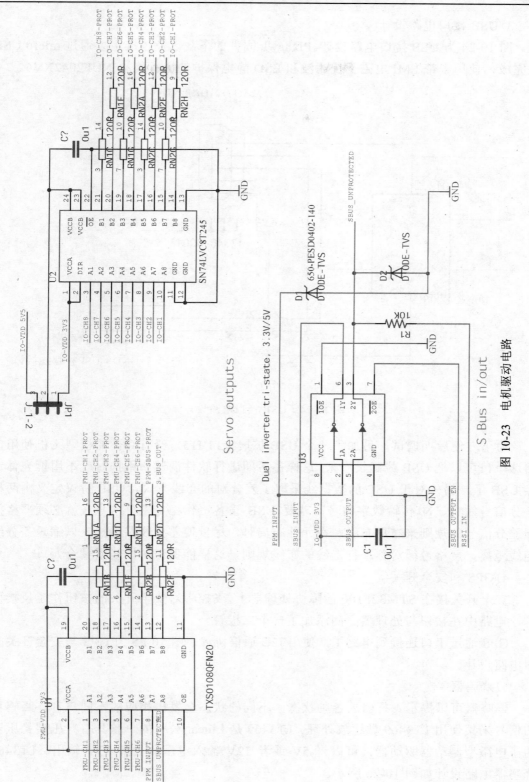

图 10-23　电机驱动电路

3）USB 接口电路设计

图 10-24 为 USB 接口电路设计。Pixhawk 固件的下载以及校准主要通过 micro USB 来完成，使用了带 EMI 电磁干扰滤波和 ESD 静电保护的上行终端 NUF2042XV6。

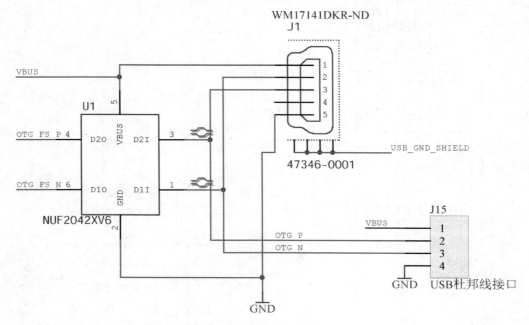

图 10-24　USB 接口电路设计

为了方便后期调试，另加了一个 USB 扩展接口 J15，给有壳体的模型飞机使用，用这个口可以把 USB 线延长出来，这样在后期进行软件调试和维护时就不用拆壳体连接 USB 了。另外对于 USB 的数据线采取了差分对的布线方式，USB 协议定义由两根差分信号线（P、N）传输数字信号，若要 USB 设备工作稳定差分信号线就必须严格按照差分信号的规则来布局布线。在元件布局时，尽量使差分线路最短，以缩短差分线走线距离，严格遵循对称平行走线的布线规则，这样能保证两根线紧耦合。

4）GPS 和安全开关

安全开关接在 STM32F100 故障协处理器上，飞控中对安全开关的按钮作了反接保护，电路中在按钮与处理器之间添加了一个二极管。

GPS 通过串口连接到电路中，使用 I2C 通信协议。图 10-25 为 GPS 与安全开关接口电路设计。

5）蜂鸣器

蜂鸣器可以提示飞行器的各种状态，不同的状态会发出相应的不同声音。蜂鸣器的信号采集使用 LT3469 做运放处理。LT3469 是 Linear 公司的一款具有升压型稳压器的压电微型制动器驱动器，可以将 5V 或者 12V 输入电压放大到 33V 输出。LT3469 蜂鸣器电路设计如图 10-26 所示。

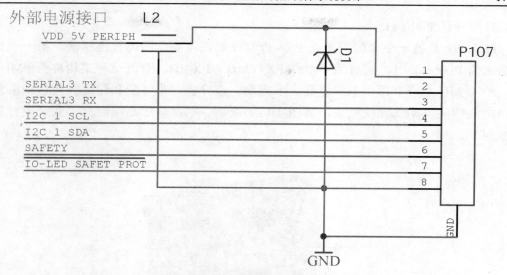

图 10-25　GPS 与安全开关接口电路设计

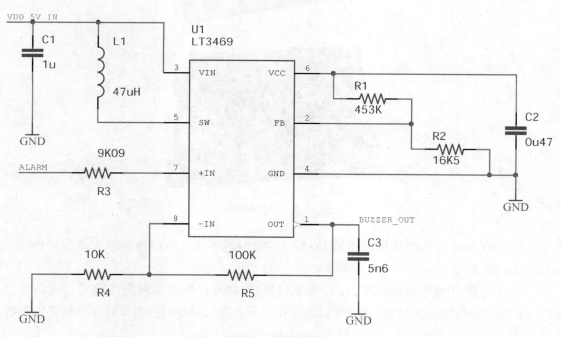

图 10-26　LT3469 蜂鸣器电路设计

10.7　Pixhawk 硬件设计实例

　　PX4 项目设计了一系列硬件模块，可用于在人为辅助和完全自主操作的情况下引导飞行器。

1) 第一代 Pixhawk

Pixhawk 是第一个专门为加载 PX4 自驾仪软件而制作的飞行控制器。第一个架构被命名为 Pixhawk v1，它有两个组件 PX4FMU + PX4IO。有时这种架构称为 FMUv1。

PX4FMU 是一个适用于固定翼、多旋翼、直升机、车、船和任何其他移动机器人平台的高性能自动驾驶仪模块，如图 10-27 所示。它面向于高端研究、业余爱好和工业应用。

图 10-27　PX4FMU

PX4IO 是带有八个舵机通道的 I/O 输入/输出模块，有 4 路继电器和失效保护/复用，如图 10-28 所示。

PX4 系统有一个叠加的理念，即把 PX4FMU 自驾仪模块和同机体适配且提供稳定的 5V 电源的载板连接起来。这个理念允许在分享自驾仪模块的同时针对每种机型定制解决方案。

图 10-29 展示了 PX4FMU 自驾仪飞行管理单元和 PX4IO 飞机/船电机驱动模块叠加作为完整的固定翼/车/船的解决方案。

2) 第二代 Pixhawk

在 FMUv1 的成功之后，创建了名为 Pixhawk v2 或称为 FMUv2 的第二代飞控架构。也就是通常称为 Pixhawk 1 的飞控板，它将 PX4FMU 和 PX4IO 集成在一个硬件控制器中，并加上了骨头形状的外壳，优化了硬件和走线，组成了一个一体化的硬件架构。

图 10-28　PX4IO

Pixhawk 1 如图 10-30 所示，其规格如下所示。

图 10-29　FMUv1

图 10-30　Pixhawk 1

(1) 处理器。

带 FPU 的 32 位 ARM Cortex M4 主处理器。

168 MHz/256 KB RAM，2 MB Flash。

32 位故障协处理器。

(2) 传感器。

ST 16 位陀螺仪 L3GD20。

ST 14 位加速度计/磁力计 LSM303D。

MEAS 气压计 MS5611。

MPU6000 加速度计/陀螺仪。

(3) 电源。

具有自动故障转移功能的理想二极管。

可耐高电压 (7V) 高电流的伺服轨 (servo rail)。

所有外设输出过流保护，所有输入受 ESC 保护。

(4) 接口。

五个 UART 串行端口，其中一个具有大功率作业能力，两个带硬件流控制。

Spektrum DSM/DSM2/DSM-X 卫星输入。

Futaba S.BUS 输入输出。

PPM 信号。

RSSI (PWM 或电压) 输入。

I2C，SPI，2x CAN，USB。

3.3V 以及 6.6V ADC 输入。

(5) 尺寸。

重量为 38 g。

宽度为 50 mm。

高度为 15.5 mm。

长度为 81.5 mm。

　　在拥有上述全套高性能硬件的基础上，Pixhawk 针对飞行导航软件做了高度优化以实现对飞行器的控制与自动飞行，正是这一系列优秀的品质使得 Pixhawkv2 成为到目前为止最受欢迎的 Pixhawk 架构。

　　3) 第三代 Pixhawk

　　在第二代飞控的基础上，为了提供更好的传感器表现，更好地利用微控制器的资源，同时提高产品的可靠性，FMUv3，即 Pixhawk 2 应运而生。Pixhawk 2 是一个集成的一体的飞控，如图 10-31 所示。它为大多数应用提供充足的不需要扩展的 I/O 接口，并采用了防脱落的接口组件，进一步地提高了产品的安全性。

图 10-31　Pixhawk 2

Pixhawk 2 践行了多合一的设计理念，带有集成的 PX4FMU(飞行管理单元)、PX4IO(输入输出模块)和很多的 I/O 接口。采用了更好的工业设计，使得产品外观更具吸引力。同时在安全性方面 Pixhawk 2 采用了一套标准电源模块，它可以为 FMU 和 IO 提供独立的电源供应，并且为 FMU 和 IO SRAM(静态内存)/RTC(时钟芯片)提供了板载的备用电池。

Pixhawk 2 和 Pixhawk 1 一系列特性改变的地方如下所示。

(1)三个 IMU 惯性测量单元：两个在 IMU 板上；一个固定在 FMU 上。

(2)两个板上的罗盘：一个在 IMU 板上；一个固定在 FMU 上。

(3)两个气压计：一个在 IMU 板上；一个固定在 FMU 上。

(4)双电源输入移除了伺服电源的冗余性，而且用一个专用的第二电源插头来替代一个专用的电源保护，加入了稳压二极管和场效应晶体管，用来保护超过 5.6 V 的电压用于 Aux 2 号输入。

(5)二重外接 I2C 允许连接 I2C 接口中的一个，本质上，允许两个 GPS/Mag(磁力计)单元在没有 Mag 冲突的情况下插入。

(6)GPS_Puck(GPS 天线，带有安全防护和 LED)：一个单独单元的 GPS/Mag/RGB/安全开关。

(7)Pixhawk 2 硬件 ID：物理硬件 ID 已经被加在 Pixhawk 2 I/O 上了。这可以让软件为了调试去识别载板，这是唯一区别两个 Pixhawk 的非软件方法。

(8)电源监视引脚现在被连接到 I/O 芯片上，这些将记录飞行重启时的电力事件电源模块 OK，备用 OK 和 FMU 3.3V 全部通过一个 220Ω的电阻被连接到 I/O 的数字引脚上。

考虑到系统对硬件的需求和性价比等因素，本飞控采用了双处理的设计方案，飞控板上搭载了一个擅长于强大运算的 32 bit STM32F427VIT6 Cortex M4 核心外加 FPU(浮点运算单元)的 168MHz/256KB RAM/2MB Flash 处理器，STM32F427VIT6 另有三个 I2C，六个 SPI，四个 USART，两个 CAN 以及 3 路 12bit ADC，USB OTG HS/FS，Camera Interface，该芯片采用 1.7～3.6V 供电，在主 MCU 上运行着 NuttX RTOS 实时操作系统；还有一个采用独立供电的，主要定位于工业用途的协处理器 STM32F100C8T6B，该芯片的主要参数如下：两个 SPI，两个 IIC，三个 USART，一个 CAN，2 路 12bit ADC，72MHz/128KB RAM/20KB，2.0~3.6V 供电。STM32F100C8T6B 的特点就是安全稳定。所以就算主处理器死机了，还有一个协处理器来保障安全。本飞控可以输出 14 路 PWM 给舵机，其中 8 个带有失效保护功能，这个是可以人工设定的；六个可用于输入，全部支持高压舵机。飞控系统采用如图 10-32 所示的 Pixhawk 硬件总体方案。

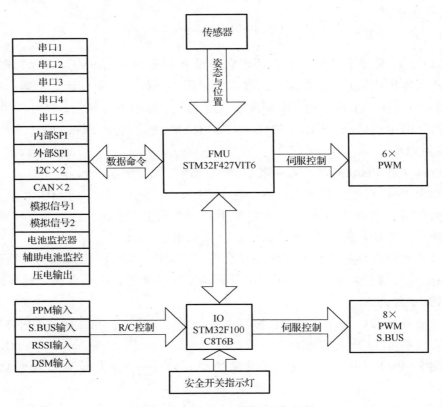

图 10-32　Pixhawk 硬件总体方案

10.8　习　　题

1．Pixhawk 硬件由哪几部分组成？分别具有什么功能？

2．写出减振 IMU 板的作用以及组成。

3．Pixhawk 1 上使用了哪些传感器，试写出其规格。

4．飞行机器人的主控系统设计如何实现？

5．电源管理模块的功能的作用是什么？

第 11 章 飞行机器人控制器软件系统设计

11.1 软件系统架构与 NuttX 实时系统

11.1.1 整体架构

飞控系统的软件架构是由一系列节点组成的，这些节点在一个广播通信网络中使用像姿态或位置这样的语义通道来交流系统目前的状态，该软件被分为三个主要层次：实时操作系统 RTOS、中间件（middleware）和飞行控制栈（flight stack）。任务处理上采用有限状态机模型，保证各任务的执行时间已知。编程方法上采用面向对象的结构化编程方法。飞行控制栈主要完成飞控各项功能的实现；中间件完成系统各部分之间的通信；RTOS 操作系统作为系统运行的基础软件平台，提供任务调度和文件操作功能，与底层驱动层相连接，可降低系统的耦合度，提高系统的硬件平台可移植性，底层驱动层直接与具体硬件交互，主要完成具体硬件平台的控制功能。针对检测仪各功能需求，软件采用如图 11-1 所示的系统软件框架。

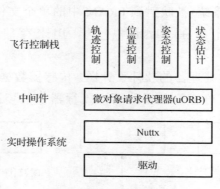

图 11-1 软件总体方案

11.1.2 NuttX 系统设计

NuttX 是一个嵌入式实时操作系统（embedded RTOS），强调标准兼容和小型封装，具有从 8 位到 32 位微控制器环境的高度可扩展性。NuttX 主要遵循 Posix 和 ANSI 标准，对于在这些标准下不支持的功能，或者不适用于深度嵌入环境的功能（如 fork()），采用来自 Unix 和常见 RTOS（如 VxWorks）的额外的标准 API（application program interface）应用程序接口。

NuttX 具有一系列优秀的品质，其具有标准兼容的特性，进行核心任务管理，采用模块化设计，具有完全可抢占、天然可扩展、高度可配置的特点。同时 NuttX 容易扩展到新的处理器架构、SoC 架构或板级架构，可以构建为开放的、平面的嵌入式 RTOS，或单独构建为系统调用接口的微内核，NuttX 支持类 POSIX/ANSI 的任务控制、命名消息队列、计数信号量、时钟/定时器、信号、pthread、环境变量、文件系统，支持 ROMFS 文件系统，确保能够实时地、确定性地支持优先级继承。并且 NuttX 是在 BSD 许可证下发布的，适合于进行二次开发。

NuttX 是一个 flat addresss 的操作系统，也就是说它不提供像 Linux 那样的进程（processes）。NuttX 只支持简单的运行在同一地址空间的线程。因此，它的程序模型使得 task（任务）与 pthread（线程）间有一定区别。

（1）task：有一定独立性的线程。

（2）pthread：共享某些资源的线程。

飞行器有一个虚拟的文件系统，被保存到 2～3 个不同的器件中。

（1）只读文件系统（read only memory file system，ROMFS），作用为保存启动脚本，这个文件系统保存在 MCU（STM32）的内部 Flash 中（编译时直接编译到程序中了）。这个文件被挂载在/etc 下。

（2）可写 microSD 卡文件系统（通常为 FAT32 格式）。作用是存储 log 文件，被挂载在/fs/microsd 下。

（3）可写 FRAM 文件系统（被映射到 FRAM 中的单个文件），挂载在/fs/mtd_params 和 /fs/mtd_waypoints（这个都在 Flash 中）下。用来存储参数（parameters）和航点（waypoints）。

图 11-2 为飞行器的主处理器的软件设计图。传感器数据采集进程采集所有传感器数据，姿态估计进程利用传感器数据估算出飞行器当前姿态，协处理器通信进程获

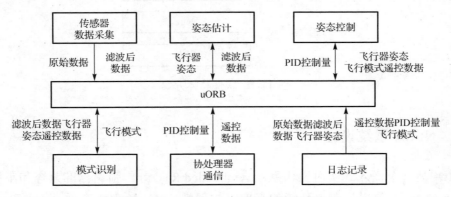

图 11-2　飞行器的主处理器的软件设计图

取遥控数据，状态识别进程结合传感器数据、飞行器姿态和遥控数据识别出飞行器当前模式，最后姿态控制进程通过飞行器姿态、遥控数据、飞行模式计算出当前所需的 PID 控制量并推送至 uORB，协处理器通信进程再将订阅的 PID 控制量通过高速串口发送至协处理器。

协处理器 PX4IO 为飞行器中专门用于处理输入输出的部分，输入为支持的各类遥控器（PPM，SPTK/DSM，SBUS），输出为电调的 PWM 驱动信号，它与主处理器 PX4FMU 通过串口（PA10_IO-USART1_ TX）进行通信，PX4FMU 和 PX4IO 的连接如图 11-3 所示。

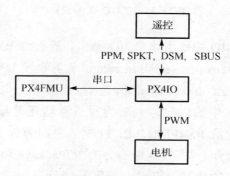

图 11-3　PX4FMU 和 PX4IO 的连接

PX4IO 与 PX4FMU 一样，软件架构上都分为 Bootloader、NuttX 和 APP 三个部分，如图 11-4 所示。

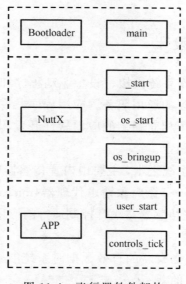

图 11-4　飞行器软件架构

PX4IO 底层设计如图 11-5 所示。

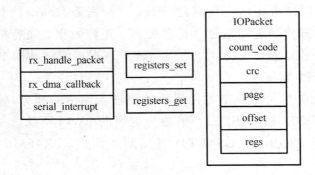

图 11-5　PX4IO 底层设计

图 11-5 中左边为 PX4IO 的底层串口 I/O 操作，流程为 PX4IO 收到 PX4FMU 的串口数据后会运行 serial_interrupt，serial_interrupt 负责收发 DMA 的操作，如果收到一个完整的包，则调用 rx_dma_callback 进行处理，rx_dma_callback 首先调用 rx_handle_package 解析包中的内容，判断为写寄存器还是读寄存器，处理完成后由 rx_dma_callback 发送回包给 PX4FMU。图 11-5 的中间为包操作，只提供 register_set 写操作和 register_get 读操作。图 11-5 中右边为 IOPackage 协议包，包括以下几部分。

（1）count_code 标记包的读写、错误、长度等信息。

（2）crc 为包的校验码。

（3）page 为数据页。

（4）offset 为数据偏移量。

（5）regs 为数据内容。

11.1.3　μORB 对象模型设计

中间件软件是指除了操作系统内核、设备驱动程序和应用软件的系统软件。中间件是具有标准程序接口和协议的通用服务。应用程序共享射隙服务，既可以减轻开发难度并减少工作量，又获得了相对稳定的应用软件开发和运行环境，当底层的软硬件变化时仍能保证应用软件的稳定。

PX4 中间件运行于操作系统之上，主要由内置传感器的驱动和一个基于发布-订阅（publish-subscribe）的中间件——微对象请求代理器（micro object request broker，μORB）组成，其中μORB 用于将这些传感器与飞行控制运行的应用程序进行通信连接。使用发布-订阅计划意味着：

（1）系统是响应式的，即当有新的有效数据时系统能够立即更新。

（2）系统是完全并行运行的。

（3）系统组件能够在线程安全的方式下从任何地方使用数据。

Mavlink（micro air vehicle link）是目前最常见的无人机飞控协议之一。PX4 对

Mavlink 协议提供了良好的原生支持。该协议既可以用于地面站(ground control station，GCS)对无人机(UAV)的控制，也可用于对地面站的信息反馈。其飞控场景如下所示。

(1)手工飞控：GCS ->(Mavlink)-> UAV。

(2)信息采集：GCS <-(Mavlink)<- UAV。

(3)自主飞控：User App ->(Mavlink)-> UAV。

也就是说，如果你想要实现地面站控制飞行，那么由你的地面站使用 Mavlink 协议，通过射频信道(或 WiFi 等)给无人机发送控制指令就可以了。如果你想实现无人机自主飞行，那么就由你自己写的应用(运行在无人机系统上)使用 Mavlink 协议给无人机发送本地的控制指令就可以了。

然而，为实现飞控架构的灵活性，避免对底层实现细节的依赖，在 PX4 中，并不鼓励开发者在自定义飞控程序中直接使用 Mavlink，而是鼓励开发者使用一种名为 μORB 的消息机制。其实μORB 在概念上等同于 posix 里面的命名管道(named pipe)，它本质上是一种进程间通信机制。由于 PX4 实际使用的是 NuttX 实时 ARM 系统，因此 uORB 实际上相当于多个进程(驱动级模块)打开同一个设备文件，多个进程(驱动级模块)通过此文件节点进行数据交互和共享。

在μORB 机制中，交换的消息称为主题(topic)，一个主题仅包含一种消息类型(数据结构)。每个进程(或驱动模块)均可订阅或发布多个主题，一个主题可以存在多个发布者，而且一个订阅者也可订阅多个主题 。而正因为有了μORB 机制的存在，上述飞控场景如下所示。

(1)手工飞控：　GCS ->(Mavlink)->(μORB topic)-> UAV。

(2)信息采集：　GCS <-(Mavlink)<-(μORB topic)<- UAV。

(3)自主飞控：　User App ->(uORB topic)->(Mavlink)-> UAV。

有了以上背景基础，便可以自写飞控逻辑了，仅需在飞行器源码中，添加一个自定义 module，然后使用μORB 订阅相关信息(如传感器消息等)，并发布相关控制信息(如飞行模式控制消息等)即可。具体的μORB API、μORB 消息定义可参考 PX4 文档与源码，所有控制命令都在源码目录的 Firmware/msg 里面。

最后值得一提的是，在 PX4 系统中，还提供了一个名为 mavlink 的专用 module，源码在 Firmware/src/modules/mavlink 中，它与 linux 的控制台命令工具集相当相似，其既可以作为 nsh 控制台下的命令使用，又可作为系统模块加载后台运行。其所实现的功能包括以下几方面。

(1)μORB 消息解析，将μORB 消息实际翻译为具体的 Mavlink 底层指令，或反之。

(2)通过 serial/射频通信接口获取或发送 Mavlink 消息，既考虑到了用户自写程序的开发模式，也适用于类似 linux 的脚本工具链开发模式，使用起来很灵活。

μORB 是 Pixhwak 系统中非常重要的且关键的一个模块，它肩负了整个系统的数据传输任务，所有的传感器数据、GPS、PPM 信号等都要从芯片获取后通过

μORB 传输到各个模块进行计算处理，是一种用于进程间进行异步发布和订阅的消息机制 API。

1) μORB 的架构简述

μORB 实际是一套跨进程的进程间通信 (inter-process communication，IPC) 模块，就是多个进程打开同一个设备文件，进程间通过此文件节点进行数据交互和共享。在 Pixhawk 中，所有功能是以进程模块为单位进行设计与实现。因此，进程间的数据交互尤为重要，必须要能够符合实时有序的特点。

Pixhawk 使用了 NuttX 实时 ARM 系统，而 μORB 对于 NuttX 而言，它仅仅是一个普通的文件设备对象，这个设备支持 Open、Close、Read、Write、Ioctl 以及 Poll 机制。通过这些接口的实现，μORB 提供了一套点对多的跨进程广播通信机制，点指的是通信消息的源，多指的是一个源可以有多个用户来接收、处理。而源与用户的关系在于，源不需要去考虑用户是否可以收到某条被广播的消息或什么时候收到这条消息。它只需要单纯地把要广播的数据推送到 μORB 的消息总线上。对于用户而言，源推送了多少次的消息也不重要，重要的是取回最新的这条消息。

2) μORB 的系统实现

μORB 的实现位于固件源码的 Firmware/src/modules/uORB/uORB 目录下。它通过重载 CDev 基类来组织一个 μORB 的设备实例，并且完成 Read/Write 等功能的重载。

μORB 的入口点是 uorb_main 函数，在这里它检查 μORB 的启动参数来完成对应的功能，μORB 支持 start/test/status 这三条启动参数，在 Pixhawk 的 rcS 启动脚本中，使用 start 参数来进行初始化，其他两个参数分别用来进行 μORB 功能的自检和列出 μORB 的当前状态。

在 rcS 中使用 start 参数启动 μORB 后，μORB 会创建并初始化它的设备实例，其中的大部分实现都在 CDev 基类中完成。这个过程类似于 Linux 设备驱动中的 Probe 函数，或者 Windows 内核的 DriverEntry、通过 init 初始化调用完成设备的创建、节点注册以及派遣例程的设置等。

3) μORB 的使用

进程/应用程序间通信 (如将传感器信息从传感器 app 传送到姿态滤波 app) 是 PX4 飞控程序结构的核心部分。进程 (在此处称作节点) 通过命名的总线交换的消息称为主题。在 PX4 软件系统中，一个主题只包含一种信息类型 (数据结构)，如飞行器姿态这个主题将一个包含姿态结构体 (横滚、俯仰、偏航) 的信息传送出去。节点可以在主题上发布一个信息 (发送数据)，也可以向一个主题订阅信息 (接收数据)。节点并不知道它们在跟谁通信。一个主题可以面向多个发布者和多个订阅者。这种方式可以避免死锁问题，在机器人中很常见。为保证效率，在一条总线中，永远只有一条信息被传送。没有保持队列之说。这也就是说新来的信息会覆盖之前的信息，不存在有一串信息排队的情况。应用层中操作基础飞行的应用之间都是隔离的，这样提供了一种安保模式，以确保基础操作独立的高级别系统状态的稳定性。在 PX4 中，飞控所有的功能被独立以进程模块为单位进行实现并工作。因此进程间的数据交互就显得尤为重要，必须要能够符合实时、有序的特点。在 PX4 中是使用μORB 来完成这项任务的。图 11-6 为 PX4 的应用程序框架。

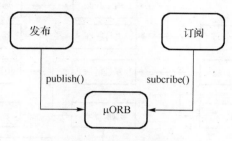

图 11-6　PX4 的应用程序框架

11.2　飞行控制栈设计与实现

飞行控制栈是各种自主无人机的导航与制导、控制算法的集合，包括固定翼、多旋翼以及垂直起降机型的控制器以及飞行器姿态和位置的估计算法。它遵循 BSD 协议，可实现多旋翼和固定翼完全自主的航路点飞行。采用了一套通用的基础代码和通用的飞行管理代码，提供了一种灵活的、结构化的方法，可以用相同的航路点和安全状态机来运行不同的固定翼控制器或旋翼机控制器。飞行控制栈可分为如下四个部分。

（1）决策导航部分：根据飞行器自身安全状态和接收到的命令，决定工作采用什么模式，下一步应该怎么做。

（2）位置姿态估计部分：根据传感器得到自身的位置和姿态信息，此部分主要涉及相关算法。

（3）位置姿态控制部分：根据期望位置和姿态设计控制结构，尽可能快、稳地达到期望位置和姿态。

（4）控制器输出部分：混控输出、执行器和 PWM 限幅。

系统的板载程序结构图如图 11-7 所示。图 11-7 中每个框表示一个概念上的任务。图 11-7 中不是所有模块都默认使能的，一些模块是冗余，如当姿态控制活动时，位置控制是不活动的。虚线框表示作为主模块接口的关键外设。图 11-7 中许多模块是被作为单独任务来完成的，不同任务间通过内部进程通信（uORB）来进行通信。

对于无人机的姿态估计和姿态控制架构。图 11-8 举例说明一个典型框图的实现，根据飞行器的不同，当需要一个特定的模型预测控制器时，其中一些模块也可以组合成一个单独的应用。

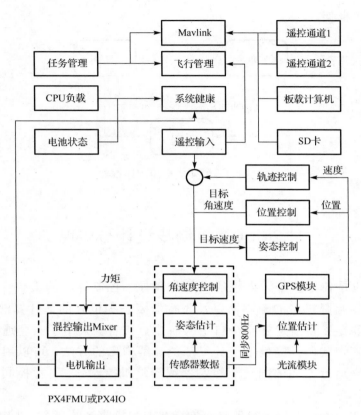

图 11-7　系统的板载程序结构图

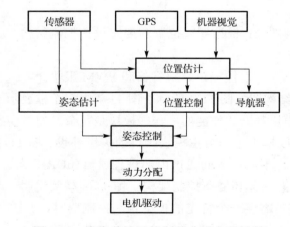

图 11-8　姿态估计及控制的典型实现过程

11.3　飞行控制算法设计与实现

11.3.1　PID 速度位置双闭环控制设计与实现

　　四轴飞行器本身由于具有六个自由度，运动复杂，受环境干扰因素较大，所以不易于对四轴飞行器建立数学模型。在四轴飞行器的飞行控制算法中，决定采用对系统数学模型无要求的 PID 控制算法。四轴飞行器飞行在空中，对于稳定性要求很高，传统的单环 PID 容易受到环境波动的影响，不适用于作为四轴飞行器的控制算法，而双闭环 PID 对环境却有很强的适应性。

　　如图 11-9 所示，以角度环作为外环控制量，角速度环作为内环控制量，外环控制中，将期望的姿态角与四轴飞行器姿态解算得到的姿态角求差得到 $e(t)$，再进行外环比例运算，得到的外环输出结果作为内环角速度控制环的输入量，内环角速度环做 PID 控制，将运算得到的结果作为姿态角的相应控制量。从双闭环 PID 的工作原理可知，外环角度控制环的目的是做角度跟随，使四轴飞行器的姿态角能够跟随遥控器输入的期望姿态角。其 PID 运算公式如下：

$$\text{shell\_angle}(t) = k_{\text{p}}e(t) \tag{11.3.1}$$

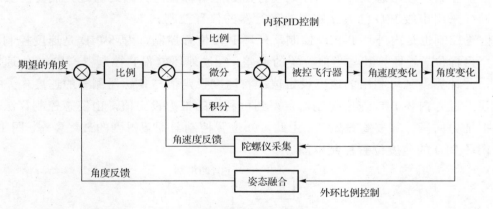

图 11-9　双闭环 PID 的姿态控制框图

　　而内环角速度环是强度控制环，当实际姿态角与期望姿态角差值较大时，或者四轴飞行器当前角速度过低时，就通过内环的比例控制增强电机控制量的输出。反之则降低电机控制信号的输出。其中 $e(t)$ 是外环输出量和四轴飞行器姿态角速度之差，内环因为是输出信号强弱控制环，所以只做比例控制，其运算公式如下所示。

$$e(t) = \text{shell\_angle}(t) - \text{anglerate}(t) \tag{11.3.2}$$

$$\text{Core\_rate}(t) = k_{\mathrm{p}}e(t) + k_{\mathrm{i}}\sum_{j=0}^{t}e(j)T + k_{\mathrm{d}}\frac{e(t)-e(t-1)}{T} \tag{11.3.3}$$

四轴飞行器的定高模式下油门量的调节同样使用双闭环 PID 控制，外环为高度控制环，只有比例控制。内环为地理坐标系下 z 轴的加速度控制环，使用 PID 控制。外环的输出作为内环的输入。高度的双闭环 PID 控制具体的实现过程和姿态角的双闭环 PID 控制类似，在此不再赘述。其 PID 控制流程图如图 11-10 所示。经过此双闭环 PID 运算便可以得到油门输出量 accelerator_out。

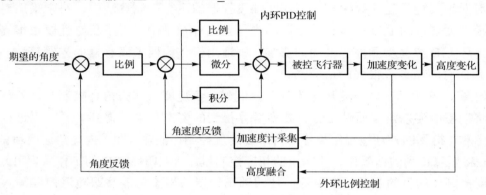

图 11-10　双闭环 PID 的高度控制框图

位置控制，顾名思义，是要控制飞行器到达目标位置，最终通过控制姿态实现。这里同样采用串级 PID 的方法实现对飞行器的位置控制。

位置控制也是内外环 P-PID 控制，外环 P 是位置控制，内环 PID 是速度控制。对于一个目标位置。计算其与当前位置的误差，经过外环位置 P 控制器产生位置/速度设定值，并计算得到可利用的速度设定值；将速度设定值与传感器测得的速度作差得到速度误差进入内环 PID 速度控制器，得到可利用的推力设定值，由姿态控制算法，可以根据推力向量计算姿态设定值。由此可知位置控制器期望得到的最终姿态。图 11-11 为双闭环 PID 的速度位置控制框图。

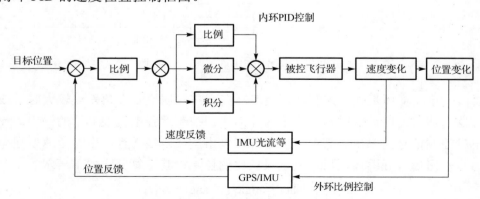

图 11-11　双闭环 PID 的速度位置控制框图

11.3.2 自抗扰算法设计与实现

闭环动态品质对 PID 增益的变化太敏感,控制目标与期望值直接作差不是很合理,而且比例、积分、微分的加权和形式并不一定是最好的组合方式,经典 PID 控制中的误差积分反馈项会使闭环系统的响应速度变慢、容易产生振荡,以及引起控制量饱和等副作用。另外由于理想微分器是物理不可实现的,实际应用中常用差分器代替,而这往往会放大对高频噪声的影响。

针对上述经典 PID 的缺点,自抗扰控制技术(active disturbance rejection control technique,ADRC)用跟踪微分器对参考信号安排过渡过程,用扩张观测器对扰动进行实时估计并补偿,通过状态误差的非线性反馈控制律得到最终控制量。从而改善了闭环系统的动态特性。

自抗扰控制技术 ADRC 是由我国著名学者韩京清提出来的。自抗扰控制技术将 PID 的思想精髓融入现代控制理论中,采用高效的观测器对系统扰动进行估计,并采取非线性反馈和扰动补偿策略,将非线性系统转换为积分器串联的线性系统,实现了对不确定性非线性系统的有效控制。自抗扰控制器的突出优点是不依赖系统模型、具有很强的抗干扰能力。通常自抗扰控制器主要由安排过渡过程的跟踪微分器(tracking differentiator,TD)、估计扰动的扩张状态观测器(extended state observer,ESO)、非线性误差反馈律(nonlinear state error feedback law,NSEFL)三个部分组成。

把跟踪微分器 TD、状态扩张观测器 ESO 和非线性误差反馈律 NSEFL 按照各自的功能连接到一起,再用扰动估计值对控制量进行补偿,就构成了自抗扰控制器。TD 的作用是安排过渡过程并给出其相应的微分信号;ESO 的作用是给出对象状态变量估计值及系统模型和外扰实时总和作用的估计值;NSEFL 提供高效率的反馈控制律。自抗扰控制器用扰动的估计值对系统进行补偿,将非线性系统转化为线性系统的积分器串联结构,从而实现非线性系统的反馈线性化。

四旋翼无人机有六个自由度,基于 ARDC 的姿态控制包括俯仰、滚转和偏航三个通道。如图 11-12 所示,将自抗扰控制器运用到这个通道,其中 ADRC1、ADRC2、ADRC3 分别构成俯仰、滚转和偏航回路。其中 ϕ、θ、ψ 为传感器返回值。

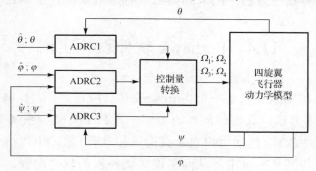

图 11-12 四旋翼无人机控制器结构图

11.3.3　模糊自适应姿态控制算法设计与实现

四旋翼无人机的动力学模型具有多入多出、强耦合和欠驱动的特点，是典型的非线性系统。该控制系统不可能对所有的六个自由度都进行跟踪，所以要找到一个合理的控制目标方案。这里对四旋翼的航迹 $[x, y, z]$ 和偏航角 ψ 进行跟踪，同时保证另外两个自由度的稳定。采用由内、外环构成的控制系统，外环为位置子系统控制器，内环为姿态子系统控制器，外环产生两个中间指令 γ_d 和 θ_d，并传递给内环系统，内环则通过滑模控制律实现对这两个中间指令信号的跟踪。控制系统整体结构图如图 11-13 所示。

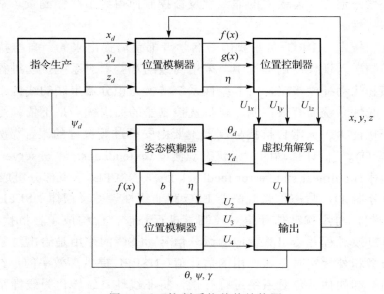

图 11-13　控制系统整体结构图

控制系统的基本思想是利用自适应模糊控制方法，通过滑模控制器将系统趋近律的切换项进行模糊化，可将切换项连续化，从而有效地降低抖振，同时根据模糊控制的万能逼近理论，将状态方程中的未知函数进行逼近求解，从而进行控制。

11.4　Pixhawk 软件设计实例

PX4 的软件系统实际上就是一个 Firmware（固件），如图 11-14 所示，其核心 OS 为 NuttX 实时 ARM 系统。其固件同时附带了一系列工具集、系统驱动/模块与外围软件接口层，所有这些软件（包括用户自定义的飞控软件）随 OS 内核一起，统一编译为固件形式，然后上传到飞控板中，从而实现对飞控板的软件配置。

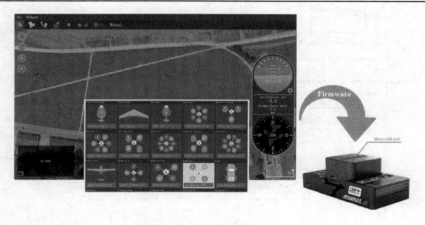

图 11-14　PX4 Firmware

PX4 向自定义飞控应用开发者提供了一种顶层软件架构描述，就是整个 PX4 的软件从整体上分为三层。

（1）PX4 飞行控制栈：一系列自主无人机自动控制算法的集合。

（2）PX4 中间件：一系列针对无人机控制器、传感器等物理设备的驱动及底层通信、调度等机制的集合。

（3）NuttX 实时操作系统：提供 POSIX-style 的用户操作环境进行底层的任务调度，同时提供硬件驱动、网络通信、UAVCAN 和故障保护（failsafe）系统。

PX4 软件架构中，一个重要的特点在于整个架构的抽象性（多态性）。为了最大限度地保障飞控算法代码的重用性，其将飞控逻辑与具体的底层控制器指令实现进行了解耦合。所有的无人机机型，事实上所有的包括船舶在内的机器人系统，都具有同一代码库。PX4 的整个系统设计是反应式（reactive）的，这意味着所有的功能被划分为可替换部件；通过异步消息传递进行通信；该系统可以应对不同的工作负载。

除了这些运行时的考虑，还需要使系统各模块最大限度地可重用。

理解上述初衷至关重要。不同于常规思维直接地使用底层控制协议来控制飞控板，实际上 PX4 架构已经在更高的抽象层面上提供了更好的选择，无论是代码维护成本、开发效率、硬件兼容性都能显著地高于前者。很多支持前者方式的开发者的理由主要在于顶层封装机制效率较低，而飞控板性能不够，容易给飞控板造成较大的处理负载，但是对于 PX4 这套软件架构，遵循它的模式反倒更容易实现较高的处理性能，不容易产生控制拥塞，提升无人机系统的并发处理效率。

1）顶层软件架构

软件系统中的各个模块都进行了高度模块化设计，系统顶层的任务管理框图如图 11-15 所示，每一个框图中都是一个单独的模块，以代码的形式自我包含、依赖并运行。每一个箭头都是一种通过 uORB 进行发布/订阅调用的连接。并且 PX4 的软件架构设计允许其即使是在运行时，也可以快速方便地交换各个单独的模块。

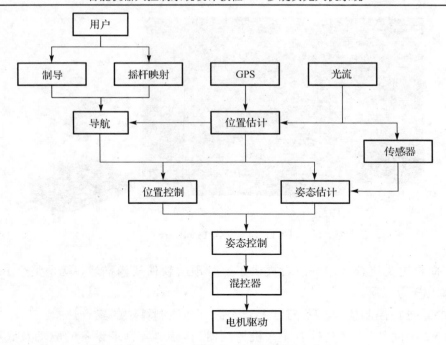

图 11-15　系统顶层的任务管理框图

控制器/混控都是针对一个特殊的机型(例如多旋翼、垂直起降或者直升机)而言的,但是顶层任务管理模块如控制模块、导航模块是可以在不同平台共享的。

2)地面站通信架构

Pixhawk 需要与地面站软件 QGroundControl 配合使用。地面站,顾名思义,是指与无人机分离的一个可以进行相关数据的处理、接收、发送的平台或者节点。这里可以是控制信号,可以是无人机姿态数据,可以是路径数据,可以是位置坐标,可以是无人机采集的各种数据等。地面站的作用可以是收、发,也可以有更广泛的编辑、处理、运算、规划等作用。

在 PX4 软件系统中,无人机与地面站之间的交互是通过一种商业逻辑应用程序来处理的,包括制导 commander(一般命令与控制,如解锁)、导航 navigator(接受任务并将其转为底层导航的原始数据)和 Mavlink 应用。Mavlink 用于接受 Mavlink 数据包并将其转换为板载 uORB 数据结构。这种隔离方式使架构更为清晰,可以避免系统对 Mavlink 过于依赖。Mavlink 应用也会获取大量的传感器数据和状态估计值,并将其发送到地面站,图 11-6 为地面站的通信架构。

Pixhawk 的设计包含一个强大的板载计算机使其能够执行无人机的顶层任务,尤其是视觉定位。PX4 系统设计框图如图 11-17 所示。视觉定位、障碍检测以及路径规划这类高级应用都是在板载的顶层 Intel 处理器上实现的。其中视觉定位模块能够计算出四旋翼完整的六自由度位姿信息。前置的立体障碍物检测模块(双摄像头)能够实时地计算障碍物信息,用于路径规划过程中的避障。路径规划模块可以完成航点跟踪的

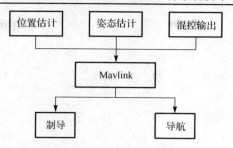

图 11-16　地面站的通信架构

功能。姿态和位置控制是在底层 **ARM7** 实时处理器上实现的，视觉定位模块将路径规划过程产生的设定值输入到位置控制器。

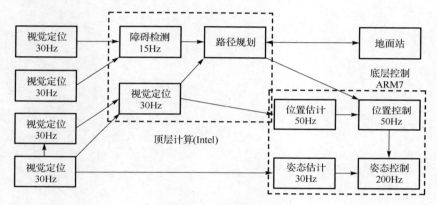

图 11-17　PX4 系统设计框图

11.5　习　　题

1. PX4 软件由哪几部分组成？分别具有什么功能？
2. 介绍 NuttX 系统的主要功能。
3. 概述 uORB 的工作特点。
4. 完成基本的飞行任务需要用到什么算法？
5. 经典 PID 有哪些缺点？

第 12 章 飞行机器人仿真

12.1 基础仿真

12.1.1 环境搭建

1. Bootloader

引导加载程序(Bootloader)是底层软件的一部分。嵌入式系统上电复位后首先运行引导加载程序,然后进行上电自检、硬件初始化、建立存储空间映射、配置系统参数、建立上层软件的运行环境,并加载和启动操作系统,从而将系统的软硬件环境带到一个合适状态,以便为最终调用操作系统内核准备好正确的环境。在它完成 CPU 和相关硬件的初始化之后,再将操作系统映像或固化的嵌入式应用程序装载到内存中然后跳转到操作系统所在的空间,启动操作系统运行。

飞控上电后,首先执行 Bootloader 的 main_f4、main_f1(分别对应着 FMU 和 IO)。将 Pixhawk 通过 USB 连接计算机之后,开始计算机是无法检测到飞控板的端口存在的。检测不到端口的话,无法使用 PX4 Comsole 控制台给飞控板烧写固件,QGroundControl 地面站无法连接上飞控板,便不能进行飞控传感器的校正以及相关的遥控设置,最终飞控板无法正常使用。因此需要先进行两个芯片的 Bootloader 烧录。

注意:购买的 Pixhawk 成品出厂时已经烧好了 Bootloader,本例程针对用户自己二次开发的飞控硬件。

在刷 Bootloader 前首先要对其进行构建,具体操作如下。

```
git clone https://github.com/PX4/Bootloader.git
cd Bootloader
make
```

经过这一步会为所有支持的飞控板(Pixhawk 系列硬件)生成一系列 elf 文件,这些文件都在 Bootloader 目录中。

以飞控板上的 STM32F427VIT6 主控芯片为例,使用 STLink2 进行 Bootloader 烧写的步骤如下所示。

1）连线

Pixhawk 上预留了芯片的 JTAG 接口，如图 12-1 所示，使用 JST_SUR_H6 封装。SWD 模式比 JTAG 在高速模式下面更加可靠。在数据量大的情况下 JTAG 下载程序会失败，但是 SWD 模式出现问题的概率会小很多，并且采用 SWD 模式仅使用两条线即可进行调试，因此这里选择使用 SWD 模式进行连线。将 SWCLK、SWDIO、VCC、GND 四根线一一对应连接即可，烧录时飞控板需要单独使用 USB 供电，最终接线情况如图 12-2 所示。

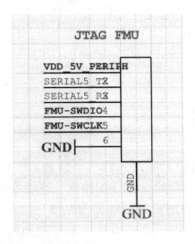

图 12-1　PX4FMU 主芯片的 JTAG 接口

图 12-2　烧录 Bootloader 的连接示意图

2）Bootloader 烧录

使用 ST-Link Utility 软件进行烧录时，上电后先单击菜单栏 Target 下的 Connect 将飞控板连入软件，然后将 px4fmu-v2_bl.bin 文件拖入到软件界面内，擦除（erase）芯片上原有数据后单击验证程序(Programe Verify)即可完成主芯片的 Bootloader 烧写。
图 12-3 为成功效果。STM32F100C8T6B 中处理器芯片的 Bootloader 烧录与 STM32F427
芯片方法相同,但需要先用 ST-Link2 连接 STM32F100 的 JTAG 接口并选择 px4io_bl.bin
文件。完成主控芯片 STM32F427 与故障协处理器 STM32F100 的 Bootloader 的烧录之
后,将飞控通过 USB 连接到计算机就可以在端口中看到相应的接口了,显示为 PX4
FMU。图 12-4 为烧录之前,图 12-5 为烧录之后。

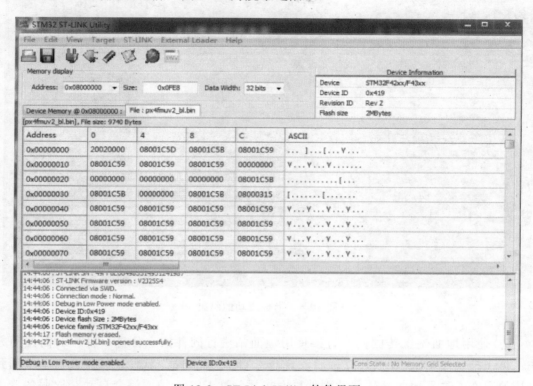

图 12-3　ST-Link Utility 软件界面

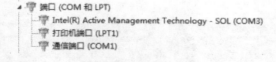

图 12-4　烧录之前

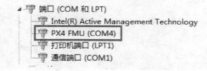

图 12-5　烧录之后

在使用飞控进行飞行之前，还需要给飞控烧写固件并使用地面站软件完成相应的配置。其中对于飞控的固件烧录，有以下两种方法。

（1）使用控制台烧录固件，对飞控的固件进行编译，编译完成后直接使用控制台输入指令将编译得到的文件上传到飞控中，上传成功的结果如图 12-6 所示。

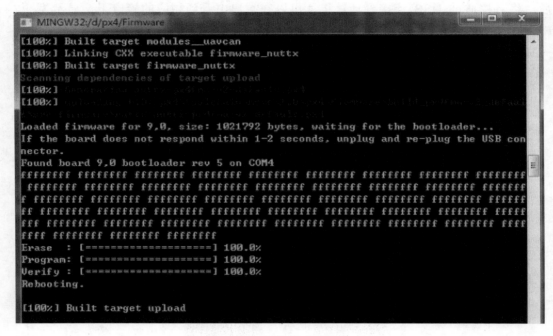

图 12-6　上传成功的结果

（2）使用地面站上传固件，直接使用地面站进行固件的上传是一种相对简便的方法，将飞控通过 USB 连接计算机后，打开"QGC 地面站"软件，软件会自动检测到飞控的存在，进入地面站软件的固件界面拔插一次 USB，地面站会自动获取服务器上的飞控固件并将其刷写到飞控当中，其效果与使用控制台上传固件相同。使用地面站进行上传固件的界面如图 12-7 所示。

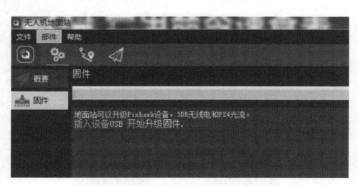

图 12-7　使用地面站进行上传固件的界面

2. 固件编译

下面分别介绍在 Windows 7 和 Ubuntu 操作系统下编译原生固件 PX4 Firmware 的方法。

1）Windows 7 64bit

首先，需要安装一些软件，CMake、32 位的 Java jdk 以及 PX4 Toolchain Installer。CMake 需要使用 2.8 以后的版本。另外关于 CMake 的安装有一点需要注意，在第三步安装选项（Install Options）中，需要将 CMake 加入到系统路径中，如图 12-8 所示。

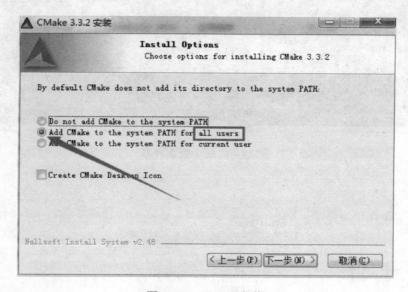

图 12-8 CMake 安装

因为 Eclipse 需要 Java，在安装好与计算机系统配套的 Java sdk 后，可用命令 Java-version 来查看 Java 是否配置成功，如图 12-9 所示。

接下来进行 PX4 固件相关的配置，安装 PX4 Toolchain Installer，默认安装在 C 盘根目录下，这里将其安装在 D 盘。安装完以后在开始菜单会出现一套工具链包括 PX4Console、PX4Ecplise 等，如图 12-10 所示。

代码编译，打开 PX4console，下载 PX4 固件，输入指令：

```
git clone https://github.com/PX4/Firmware.git
```

切换到 Firmware 文件夹，输入指令：

```
cd Firmware
```

之后输入指令：

```
git submodule update - - init - - recursive
```

图 12-9　Java 版本查看

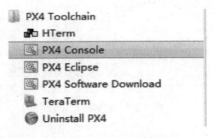

图 12-10　PX4 工具链

在开始最后的编译之前，有一个步骤必不可少，将 arm-none-eabi-gcc 4.7.4 换成 4.9.4 或者 5.4.3。例如，下载 4.9.4 版本的压缩文件，解压后将其中的所有文件夹复制并替换到 PX4Toolchain 安装目录下的 toolchain 文件夹下。

随后启动 PX4 Console 控制台进行编译，先进入 Firmware 文件夹，输入指令：

```
cd Firmware
```

输入 make 指令进行编译：

```
make px4fmu-v2_default
```

注意到 make 是一个字符命令编译工具，px4fmu-v2 是硬件版本，default 是默认配置，所有的 PX4 编译目标遵循这个规则。控制台编译成功示意图如图 12-11 所示。

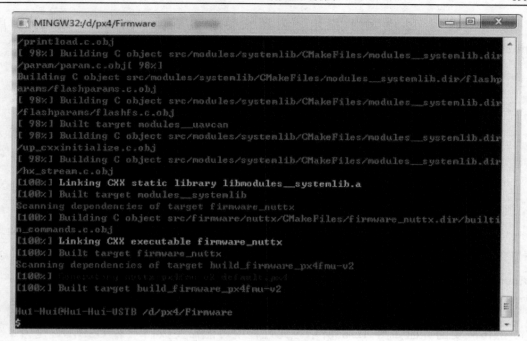

图 12-11　控制台编译成功示意图

如果在没有进行 arm-none-eabi-gcc 4.7.4 替换的情况下直接进行固件编译，则会出现如下所示的错误，编译内存溢出，如图 12-12 所示。

图 12-12　控制台编译失败示意图

如果出现图 12-12 中的提示，依然来得及将下载好的 4.9.4 或 5.4.3 版 arm-none-eabi-gcc 解压并替换掉 PX4Toolchain 文件夹下的相应文件。

之后重启 PX4Console 控制台。首先还是先进入到 Firmware 文件夹下。

```
cd Firmware
```

输入指令：

```
make clean
```

清除上一次的编译，然后重新编译，输入指令：

```
make px4fmu-v2_default
```

成功编译的则会显示图 12-11 所示的界面。固件烧录，将 Pixhawk 通过 USB 连接计算机后，输入以下指令即可将编译生成的 Firmware/cmake/configs/nuttx_px4fmu-v2_default.cmake 文件上传到飞控板中。

```
make px4fmu-v2_defaultupload
```

上传成功的界面如图 12-6 所示。此过程中可能需要拔插一下 USB，这是为了使 Bootloader 运行起来。

配置 Eclipse，按照前面的操作，控制台已经编译成功了，接下来就是进行 Eclipse 的配置了。

首次启动 Eclipse 时，先选择好 workplace，并勾选 Use this as the default and。选择 D 盘作为工作目录，因此这里依然保持将 workplace 放置在 D 盘。

建立工程 File -> New -> Makefile Project with Existing Code，然后单击 Browse 到 D:\px4\Firmware，并选择 Cross GCC，单击 Finish，如图 12-13 所示。

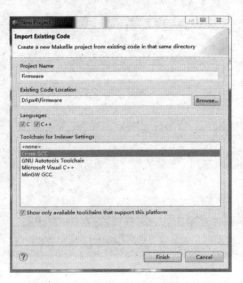

图 12-13　向 Eclipse 导入代码

然后进入 Workbench，如图 12-14 所示。

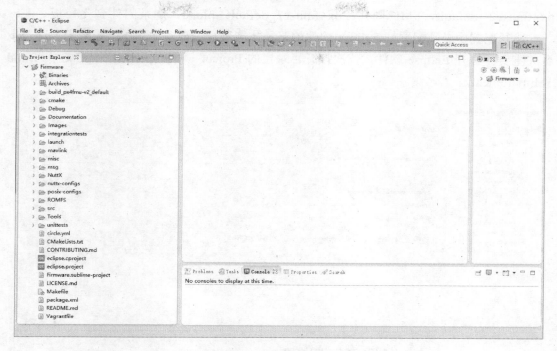

图 12-14　Workbench 界面

创建编译目标，可以在右边板块中 Make Target。选中根文件夹（Firmware），可以创建新的 Make Target。图 12-15 为 Eclipse Target 配置。

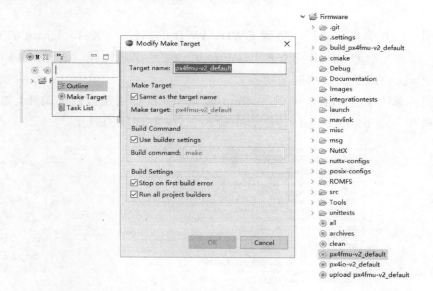

图 12-15　Eclipse Target 配置

各 Make Target 说明：clean，删除编译的固件相关文件，不会清除 archives；px4fmu-v2_ default，FMU 固件；px4fmu-v2_default upload，烧录固件到飞控板。

路径配置：必须配置好 Eclipse 软件的路径才能进行编译，如图 12-16 所示。这一步至关重要。打开 Eclipse 软件，依次打开目录栏的 Project -> Properties -> C/C++ Build ->Enviroment。

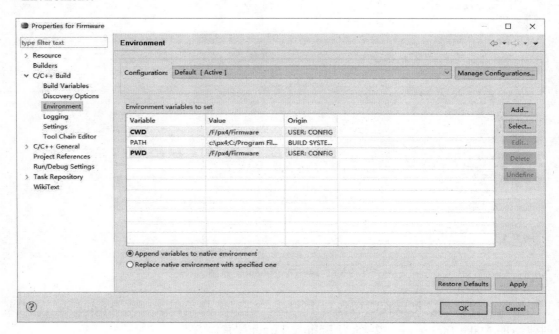

图 12-16　Eclipse 环境配置

打开图 12-16 中相应的栏，更改 CWD、PWD 的路径。PX4Toolchain 的安装路径为 D:px4，那么当前 CWD 路径为 F:\px4\Firmware。这里将路径改为 F/px4/Firmware，然后再将 PWD 的路径也做相应的更改。

编译固件单击上述 Target 中的 px4fmu-v2_default，即可进行固件编译，如图 12-17 所示。此操作与在 PX4 Console 控制台中输入 make 有同样的效果。

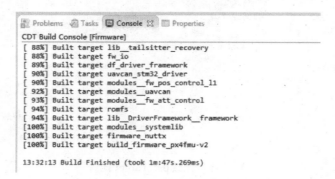

图 12-17　Eclipse 编译固体

上传固件，编译成功后在 PX4 Eclipse 界面右侧单击 Target 中的 **px4fmu-v2_default upload** 即可进行固件的上传。通过这种方式，就可以将自己的算法加入到原生固件中了，这也是进行二次开发的首要步骤。图 12-18 为 Eclipse 上传固件。

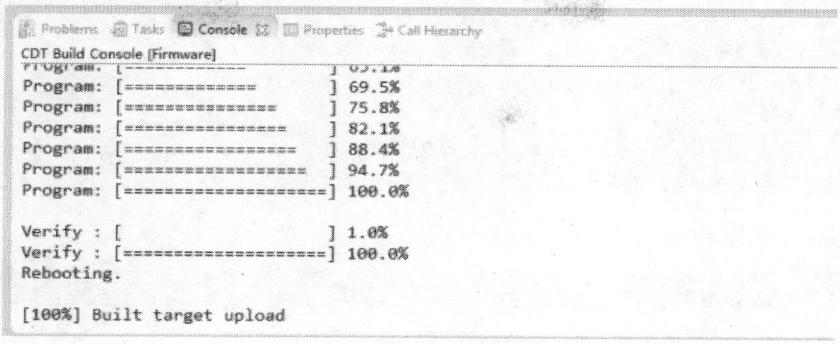

图 12-18　Eclipse 上传固件

Eclipse 使用技巧：选中一个函数，鼠标不动，0.5s 后会弹出一个悬浮框显示该函数的定义，双击该框，会出现滑动条，这时可以使用这个框看此函数的全部定义。以上操作可以由 F2 键代替。

选中一个函数，按 F3 键直接跳转到该函数的定义处，而不是通过一个悬浮框显示。

文件搜索（file search）。由于 PX4 固件中一些变量经常在多处被调用，使用文件搜索能够直观地查看其在哪些文件中被调用过，该操作可通过 Ctrl + H 实现。

2）Ubuntu 14.04 LTS

工具链安装。权限设置，把用户添加到用户组 dialout，如果这步没做，会导致很多用户权限问题：

```
sudo usermod -a -G dialout $USER
```

然后注销后，重新登录，因为重新登录后所做的改变才会有效。安装 CMake：

```
sudo add-apt-repository ppa:george-edision55/cmake-3.x-y
sudo apt-get update
sudo apt-get install python-argparse git-core wget\
zip python-empy qtcreator cmake build-essential
genromfs -y
# simulation tools
sudo apt-get install ant protobuf-compiler libeigen3-
  dev libopency-dev openjdk-7-jdk openjdk-7-jre clang
-3.5 11db-3.5-y
```

卸载模式管理器，Ubuntu 配备了一系列代理管理，这会严重干扰任何机器人相关的串口（或 USB 串口），卸载掉它也不会有什么影响。

```
sudo apt-get remove modemanager
```

更新包列表并安装下面的依赖包：

```
sudo add-apt-repository ppa:terry.guo/gcc-arm-embedded
-y
sudo add-apt-repository ppa:team-gcc-arm-embeded/ppa
sudo apt-get update
sudo apt-get install python-serial openocd \
  flex bision libncurses5-dev autoconf texinfo build -
    essential \
  libftdi-dev libtool zlib1g-dev \
  python-empy gcc-arm-none-eabi -y
```

代码编译，安装 Git：

```
sudo apt-get install git-all
```

下载代码：

```
mkdir -p ~/src
cd  ~/src
git clone https://github.com/PX4/Firmware.git
```

初始化：先进入 Firmware 文件夹，进而进行初始化、更新子模块操作：

```
cd Firmware
git submodule update - - init - - recursive
```

编译在上一步的操作结束之后，即可进行编译：

```
make px4fmu - v2_default
```

与 Windows 环境中相同，这里也可能因为 gcc-arm-none-eabi 版本不对而编译失败，需要将版本升级到 4.9.4，方法为下载 gcc-arm-none-eabi 4.9.4：

```
wget https://launchpadlibrarian.net/186124160/gcc-arm-
none-eabi-4_8-2014q3-20140805-1inux.tar.bz2
```

替换：

```
pushd.
# =>卸载新版的 gcc-arm-none-eabi
sudo apt-get remove gcc-arm-none-eabi
#=>安装下载好的 gcc-arm-none-eabi
tar xjvf gcc-arm-none-eabi-4_8-2014q3-20140805-linux.
  tar. bz2
sudo mv gcc-arm-none-eabi-4_8-2014q3/opt
exportline= "export PATH=/opt/gcc-arm-none-eabi-4_8-2014q3/bin:\$PATH"
if grep -Fxq "$exportline" ~/.profile; then echo
  nothing to do; else echo $exportline >> ~/.profile;
  fi
#=>使路径生效
. ~/.profile
  popd
```

如果装的是 Ubuntu 64 位系统，而上述 arm-none-eabi 是直接下载的编译好的 32 位，还需要安装一个东西：

```
sudo apt-get install lsb-core
```

可以检查 arm-none-eabi 4.8.4 是否安装成功，输入以下指令：

```
arm-none-eabi-gcc - - version
```

如果出现如下信息，就说明交叉编译环境搭建已经成功了。

```
$arm-none-eabi-gcc - -version
arm-none-eabi-gcc(GNU Tools for ARM Embedded Processors)4.9.4
20140725 (release)[ARM/embedded-4_9-branch revision 213147]
Copyright(C)2013 Free Software Foundation, Inc.
This is free software; see the source for copying
  conditions. There is NO
warranty; not even for MERCHANTABILITY or FITNESS FOR A
PARTICULAR PURPOSE.
```

编译：

```
cd ~/src/Firmware
make px4fmu-v2_default
```

进入 Firmware 所在的文件夹，make 成功后，显示如图 12-19 所示。

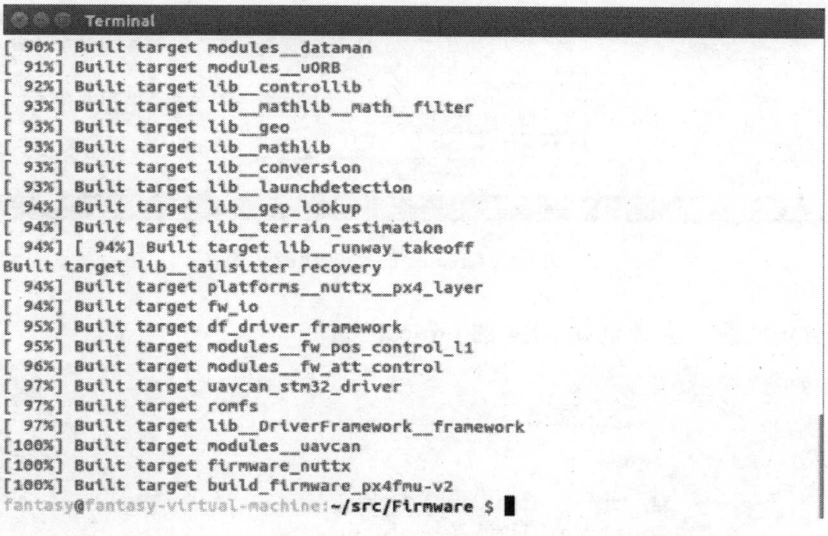

图 12-19　Ubuntu 编译成功示意图

Qt Creator 是官方唯一支持的 IDE，在 Ubuntu 上针对 PX4 固件使用，便于看代码的同时也可以进行编译上传。安装 Qt：

```
sudo apt-get install qtcreator
```

Qt Creator 的常见功能示意图如图 12-20 所示。

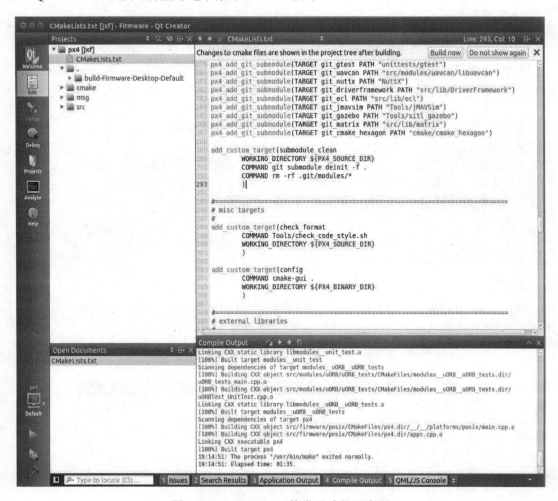

图 12-20　Qt Creator 的常见功能示意图

在打开 Qt 之前，应该创建 PX4 的 project 文件：

```
cd ~/src/Firmware
mkdir . ./Firmware-build
cd . ./Firmware-build
cmake . ./Firmware -G "CodeBlocks - Unix Makefiles" -
    DCONFIG=nuttx_px4fmu-v2_default
#可以发现 Firmware-build 目录生成了一些文件
```

Ubuntu 用户只要导入主文件夹里的 CMakeLists.txt 文件就可以了，打开 Qt，依次选择 File -> Open File or Project -> CMakeLists.txt（默认位置在 Firmware 文件夹根目录下），如图 12-21 所示。

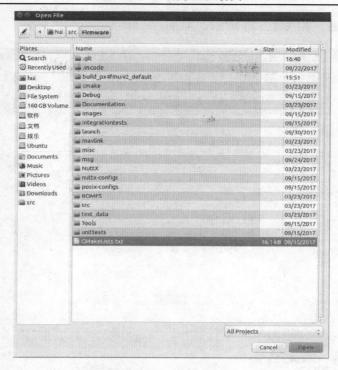

图 12-21　导入 CMakeLists.txt

项目配置选择 src/Firmware-build 作为构建目录，如图 12-22 所示。

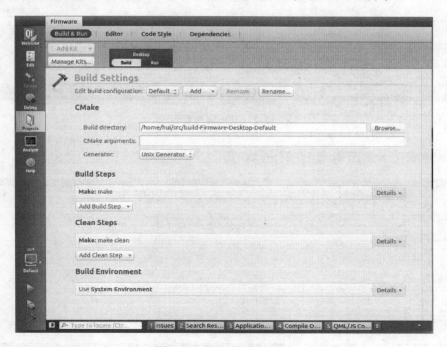

图 12-22　Qt 的项目配置

Qt 的运行配置，如图 12-23 所示。

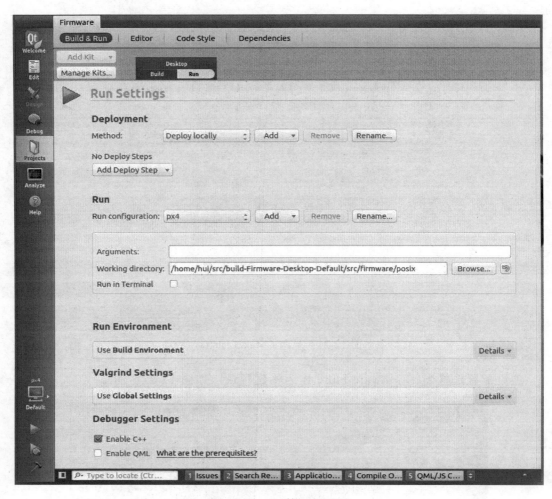

图 12-23　Qt 的运行配置

Qt 编译成功示意图如图 12-24 所示。

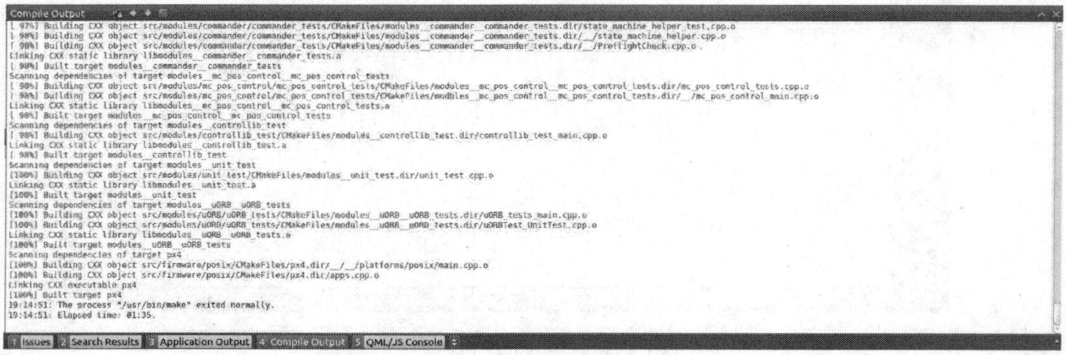

图 12-24　Qt 编译成功示意图

Qt 上传成功示意图如图 12-25 所示。

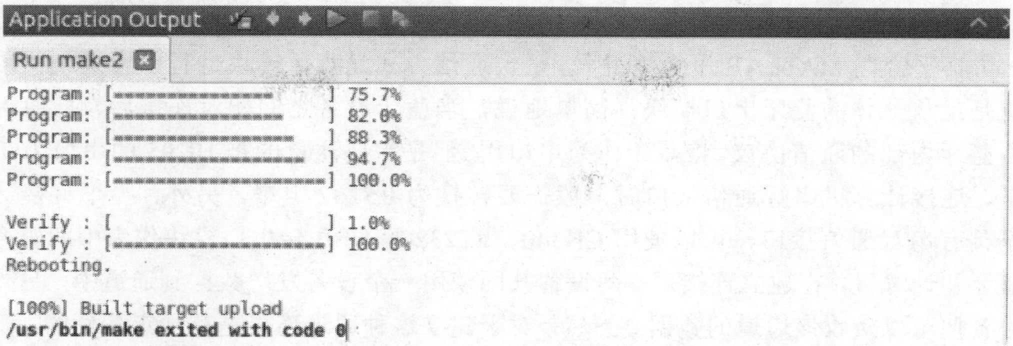

图 12-25　Qt 上传成功示意图

3）查看固件版本

PX4 官方的 Firmware 固件版本更新较快，可以通过下面的指令查询当前的本地版本号。

PX4 Console/Shell，在控制台可以通过里程碑直观地显示提交 ID。

```
# . ./px4/Firmware
git describe - - always - -tags
```

将输出 Git clone 下来的固件版本：

```
V1.5.2-661-gc2db188
```

NSH，也可以通过在线调试查看上传到 Pixhawk 中的固件版本：

```
nsh>ver all
```

将输出：

```
HW arch: PX4FMU_V2
FW git-hash: c2db1886ac12475677ef691a84a62975c162e8ae
FW version:1.5.2 0(17105408)
OS : NuttX
OS version : Release 1.8.0(17301759)
Build datetime :Jan 16 2017 19:30:23
Build uri :localhost
Toolchain :GNU GCC, 5.4.1  20160609(release)[ARM/
  embedded-5-branch revision 237715]
MCU :STM32F42x, rev.1
UID :40002D:31345116:36383835
```

可知当前固件版本为 v1.5.2。

12.1.2　MATLAB 飞行机器人仿真平台

仿真平台在 MATLAB 平台下开发，平台通信方式是蓝牙模块进行串行通信。HC05模块是主从一体的蓝牙串口模块，简单地说，当蓝牙设备之间配对连接后，此时可以忽略蓝牙内部的通信协议，将蓝牙作为串口用。但是需要注意的是 HC05 的串口为 TTL电平，连接计算机串行通信接口时一般需要转换为 RS232 电平，另外，当下许多计算机不具有串行通信接口，可以使用 CH340、FT232 等 USB 转串口模块作为中间媒介连接蓝牙和计算机。在建立连接后，两设备共同使用一个设备发送数据到通道中，另外一个设备便可以接收该通道的数据。当然，对于建立这种通道连接是有一定条件的，那就是需要事先设置好蓝牙通信波特率、校验位等串口通信参数。PC 通过建立好的 MATLAB界面一方面可以实时完成四旋翼传感器与姿态数据同步采集和显示，姿态和算法处理情况的上传，并将采集的数据进行存储分析；另一方面，可以根据项目需要，随时修改通信参数，满足不同测试机器需要，或者调整界面实现软件运行错误信息反馈以及测试平台运行状态显示。MATLAB 串口通信方便了实际调试的环节，为调节 PID 等参数提供了便利。MATLAB 串口通信结构图如图 12-26 所示。

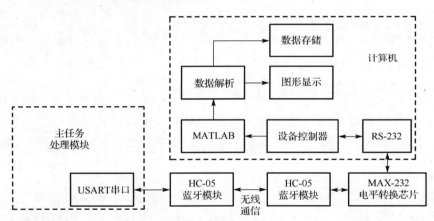

图 12-26　MATLAB 串口通信结构图

1）GUI 的建立

GUIDE（MATLAB 图形用户接口开发环境）提供许多工具用于建立 GUI 对象。首先按照需求创建 GUI 对象布局，包括串口收发区、模式切换区、数据显示区等。通过创建对象的属性查看器，设置所有窗口的相应属性。同时本系统用到了 MATLAB GUI中的定时器和设备控制工具箱的串口通信函数。定时器是一类特殊的对象，适用于对数据的实时处理。定时器对象由 timer 创建，通过设置定时器的触发周期和回调函数等属性，定时执行回调函数，来实现实时获取设备的姿态、高度、位置等信息。通过serial、fopen、fclose、fprintf 等函数建立串口、打开／关闭串口以及读写串口数据，来实现 PC 与设备的数据通信。

2) 通信协议

本教材采用 9600 波特率，1 位停止位，8 位数据位，无奇偶校验位。在飞行器综合性能测试中，上位机与设备交换的数据包括飞机姿态、飞机传感器滤波数据、高度信息、PID 参数等。同时由于数据一般按帧传送。为简化编程难度，增加程序的可移植性，数据帧可由起始标识符、功能字、数据长度、通信内容和校验码构成。由于数据传输是双向的，故使用帧头首先判断发送方向，如无人机数据传给 PC，帧头可采用 0XAA、0XFF，而 PC 发给无人机，采用 0XAA、0XFA。之后用 1 字节功能字区分数据类型，然后依次发送数据长度和通信内容，通信内容可以是整数、浮点数或字符串等，通信内容的数据可以先发高位再发低位。其中不同的功能字对应不同的通信内容，如飞机姿态基本信息或传感器原始数据等。最后是一字节和校验码，由起始标志符到通信内容所有字节数据相加，并取结果的第一位为校验码，如图 12-27 所示。

图 12-27　MATLAB 串口通信结构图

3) 蓝牙串口通信的实现

MATLAB 软件的设备控制箱（instrument control tool-box，ICT），提供了对 RS232 与 RS485 串口通信的正式支持。为实现串口操作，在打开串口时的回调函数中建立串口设备并设置相应属性配置测试系统。用户需要先选择通信模式以及串行口的通信参数（波特率、奇偶校验等），保证通信设备配置相同的通信模式和串行通信参数。大致流程如下所示。

(1) 创建串口对象。

(2) 设置串口属性。

(3) 打开串口。

(4) 读取并解析串口数据。

MATLAB 环境下，读取串口数据有查询和中断两种方式。查询方式数据只能分批进行传送，实时性不高，且对系统资源的占用比较大。以中断方式实现的串口通信，优点是程序响应及时，可靠性高。通常的处理方式是对 MATLAB 的回调函数进行修改，采用事件驱动的方式，达到实时处理下位机传送数据的目的，类似于 VB 下的 MSComm 控件 OnComm 事件实现方法。当串口上监视到缓冲区有指定字节数目的数据可用，串口接收到的数据长时间处于非激活状态，串行口引脚状态改变或输出缓冲区为空等事件发生时，MATLAB 会自动调用回调函数进行通信事件的处理。将事件驱动函数写入 GUI 组件的 M 文件中，可以减少编程的复杂性，避免一些不必要的麻烦。

数据的解析采用状态机的机制，分状态逐字节读取每个数据包。

当接收一个字节数据时，根据系统状态采取不同的操作。接收完一帧数据后，MATLAB 根据通信协议对内容进行解析。

最后对采集的各项数据进行保存，存入在.m 文件所在目录下的 txt 中。

12.2 Gazebo 仿真

Gazebo 是一个自主机器人 3D 仿真环境。它可以与 ROS 配套用于完整的机器人仿真，也可以单独使用。图 12-28 为 Gazebo 仿真流程图。

图 12-28   Gazebo 仿真流程图

首先安装好 Gazebo 和仿真插件，推荐使用 Gazebo 7（最低使用 Gazebo 6）。如果 Linux 操作系统中安装的 ROS 版本早于 Jade，因为该版本过于陈旧，因此需要先卸载其绑定的旧版本 Gazebo。

```
sudo apt-get remove ros-<distro>-gazebo
```

这里的 distro 为 ROS 的发行版，可以是 indigo 等。安装 Gazebo 7。

(1) 设置您的计算机以接受 packages.osrfoundation.org 中的软件。

```
sudo sh -c ' echo " deb http://packages. osrfoundation. org
/gazebo/ubuntu-stable 'lsb_release -cs 'main" >/etc/
apt/sources. list. d/gazebo-stable. list'
```

(2) 设置 key。

```
wget http://packages. osrfoundation. org/gazebo. key -O -
| sudo apt-key add -
```

(3) 安装 Gazebo 7。

```
sudo apt-get update
sudo apt-get install gazebo7
```

(4) 安装 libgazebo7-dev。

```
sudo apt-get libgazebo7-dev
```

(5) 检查安装。

```
gazebo
```

如果出现图 12-29 所示的界面证明已安装成功。首次打开 Gazebo 会比较慢，因为其需要下载一些模型文件。

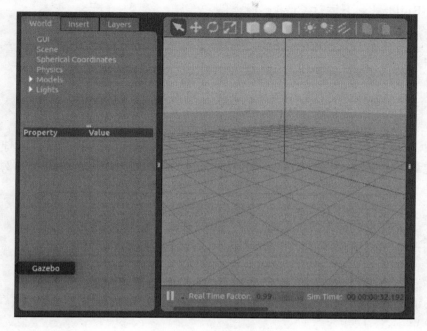

图 12-29 Gazebo 界面

在运行 Gazebo 仿真之前首先要进行相关文件的配置。

（1）安装 Linux/Ubuntu 依赖项。

```
sudo apt-get install libprotobuf-dev libprotoc-dev
protobuf-compiler libeigen3-dev
```

接下来进行 Gazebo 插件的构建。

（2）在仿真文件夹目录顶层创建一个 Build 文件夹。

```
cd ~/src/Firmware/Tools/sitl_gazebo
mkdir  Build
```

（3）添加路径。

```
#设置插件的路径以便 Gazebo 能找到模型文件
export GAZEBO_PLUGIN_PATH=${GAZEBO_PLUGIN_PATH}:$HOME/
  src/Firmware/Tools/sitl_gazebo/Build
#设置模型路径以便 Gazebo 能找到机型
export GAZEBO_MODEL_PATH=${GAZEBO_MODEL_PATH}:$HOME/src
  /Firmware/Tools/sitl_gazebo/models
#禁用在线模型查找
export GAZEBO_MODEL_DATABASE_URI=" "
#设置 sitl_gazebo 文件夹的路径
```

```
export SITL_GAZEBO_PATH=$HOME/src/Firmware/Tools/
  sitl_gazebo
```

(4)在 Build 目录下运行 Cmake。

```
cd Build
cmake
```

(5)构建 Gazebo 插件。

```
make sdf
make
```

现在就可以运行 Gazebo 仿真了。在 PX4 固件源文件的目录下运行一种机架类型（支持四旋翼、固定翼和垂直起降，含光流）的 PX4 SITL。以四旋翼仿真为例，输入如下指令：

```
cd ~/src/Firmware
make posix_sitl_default gazebo
接着会启动 PX4 shell：
[init] shell id: 140735313310464
[init] task name:mainapp
Ready to fly
Pxh>
```

此时右击四旋翼模型可以从弹出的菜单中启用跟随模式，这将会始终保持飞行器在视野中。图 12-30 为 Gazebo 仿真界面。

一旦完成初始化，系统将会打印出起始位置(telem> home: 55.7533950，37.6254270，-0.00)。可以通过输入下面的命令让飞行器起飞：

```
pxh> commander takeoff
```

图 12-30　Gazebo 仿真界面

提示：QGC 支持手柄或拇指手柄。为了使用手柄控制飞行器，要将系统设为手动飞行模式（如 POSCTL，位置控制），并从 QGC 的选项菜单中启用拇指手柄。图 12-31 为 QGC 虚拟手柄。

图 12-31　QGC 虚拟手柄

使用地面站进行操作会更加直观，例如，可以完成 Mission 模式的仿真。部分遥控器可以代替虚拟摇杆连接到地面站进行操作，这样仿真会更加真实。

12.3　HITL 仿真

硬件在环仿真指的是自驾仪与仿真器相连并且所有的代码运行在自驾仪上的仿真。这种方法的优点是可以测试代码在实际处理器中的运行情况。

PX4 支持多旋翼（使用 jMAVSim）和固定翼（使用 X-Plane demo 或者 full）的硬件在环仿真。虽然支持 Flightgear，但是推荐使用 X-Plane。通过机架菜单配置来使用硬件在环仿真。图 12-32 为 QGroundControl 界面。

1）使用 jMAVSim（四旋翼）

（1）确保 QGroundControl 没有运行（或通过串口访问设备）。

（2）在 HITL 模式下运行 jMAVSim（必要时更换串口）：

```
./Tools/jmavsim_run.sh -q -d/dev/ttyACM0 -b 921600 -r 250
```

（3）控制台将显示从自驾仪发出的 mavlink 信息。

（4）然后运行 QGroundControl 并通过默认 UDP 配置进行连接

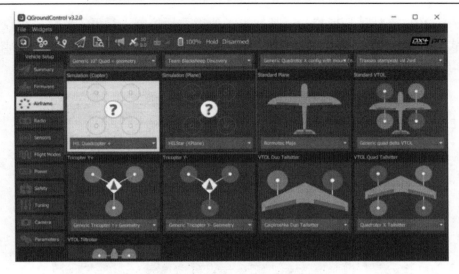

图 12-32　QGroundControl 界面

2）使用 X-Plane

在 X-Plane 中必须进行两项关键设置。在 Settings -> Data Input and Output 中，参照图 12-33 中复选框设置。

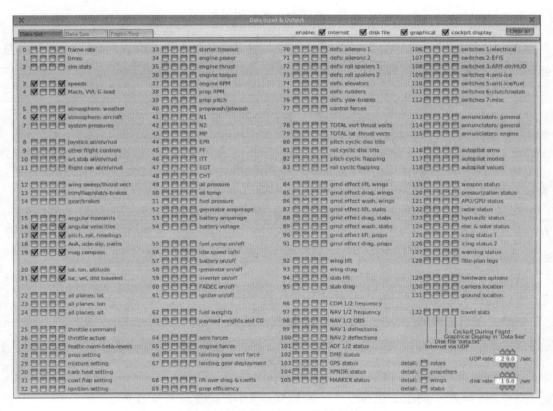

图 12-33　启用 X-Plane 的远程接口

单击 Settings -> Net Connections，在 Data 选项卡中，设置 localhost 以及端口 49005 作为 IP 地址，如图 12-34 所示。

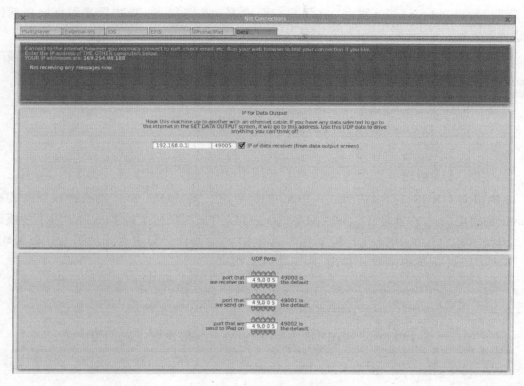

图 12-34 X-Plane 设置界面

单击 Widgets -> HIL Config，选中下拉菜单中的 X-Plane 10，单击 connect。一旦系统成功连接，电池状态、GPS 状态和飞行器位置应该变为有效。图 12-35 为在 QGroundControl 中启用 HITL。

图 12-35 在 QGroundControl 中启用 HITL

如果相比遥控器更喜欢使用 joystick，那么可以设置参数 COM_RC_IN_MODE 为 1 来启用 joystick。可以在 Command 参数组中找到这个参数。

切换到 flight planning 页面，在飞机前面放置一个路径点。单击同步图标向自驾仪发送路径点。

接下来在工具栏的飞行模式菜单中选择 MISSION 模式，单击 DISARMED 解锁飞机。飞机将起飞并围绕起飞点盘旋。

12.4　ROS 接口

1）安装 MAVROS

MAVROS ROS 包允许在运行 ROS 的计算机、支持 Mavlink 的飞控板以及支持 Mavlink 的地面站之间通信。虽然 MAVROS 可以用来与任何支持 Mavlink 的飞控板通信，但是本教材仅就 PX4 飞行控制栈与运行 ROS 的协同计算机之间的通信予以说明。

安装 mavros 依赖的包，使用 apt-get 安装即可。

```
$ sudo apt-get install ros-indigo-mavros ros-indigo-
mavros-extras ros-indigo-control-toolbox
```

假定你有一个 catkin 工作空间位于/catkin_ws，如果没有，则创建一个。

```
$ mkdir -p ~/catkin_ws/src
$ cd ~/catkin_ws
```

接下来下载 mavros 包。

```
$ cd ~/catkin_ws/src
$ git clone https://github.com/mavlink/mavros.git
$cd mavros
#切换到 indigo-devel 分支
#可以通过 git branch -a 查看所有远程分支
 $ git checkout indigo-devel
```

2）为 ROS 安装 Gazebo

Gazebo ROS SITL 仿真可以在 Gazebo 6 和 Gazebo 7 上正常运行，可以通过如下方式安装。

```
sudo apt-get install ros-$(ROS-DISTRO)-gazebo7-ros-pkgs
//推荐使用
```

或者

```
sudo apt-get install ros-$(ROS_DISTRO)-gazebo6-ros-pkgs
```

3）MAVROS 外部控制例程

接下来就可以通过 MAVROS 进行外部控制（offboard control）了。

警告：外部控制是危险的。如果在真机上操作，确保可以在出错时切换回手动控制。

下面的教程是基本的外部控制，通过 MAVROS 应用在 Gazebo 模拟的 Iris 四旋翼上。首先在 ROS 包中创建 offboard_node.cpp 文件。然后可以使用外部控制该程序建立自己的 ROS 包。

```
$ cd ~/catkin_ws/src
$ catkin_create_pkg offboard roscpp mavros
  geometry_msgs
```

这一步会创建一个名为 offboard 的新程序包，这个程序包依赖于 roscpp、mavros 以及 geometry_msgs。

在 offboard 目录下自动生成两个文件夹 include 和 src。将外部控制例程 offboard_node.cpp 放入刚刚生成的 src 目录下，然后修改 /catkin_ws/src/offboard 目录下的 CMakeLists.txt 文件，如图 12-36 所示。

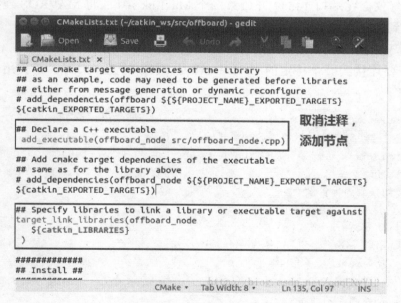

图 12-36　修改 CMakeList.txt

取消掉一些注释，生成相应节点（否则会出现找不到节点的错误）。

注意：第一个框 add_executable（offboard_node src/offboard_node.cpp）中，第一个 offboard_node 是根据 src/offboard_node.cpp 创建的节点的名称。

最后，在 catkin 工作空间（catkin_ws）中，使用 catkin_make 工具从源文件构建和安装一个包。

```
$ cd ~/catkin_ws
$ catkin_make
```

catkin_make 命令在 catkin 工作空间中是一个非常方便的工具。查看一下当前目录应该能看到 build 和 devel 这两个文件夹。在 devel 文件夹里面可以看到几个 setup.*sh 文件。source 这些文件中的任何一个都可以将当前工作空间设置在 ROS 工作环境的最顶层。想了解更多请参考 catkin 文档。接下来看一下 source 新生成的 setup.*sh 文件。

```
$ source devel/setup.bash
```

要想保证工作空间已配置正确，须确保 ROS_PACKAGE_PATH 环境变量包含工作空间目录，可以采用以下命令查看。

```
$ echo $ROS_PACKAGE_PATH
/home/<youruser>/catkin_ws/src:/opt/ros/indigo/share:/
  opt/ros/indigo/stacks
```

到此工作环境已经搭建完成，可以进行 mavros 仿真了。

4）连接到 ROS

模拟自驾仪会在端口 14557 开放第二个 Mavlink 接口。将 MAVROS 连接到这个端口将会接收到实际飞行中发出的所有数据。

如果需要 ROS 接口，那么已经在运行的次级 Mavlink 实例可以通过 mavros 连接到 ROS。若要连接到一个特定的 IP（fcu_url 是 SITL 的 IP/端口）。请使用一个如下形式的 URL：

```
roslaunch mavros px4.launch fcu_url:="udp://:14540@192.168.1.36:14557"
若要链接到本地，请使用这种形式的 URL：
roslaunch mavros px4.launch fcu_url:= "udp://:14540@127.0.0.1:14557"
启动仿真
# 切换到固件目录
cd ~/src/Firmware
#启动 gazebo 仿真
  make posix_sitl_default gazebo
#启动 MAVROS,链接到本地 ROS
roslaunch mavros px4.launch fcu_url:= "udp://:14540@127.0.0.1:14557"
#运行外部控制程序
rosrun offboard offboard_node
```

在教程最后，可以观察到 Gazebo 中的四旋翼缓慢起飞到高度 2m（此高度可自行设置）。使用 ROS 与 Gazebo 配合进行仿真是进行算法验证的有效方法，非常适合外部控制。出于解释的目的，这份代码经过了简化。在更大的系统中，创建一个新的负责周期性发送目标指令的线程往往更加有用。

12.5　习　　题

1．为什么需要先进行两个芯片的 Bootloader 烧录？
2．简述蓝牙串口通信实现的大致流程。
3．MATLAB 环境下，读取串口数据有几种方式？
4．运行 Gazebo 仿真之前如何配置相关文件？
5．简述 Gazebo 仿真的流程。

第 13 章　飞行机器人 HMI 系统设计实例

13.1　功　能　设　计

小型无人机的主要作用是按照预定任务执行，在执行飞行任务前，通过实际任务需求来规划航迹。当无人机接收到航迹规划任务后，前后分别经过起飞、爬升、入轨平飞和着陆四个阶段。具体过程为无人机接收地面站上传的任务命令后，启动机载发动机提速，无人机会逐渐离地起飞，在到达预定高度后，俯仰角会逐渐减小，进入预定轨迹平飞。当依次完成预设航迹后，开始在着陆点上方按照预定速度降落。在无人机执行飞行任务的过程中，飞行器的位置、飞行速度、航迹和飞机的飞行姿态都随着飞行状态的改变而发生变化。同时，在整个飞行中，无人机机载的任务设备如电池的电压、GPS 连接情况及其他传感器的工作状态也需要地面站的监控。此外，由于小型无人机系统的主要应用之一是电力巡线，因此需要实时播放巡线视频，以便工作人员可通过地面站检测电线和其基站的工作情况。

通过对无人机执行任务的过程进行分析，地面站软件系统首先要具有航迹规划的功能。根据任务需求在地面站上将预设的航迹发送至无人机的飞行控制系统中心，然后在无人机执行任务时，需要实时监控飞行过程中无人机的飞行姿态和机载的任务设备的运行情况，且当出现电池电压过低等情况时，地面站需要进行相关的报警和应急处理，同时对飞行过程中的各种飞行数据进行保存，以便任务执行完后通过保存的飞行数据进行任务评估和分析。为了能实时播放飞行器执行任务时航拍的视频，地面站软件系统需要一个播放器来支持视频的实时播放。

综上所述，地面站系统主要具有的软件功能有航迹规划生成预设航迹、航点编辑、对飞行状态的监测与控制、实时播放航拍视频、飞行数据的存储与分析。按照功能可以将系统划分为以下几个部分，且各功能的具体描述如下所示。

（1）显示无人机飞行数据。无人机机载的各种传感器在飞行过程中会不断地采集飞行器的位置信息和飞行姿态，包括经纬度、偏航角、俯仰角、飞行速度等信息。这些信息会根据预定的通信协议格式打包成数据帧，再通过无线数据通信链路下传至地面站软件系统的监控模块。地面站软件系统接收数据后，通过对数据的解析，一方面会将数据存储，同时显示到软件界面上。

（2）监测无人机机载任务设备的运行状态。地面站系统解析的下传数据中，除了飞行器的飞行姿态数据，还包括机载设备的运行状态数据。软件监控模块在读取这些设备状态数据后，会通过虚拟仪表将数据图形化显示在界面上，以便地面操作人员观察数据的变化，了解任务设备的运行状态情况。

(3)控制飞行姿态。地面站软件系统通过监测飞行过程中的飞行数据，可以通过控制命令调整飞行器的飞行姿态，如通过暂停命令使飞行器暂停飞行任务从而悬停在当前位置。

(4)显示电子地图。地面站软件系统能加载地图，且能对电子地图进行缩放、定位、拖动等基本操作功能。此外，还具有基于航迹规划的扩展功能，如通过鼠标进行快捷添加和修改航点功能，显示飞行航迹等功能。

(5)航迹规划。在无人机执行任务之前，航迹规划模块可以通过预设航点规划出完整的航迹。如需要对航迹进行调整，可通过航点编辑对待修改的航点进行编辑。

(6)航点编辑。在航迹规划模块中，对预设航迹的部分航点需要进行人为的修改。一方面可以在电子地图上直接进行修改，另一方面也可在航点编辑区通过数据的调整进行修改。

(7)实时播放视频。根据项目的具体应用，在小型无人机用于电力巡线时，需要地面站配有播放器，以便实时播放飞行器航拍下传的视频，并且为了用户方便操控，对播放器设置开始播放、停止播放、录制、停止录制功能。

(8)数据存储与分析。地面站软件系统将无人机飞行过程中的各种飞行数据和航迹规划中的航点航迹进行相应的存储，当航迹任务完成后，进行数据回放时将数据通过图表形式进行数据分析。

13.1.1　用户操作层的设计

1. 基本操作模块

用户操作层模块主要对用户界面进行设计，良好的用户界面设计可以给用户提供操作方便、灵活、美好的用户体验。地面站软件系统在界面上主要提供三个主要的功能：一是可以显示飞行状态，如飞行姿态仪表和数字形式显示、设备运行状态显示、地图显示、在地图上的航点和航迹显示，同时还可通过界面方便地执行飞行控制指令；二是可以实时播放无人机携带摄像机航拍的视频，方便工作人员及时了解情况；三是在航迹规划界面上，可编辑相关航点构成完整的任务航迹。

地面站软件系统中航迹规划需要在电子地图上显示航点和生成规划的航线，同时执行飞行任务时，一方面要显示飞行过程中的飞行状态，另一方面还需实时播放航拍视频。此外，还须借助工具栏方便操作地面站软件，且状态栏及时显示软件的相关状态信息。地面站软件的主界面设计示意图如图 13-1 所示。

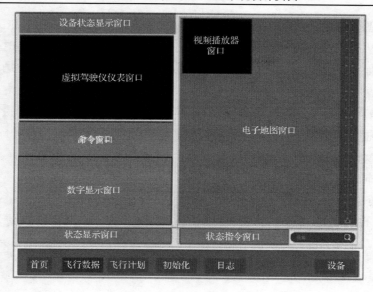

图 13-1　地面站软件的主界面设计示意图

单击图 13-1 中飞行计划按钮，软件系统会转入航迹规划模块的界面，其界面示意图如图 13-2 所示。

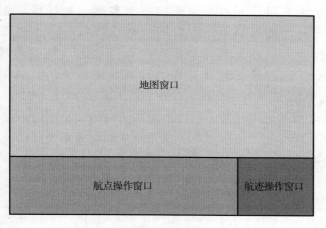

图 13-2　航迹规划界面示意图

（1）电子地图窗口：电子地图窗口位于界面的中心位置，地图控件使用的是 GMap.NET 控件，可以显示 Google 地图、Bing Maps 及 OpenStreetMap 等类型的地图，该电子地图支持放大、缩小、拖动及定位等基本操作。当进行航迹规划时，还可在地图上编辑航点和航线。

（2）飞行状态监控区域：飞行状态监控包括飞行状态的显示和飞行状态控制两个部分。图 13-1 中的设备状态显示窗口、虚拟驾驶仪仪表窗口、数字显示窗口是飞行状态显示区域。其主要功能是直观地显示无人机在飞行时下传的各种数据，如速度、偏航角、高度、航向等飞行信息。此外，还可显示飞行时的一些运行状态，如电压大小、GPS 的连接状态等，从而方便地为地面操作人员提供直观的飞行状态，便于实时操控飞行器。命令窗口是飞行状态控制区域，其主要负责通过地面站软件向飞行器发送相关的控制指令，如悬停、返航及降落等命令。

(3)视频播放器窗口：播放器窗口负责实时播放飞行器上摄像机拍摄的视频，其主要功能有开始播放、停止播放、开始录制及停止录制等操作。

(4)航点操作窗口：航点操作窗口位于图 13-2 航迹规划主界面上，其主要功能是添加航点、编辑航点、删除航点及移动航点。

(5)航迹操作窗口：航迹操作窗口也位于图 13-2 航迹规划主界面上，其主要功能为将任务规划的航迹发送至小型无人机的飞行控制系统，以及保存航迹、从文件中导入已有航迹等功能。

2. 监控模块设计

监控模块主要包含飞行状态的监控和视频监控两个功能模块，它负责接收飞行器下传的数据，且在数据解析后将相关数据显示在虚拟仪表或以数字形式显示，而下传的视频信息将在地面站的播放器上实时播放。其中飞行状态监控模块主要功能是直观地显示无人机在飞行时下传的各种数据，如速度、偏航角、高度、航向等飞行信息，此外，还可显示飞行时的一些运行状态，如电压大小、GPS 的连接状态等，以便为地面操作人员提供直观的飞行状态，便于实时操控飞行器。飞行状态控制主要负责通过地面站软件向飞行器发送相关的控制指令，如悬停、返航及降落等命令。

视频监控负责实时播放飞行器上摄像机拍摄的视频。如使用小型无人机进行电力巡线时，实时播放的巡线视频，可供工作人员实时了解电线和其基站的工作情况。根据无人机下传的数据信息到地面站中对数据的处理的流向，可分析出监控模块的架构图，如图 13-3 所示。

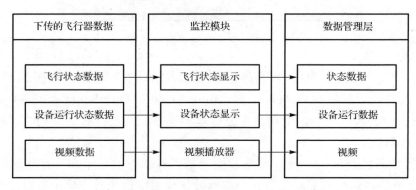

图 13-3　监控模块的架构图

　　监控模块在运行过程中首先建立通信连接，在本系统中采用串口通信方式将飞行器下传的数据传输至地面站的监控模块，地面站软件系统接收下传的数据后，把解析后的数据显示到对应的功能窗口上。图 13-4 和图 13-5 分别阐述了从串口读取数据显示飞行状态和向串口写入指令数据发送控制命令的流程图。

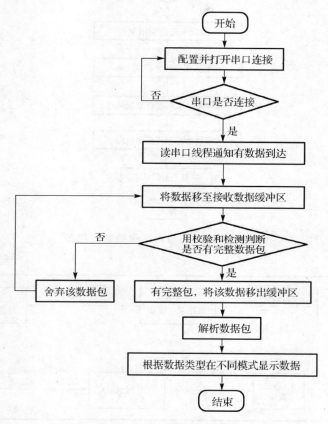

图 13-4　从串口读取数据流程图

　　视频数据信息则通过 UDP 协议下传至软件中的视频播放器进行实时播放。视频实时播放的系统架构图如图 13-6 所示。系统分为两层，无人机上的机载模块负责采集原始视频信息，其主要过程为飞行器上机载的高清摄像机采集视频信息。由于原始视频包含的数据很大，为了便于传输需要通过音视频编码器将原视频按照一定的编码格式进行压缩。在本系统中，视频按照 H.264 的编码标准进行压缩，音频流按照 AAC 编码标准进行压缩，压缩之后形成 TS 流，然后通过 UDP 协议传输至地面站系统。而地面站系统通过接收模块将无人机上下传的、经过 UDP 打包之后的 TS 流接收，再通过解码模块将 TS 流解码，最后通过播放器播放解码后的视频流。

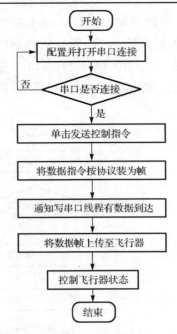

图 13-5　向串口写入指令数据流程图

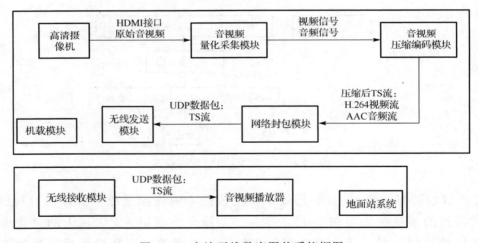

图 13-6　高清无线数字图传系统框图

3．航迹规划模块的设计

在完成飞行器自主飞行任务前，须设定航迹任务。航迹规划操作中涉及对航点和航迹的操作，以下为航点和航迹操作功能的详细设计。航点的操作主要有以下几方面。

（1）添加航点：通过添加航点按钮，可手动添加一个航点。

（2）编辑航点：可完成航点如经纬度、相对高度等信息的编辑，其中还可设置航点的类型，如将航点设为起飞点、或途经的航点、或着陆点。

（3）删除航点：将一个航点删除。

（4）调整航点位置：可通过界面上的上/下按钮调整已有航点的位置。

航迹的操作主要有以下几方面。

（1）发送航迹至飞行器：当航迹规划完成后，需要将任务航迹通过数据链路发送到无人机的飞行控制系统中心。

（2）从飞行器读取航迹：将飞行控制系统中的航迹下传至地面站。

（3）存储航迹：存储航点数据于文本文件中。

13.1.2　数据通信层的设计

无人机通过无线数传电台将飞行中的各种遥测数据下传到地面站，地面站则通过串口接收无线电台中的数据，且按照预定的通信协议解析和显示遥测数据。因此要实现无人机与地面站之间的数据通信，串口通信的实现在整个地面站软件系统中起着连接通信的重要作用。

实现串口通信模块，需要完成几个关键的功能。首先，连接可用的串口，再对选好的串口进行相关参数配置，接着是对串口进行读/写操作，在进行此操作前，需要将发送或接收的数据通过预定的通信协议进行相应的打包或解析。当读串口时，通过串口将无人机下传来的数据读至数据缓冲区，再按照通信协议进行分析、解码、并显示。写串口时，同样按照预定的通信协议将操作人员的相关指令装订成帧，再通过串口发送给无线数传电台。在工程实现本系统的串口通信中，采用 SerialPort 类来编程实现串口通信模块。

由于需要实时播放视频，对于视频数据信息的传输采用串口通信则实时性一般不能保证，因此采用网络通信中的 UDP 协议进行视频信息传输。鉴于实际需求，数据通信层通过串口通信和 UDP 协议实现数据传输。数据通信层的架构图如图 13-7 所示。

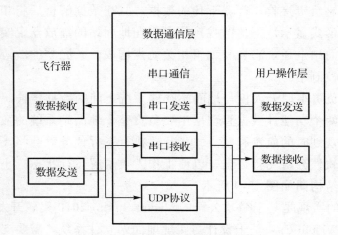

图 13-7　数据通信层的架构图

13.1.3 数据管理层的设计

　　数据管理层主要负责数据存储和数据分析。地面站软件系统接收的飞行状态数据需要存储，以便任务结束后进行数据分析。另外，对航迹规划中的航点和航迹数据，以及飞行器航拍的视频也需要保存，供用户执行后期任务。数据管理层架构图如图 13-8 所示。

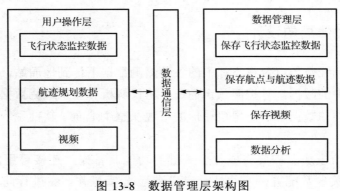

图 13-8　数据管理层架构图

13.2　架构及编程语言

　　根据功能模块的层次结构，将地面站软件系统分为三个层次：用户操作层、数据通信层和数据管理层。其中用户操作层主要是实现软件界面上各个功能模块，主要由基本操作模块、监控模块和航迹规划模块组成。基本操作模块包含界面搭建、地图显示、工具栏和状态栏等基本功能模块；监控模块主要包含飞行状态的监控和视频监控两个功能模块，它负责接收飞行器下传的数据，且在数据解析后将相关数据显示在虚拟仪表或以数字形式显示，下传的视频信息将在地面站的播放器上实时播放；航迹规划模块则是在地面站上通过添加和编辑相关航点构成一条完整的航迹，再将其发送至飞行器上的飞行控制中心。

　　数据通信层负责小型无人机与地面站软件系统之间的数据传输，它主要包含通信连接和数据解析两个功能。数据管理层主要负责整个地面站系统的数据存储和数据分析，如存储航迹规划时的航迹和航点。飞行器执行飞行任务后会将飞行数据以一定格式存储，且通过软件分析飞行数据，以便工作人员了解飞行状态。小型无人机地面站软件系统的分层结构图如图 13-9 所示。

　　本软件系统的实现是基于微软公司的 Visual Studio 2010 集成开发环境（IDE），采用的编程语言为 Visual C#。基于设计与实现地面站软件系统，需要支持可视化开发环境，且由于系统的主要任务是实时接收、分析、显示和存储飞行数据，对程序运行的效率较高，因此采用 Visula C#开发语言。基于 Visual C#的 Visual Studio 2010 开发工具具有以下特点。

（1）Visual Studio 支持 Visula C#，它是由项目模板、代码编辑器、编译、调试器及其他工具组成一体功能强大的开发工具。

（2）具有快速的可视化开发环境，在界面设计与实现上，可直接通过种类丰富的工具箱将控件拖至窗体，且可对控件的属性和外观进行设置，从而实现所需的应用程序界面。

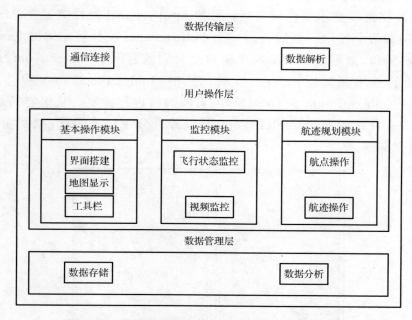

图 13-9　小型无人机地面站软件系统的分层结构图

（3）采用面向对象的设计方法。支持类对象，包括对结构、继承和多态性的支持，使程序具有良好的重用性。它还具有定义完整且一致的基本类型集。自动清理动态分配内存的特点使其在使用上更具有安全性。

13.3　软件开发与调试

13.3.1　用户操作层开发与调试

1. 基本操作模块的实现

1）界面搭建实现

地面站软件系统的界面搭建是基于分隔视图实现的，分隔视图是可以将界面分隔为几个部分，以便在显示界面上显示不同的功能模块窗口，这样不仅使得界面简单美观，而且能将相关的功能模块放在同一个显示小窗口上。

在用 C#开发软件系统中，实现分隔视图的可视化控件有 Panel、SplitterPanel 和 TableLayoutPanel 等容器控件。将这些分隔视图的容器控件混合使用能实现更加美观且方便的界面效果。在本教材开发的软件系统界面用 Panel、SplitterPanel 和 TableLayoutPanel 控件来实现分隔视图。

为了实现图 13-1 界面的分隔效果图，首先从工具箱中将 Panel 控件拖动到主窗口，完成其位置和显示属性设置后，再把 SplitterPanel 控件放置在 Panel 上，将 Panel 分为左右两个窗口，然后再用一个 SplitterPanel 控件将左边的 Panel 分为上下两个 Panel 窗口，最后在上下的两个窗口上分别放置两个 TableLayoutPanel 控件，其分隔视图的效果图如图 13-10 所示。其中 TableLayoutPanel 控件可以根据 RowCount、 ColumnCount 和 GrowStyle 属性的值进行扩展，从而容纳新的控件，在图 13-10 中，左边的两个 TableLayoutPanel 控件分别添加两行，就可实现图 13-1 界面的分隔效果图。

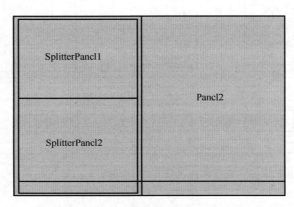

图 13-10 界面分隔视图的效果图

在完成分隔视图布局后，就可进行界面的搭建。根据第 3 章对地面站软件系统主界面的设计示意图，设计了八个子窗口，分别用于显示视频播放器窗口、地图窗口、虚拟驾驶舱窗口、显示设备状态窗口、数字显示飞行状态窗口、命令窗口、状态显示窗口、状态指令窗口等。在界面搭建过程中，将在各个子窗口分别添加相应的功能模块控件，如在地图子窗口中，将 GMapControl 地图控件拖至窗口即可。界面搭建的效果图如图 13-11 所示。

2) 电子地图显示

在本教材中，采用基于 GMap.NET 的方式加载地图。GMap.NET 是一个强大、跨平台、免费、开源的.NET 控件，它在 Windows Forms 和 WPF 环境中能够通过 Bing、Google、OpenStreetMap、Yahoo!、Arc GIS、SifPac、Pergo 等实现地图显示地理编码。在.NET 框架下，可以通过调用 COM 组件的方式将 GMap.NET 作为一个地图控件使用。

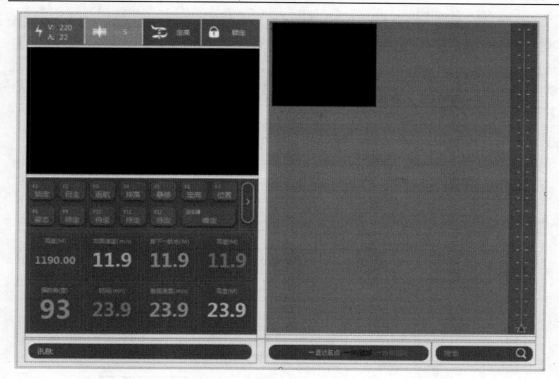

图 13-11　界面搭建的效果图

首先，下载 GMap.NET，编译其三个核心项目，分别是 GMap.Net.Core（包含核心 dll）、GMap.Net. WindowsForms（WinForm 中使用的 DLL）、GMap.NET.WindowsPresentation（WPF 中使用的 DLL）。编译好后，在 WinForm 项目中就可以引用 GMap.Net.Core.dll 和 GMap.Net. WindowsForms.dll，在代码中即可访问 GMap.NET 里的类了。但此时在工具栏中还不能见到 GMap 控件，需要在工具栏添加选项卡。在 COM 选项卡下拉列表中选择 GMapControl 控件。此时在项目的工具栏中就包含了 GMapControl 控件，如图 13-12 所示。

图 13-12　NET 工具栏中添加的地图控件

完成地图控件的添加后，可通过 GMap.NET 的 GMapProvider 接口调用大量的地图源，如 Google Map、Bing Map、OpenStreetMap 等。在本教材中，采用 Google 卫星地图。由于不同类型的地图所对应的地图瓦片的 URL 格式不一样，因此，在通过 GMapProvider 接口调用具体的地图类型时，需要对所加载地图的 URL 格式进行确认，其接口调用流程图如图 13-13 所示。

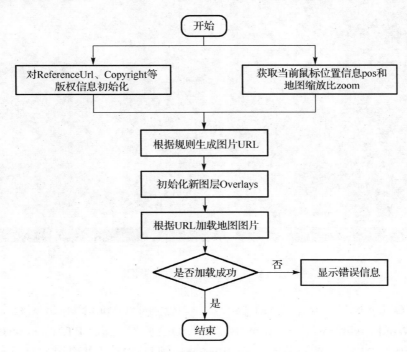

图 13-13　GMapProvider 接口调用流程图

3）电子地图操作实现

在对地图进行操作时，需要地图能支持一些基本的操作功能，如支持拖动地图的功能，以便用户能更为全面地观察地图，了解所需信息。当用户需要详细了解某个位置时，则需要放大功能来放大该位置，从而获取其周围的位置情况。如果用户想了解某区域的全貌时，则需要缩小地图将此区域更大的地理范围显示在地图上。此外，定位同样是地图的重要功能。当用户想要查询某地的位置时，可通过输入此地的信息定位于地图上。

在项目中添加 GMap.NET 控件后，就实例化了一个 GMapControl 对象。地图控件的对象可以通过调用封装的事件来实现地图放大、缩小、拖曳等基本操作。

表 13-1 列举了 GMap.NET 中封装的事件，只要将具体的实现事件方法的函数绑定在这些事件上即可实现具体的功能。例如，MainMap.OnMapZoomChanged +=new MapZoomChanged（MainMap_OnMapZoomChanged），将改变地图的缩放级别的事件通过委托，则可在 MainMap_OnMapZoomChanged（）函数中具体完成地图缩放的改变。

表 13-1　GMap.NET 中封装的事件

事件	功能	事件	功能
OnMapZoomChanged	放大/缩小	MouseMove	更新选中地标的位置
OnPositionChanged	位置改变	MouseDown	用来判断是否为左键按下
OnTileLoadStart	瓦片图片加载开始	MouseUp	
OnTileLoadComplete	瓦片图片加载完成	OnMarkerEnter	设置选中的地标
OnMarkerClick	单击地标	单击地标	取消选中的地标

　　定位功能是电子地图重要的操作功能之一，一般分为两种情况：一是根据经纬度得到该点对应的地址信息，二是根据地址在地图上得到对应的坐标点。在 GMap.NET 中对于定位中所使用的地址解析主要是用到 GeocodingProvider 类封装的函数。对于根据地址得到对应的坐标点，首先需要在地面站界面上地址搜索栏输入字符串地址，在地图上即可得到对应的位置点。调用 GeocodingProvider 类中的封装函数原型为 PointLatLng? GetPoint(string keywords，out GeoCoderStatusCodestatus)。其中 keywords 为字符串地址，status 为地图编码状态，返回值为一个经纬度坐标。

　　由经纬度得到该点对应的地址位置，是通过输入一个经纬度坐标，再通过调用根据坐标得到一个地址的函数即可在地图上定位到对应位置，其函数原型为 Placemark GetPlacemark(PointLatLng location，out GeoCoderStatusCode status)。其中 location 为经纬度坐标，status 为地图编码状态，返回值为地图地标，用于在地图上标识位置。

　　在规划好航迹后，地面操作者有时需要根据具体的任务更改航点位置，此时通过航迹规划区域的航点编辑操作显得十分不方便。为了改善此种情况，可以设计一种通过鼠标操作快捷添加和修改飞行航点的功能，使操作者在航迹规划时能更直观地调控航点。

　　通过鼠标快捷添加航点的实现过程为在电子导航地图上，对鼠标左键进行双击后，则可触发自定义的航点图元在此位置标记一个预设航点，同时此航点的屏幕坐标会转换为经纬度坐标，然后航点的经纬度会实时更新在航迹规划界面上的航点编辑区。在完成航迹规划后，若需要对航点位置进行调整时，拖动待调整的航点进行位置的调整。与添加航点一样，在拖动航点时，屏幕坐标同样会转化为经纬度坐标，并更新航点编辑区的经纬度数据。

　　快捷操作航点的功能都会涉及像素坐标和经纬度坐标的相互转换，GMap.NET 控件已经封装了经纬度坐标和像素坐标之间的转换函数，函数原型为

```
//经纬度坐标转换为屏幕坐标
GPoint FromLatLngToLocal(PointLatLng point);
其中 point 为经纬度坐标，其返回值为 GPoint 型的屏幕坐标。
//屏幕坐标转换为经纬度坐标
PointLatLng FromLocalToLatLng(int x, int y);
其中 x、y 分别为屏幕坐标的 x 坐标值和 y 坐标值，返回值为 PointLatLng 型的经纬度
坐标。
```

2. 监控模块的实现

1）飞行状态监控模块的实现

无人机在飞行过程中会通过机载的各种传感器采集遥测数据，再通过无线电台将遥测数据打包发送至地面站软件系统。系统通过串口将遥测数据信息接收并解析处理，最后会将解析后的飞行状态数据信息显示在界面上的虚拟仪表和数字列表界面上，以便操作人员能及时直观地掌握小型无人机的飞行情况。

虚拟驾驶舱仪表是地面站软件系统中用来从驾驶舱的角度来模拟有人驾驶舱驾驶飞行器的过程，一般是基于软件代码完成虚拟仪表的设计与实现。本教材对虚拟仪表的实现是基于 OpenTK 自定义一个仪表控件，再把自定义的仪表控件添加至虚拟驾驶舱仪表窗口。在实现自定义仪表控件中，根据面向对象的设计模式，将绘制虚拟仪表控件的类设计为一个抽象类，在抽象类中定义绘制仪表的主要函数和基本属性。再定义继承仪表抽象类的一个基类，在其继承的仪表控件对象中具体实现仪表风格和属性。

设计仪表控件的抽象类中包含的主要函数有绘制背景的函数、绘制俯仰线的函数、绘制滚动角的函数、绘制中心水平线的函数、绘制方位的函数、绘制速度与目标速度的函数、绘制高度的函数及绘制垂直速度的函数。具体的仪表对象则继承基类，再通过重置参数和修改相关属性即可实现所需的虚拟仪表。虚拟仪表设计类关系图如图 13-14 所示。

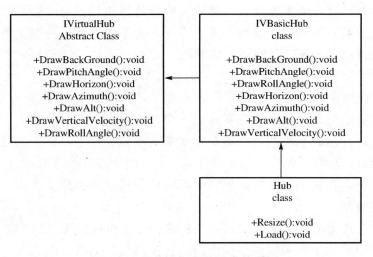

图 13-14　虚拟仪表设计类关系图

通过虚拟仪表显示飞行器的飞行状态的界面效果图如 13-15 所示。图 13-15 中所示的仪表是模拟飞行员在驾驶舱驾驶无人机的过程，图 13-15 中上部分表示地平线以上的天空，下部分表示地平线以下的地面，圆弧部分表示滚转角，垂直方向表示俯仰角。因此，此仪表主要显示滚动角和俯仰角。

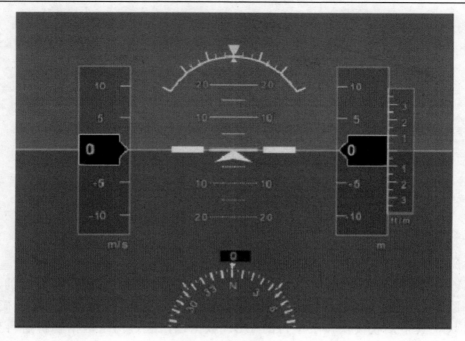

图 13-15　驾驶舱仪表示意图

　　除了虚拟仪表的表示，也可以数字形式直接显示数据。图 13-16 中左边的图主要显示飞行器的高度、地面速度、偏航角、时间数据，图 13-17 主要显示机载任务设备的运行状态，如电池的电压量、GPU 的负载值等状态数据。

　　地面站软件系统将遥测数据信息通过虚拟仪表、数字列表形式及图形化方式显示，让地面操作人员能及时且直观地观测和掌握无人机执行航迹任务时的飞行状态，同时也需要根据界面显示的遥测数据来控制飞行器的飞行状态。如通过悬停命令使飞行器暂停飞行任务从而悬停在当前位置，通过发送返航命令可使无人机终止飞行任务立马返回着陆点。图 13-18 是控制指令操作的界面图。

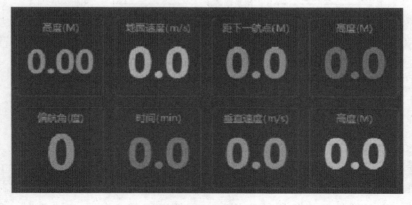

图 13-16　数字显示飞行数据的示意图

图 13-17　图形显示飞行状态示意图

图 13-18　控制指令操作的界面图

2)视频播放器的实现

视频播放器负责实时播放航拍视频,对于地面站软件系统上视频播放器的系统框架图如图 13-19 所示。根据框图可以将播放器分为三个模块:接收模块、解码模块、渲染模块。其中接收模块接收下传的 UDP 数据包,经过网络数据解析后得到音视频 TS 流;解码模块则是先通过解复用将 TS 流解析分别解析为压缩的音频流和压缩视频流,再分别经过视频解码模块和音频解码模块将压缩的音视频流解码;解码后的音视频数据即可通过播放器播放。

为了将通过 UDP 网络传输的 TS 流在地面站软件系统上低延迟的播放,在实际编码中,在基于 FFmpeg 库上自定义了一个播放控件,此控件主要包括的模块有以下几种。

UDP 接收模块:在实际项目中,无人机通过无线网络将完成封装打包的 TS 流通过 UDP 传输协议发送至接收机上,因此,地面站软件上的播放器首先需要通过 UDP 端口接收来自无人机的 TS 视频流。

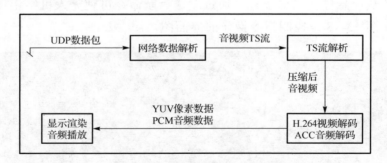

图 13-19　播放器系统框图

TS 解封装模块:由于原始音视频数据很大,为了能经过 UDP 协议将音视频数据下传至地面站系统,在下传前需要将音视频数据封装为 TS 流。当地面站接收到下传的 TS 流后,为了能按照播放原始音视频,需要获取音视频压缩帧数据,所以要对接收到的数据进行 TS 解包,从而获取分离的音视频帧数据。

　　音视频解码模块：经过 TS 解包后，需要分别对分离的音视频压缩帧数据进行解码，从而还原原始的音视频数据，解码后分别获得 YUV12 视频数据和 PCM 音频数据。

　　音视频渲染：对解码后的 YUV12 视频数据和 PCM 音频数据，通过 Direct3D 和 WaveOut 技术将这些数据通过播放器渲染以进行显示。

　　根据播放控件的功能模块，在编码时分别根据上述的四个功能模块编写了播放控件的核心类，其核心类图如图 13-20 所示。其中 CUAVPlayerCtrl 类是控件的实现类，CUDPReader 类是实现对 UDP 数据包的接收和结合 CTSDemuxer 类对 TS 流进行解复用操作，并且将解复用后的音视频数据通过 IUDPReadCallback 接口回调给 CUAVPlayerCtrl 供后续解码使用。CTSDemuxer 用于将接收到的 UDP 重新组包为 TS 码流，并解析为视音频帧数据。CAVDecoder 类用于对 H264 数据进行解码，CVideoRender 用于对解码后的 YUV12 数据进行渲染显示输出。在代码中通过宏定义可以选择 CGDIRender 或者 CD3DRender 中的一种进行显示。CGDIRender 为 GDI 绘制输出，具有很高的兼容性，但是性能较差，而 CD3DRender 使用显卡渲染输出，部分低端显卡和服务器显卡无法使用，但性能较好。CWaveOut 类用于播放解码后的 PCM 音频数据。

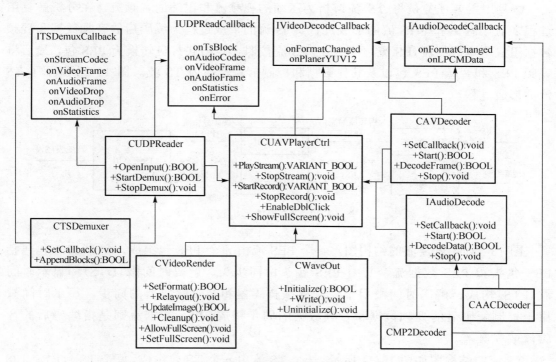

图 13-20　播放控件的核心类图

　　下面根据接收模块、解码模块和渲染模块及控件的使用来介绍基于 FFmpeg 库的实时视频播放器的实现。

　　接收模块主要负责两个任务：接收 UDP 数据包和解复用 TS 流。接收 UDP 协议下传的 UDP 数据包，并将数据包送入缓冲区；解复用 TS 流是指将 UDP 数据包先解析为 TS 流，再将 TS 流解复用为压缩的视频流和压缩的音频流。接收模块的流程图如图 13-21 所示。

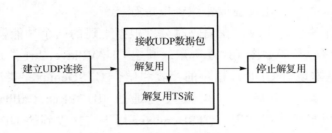

图 13-21　接收模块的流程图

建立 UDP 连接过程中，系统会调用 CUDPReader 类的 OpenInput(port) 函数。port 是指 UDP 监听端口，在此函数内一是初始化所需接收缓冲区，二是调 CUDPReader 类保护类型函数 BOOL OpenUnicast(port)。此函数的作用是对指定 port 端口进行 UDP 绑定，建立 UDP 连接。若 UDP 连接成功，返回 true，否则 false。

解复用主要任务是将 TS 流解析为压缩的视频流和压缩的音频流，在分析解复用过程之前，需要掌握 TS 流的形成过程。TS 流的形成过程为编码后的音频数据和视频数据组成基本数据流(ES 流)，接着把 ES 流按照一定格式打包转换为 PES 包，最后将视频 PES 和音频 PES 包以及其他数据和控制信息转换为 TS 流。图 13-22 展示了 TS 流的形成过程。

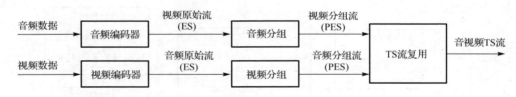

图 13-22　TS 流的形成过程

图 13-23 是 PES 流的结构图，一个 PES 流由 n 个 PES 包组成，每个 PES 包包括 PES 包头和 PES 数据流，其中 PES 包头由同步头、解码时间戳(DTS)和显示时间戳(PTS)构成，解码时间戳用于控制视频解码器和音频解码器的同步，显示时间戳用于控制解码后的视频数据和音频数据的同步播放。PES 数据流则是指编码后的音频流或视频流。

TS 流的结构图如图 13-24 所示。一个 TS 流由 n 个 TS 包组成，每个 TS 包固定 188 个字节，包含一个 TS 包头和一个 TS 数据。其中 TS 包头共四个字节，包含 8 位的同步字节(SyncByte)、1 位的误码指示(Ei)、1 位的有效负荷单元起始指示(Pusi)、13 位的包标识(PID)；用来标识包的类型(如视频、音频等)包括 2 位的加扰标识(Scrflags)，2 位的适配区域标识(af)，4 位的连续计数器(Cc)。而调整字段是当 TS 包不足 184 字

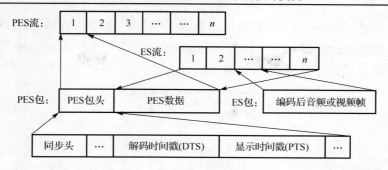

图 13-23　PES 流的结构图

节时用于插入 TS 数据前，或放置节目参考时钟 PCR。PCR 以固定频率插入包头，用于编码器依据 PCR 调整解码时钟，以保证对视频的正确解码。TS 数据则是由 PES 包组成的。

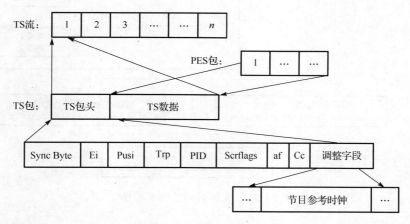

图 13-24　TS 流的结构图

　　解复用包括了两个过程，一是接收 UDP 数据包，二是解复用 TS 流。解复用实现涉及了四个类：CUDPReader 类、CTSDemuxer 类、ITSDemuxCallback 接口类和 IUDPReadCallback 接口类。

　　首先，系统调用 CUDPReader 类中的 BOOL StartDemux(lpCallback)函数，其中 lpCallback 是 IUDPReadCallback 类 的 指 针，表 示 解 复 用 后 的 数 据 流 通 过 IUDPReadCallback 接口回调给 CUAVPlayerCtrl 供后续解码使用。在 StartDemux()函数中会先后调用 CUDPReader 类的两个保护函数：RecvThread()和 DemuxThread()。前者主要负责通过之前建立的 UDP 连接端口将无人机下传的 UDP 数据包接收至缓冲区内，而 DemuxThread()则是先调用 CTSDemuxer 类的 boolAppendBlocks(block，len)函数。其中 block 为 UDP 数据包指针，len 为 UDP 数据包长度，该函数会先从 UDP 数据包中解析出 TS 流，再将 TS 流解析为音频 PES 包和视频 PES 包。其过程是先检测 TS 包是否有 188 个字节，若不等于 188 个字节，则丢弃，否则从头开始检测 4 个字节的包头，再将包头后的 TS 数据放入数据结构中。在得到音频 PES 流和视频 PES 流后则调用 ITSDemuxCallback 接口的 onAudioFrame()和 onVideoFrame()将 PES 流转换为 ES 流。解复用的工作流程图如图 13-25 所示。

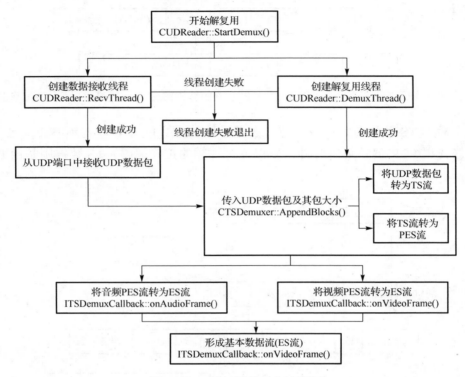

图 13-25　解复用的工作流程图

当停止解复用时，会调用 CUDPReader 类的 StopDemux()函数，该函数在被调用后，首先关闭 UDP 连接，停止 UDP 数据的接收，然后释放接收模块时所使用的内存和数据结构。

解码模块是分别用 CAVCDecoder 类和 CAACDecoder 类中的相关函数实现视频数据和音频数据解码。解码模块是基于 FFmpeg 库的解码方式实现的，因此对于音频数据和视频数据的解码原理类似，只是在使用解码器时，对视频的解码时用视频解码器，相应地对音频解码使用的是音频解码器。下面以视频解码为例介绍解码模块中的解码原理。视频解码过程是接收模块中形成的 ES 流作为视频解码的输入数据流，其主要任务是将 ES 视频流转为 YUV 数据供播放器渲染显示。具体工作流程为首先调用 CAVCDecoder 类的 BOOL Start()函数，该函数负责先用 avcodec_register_all()注册库中所有的编码器，初始化所需变量，接着使用 avcodec_find_decoder()查找 H.264 解码器，然后调用 avcodec_open()打开解码器，再用 avcodec_alloc_frame()为解码帧分配内存，用于存储解码后的视频帧；当 Start()函数返回 true 后，接着调用 CAVCDecoder 类的 BOOL DecodeFrame()函数，该函数负责视频的解码工作，该函数传入压缩的 ES

视频流，调用 avcodec_decode_video（）可实现视频的解码，解码后的数据为 YUV 数据。当调用 CAVCDecoder 类的 Stop（）时，首先使用 avcodec_close（）释放解码器，avcodec_free（）会清理解码过程中的内存。视频解码的工作流程图如图 13-26 所示。

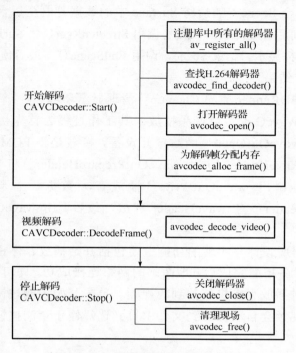

图 13-26　视频解码的工作流程图

音频数据的解码过程和视频解码过程类似，不同的是查找解码器是寻找 AAC 解码器，解码是调用 avcodec_decode_audio（）进行音频解码。

渲染模块分为对视频渲染和音频渲染，下面分别研究视频渲染和音频渲染的实现过程。视频渲染是对解码后的 YUV2 数据进行渲染输出。本教材采用 Direct3D 技术进行视频渲染。Direct3D 使用显卡渲染输出，部分低端显卡和服务器显卡无法使用。

实际编码设计实现中使用 Direct3D 的渲染过程如下。首先，调用 CD3DRender 类的 CreateDevice（）函数创建一个设备，其具体过程为先通过 Direct3DCreate9（）创建一个 IDirect3D9 接口，IDirect3D9 接口是用于创建一个 IDirect3DDevice9 接口的 C++对象。接着设置 D3DPRESENT_PARAMETERS 结构体，此结构体主要是用于设置一些参数，如设置后台缓冲表面的像素格式，指定表面的交换链中图并交换相关数据。完成 D3DPRESENT_PARAMETERS 结构体的设置后，接着创建一个设备 Device，通过调用 CreateDevice（）方法，最后基于 Device 创建一个离屏表面，通过 IDirect3DDevice9 接口的 CreateOffscreenPlainSurface（）方法即可创建一个 Surface。

完成 Device 的创建后，即可使用 Device 循环显示画面，即逐帧读取 YUV 数据，然后显示在屏幕的过程，调用 CD3DRender 类的 UpdateImage（），其画面显示过程为在显示之前通过 Direct3DDevice9 接口的 Clear() 函数可以清理 Surface，接着将一帧视频数据复制到 Surface 中。操作 Surface 的像素数据，需要使用 IDirect3DSurface9 的 LockRect() 和 UnlockRect() 方法。然后开始一个 Scene，使用 IDirect3DDevice9 接口的 BeginScene() 开始一个 Scene。随后将 Surface 中的数据复制至后台缓冲表面，先通过 GetBackBuffer() 得到后台缓冲表面，接着调用 StretchRect() 将 Surface 中的像素数据传送至后台缓冲区，等待显示。结束 Scene，调用 EndScene()。最后使用 IDirect3DDevice9 接口的 Present() 显示结果。

最后，调用 CD3DRender 类的 Cleanup() 清理显示环境。

音频渲染通过 WaveOut 实现音频播放。其工作过程为首先初始化声音设备并将设备打开，并调用 waveOutOpen() 函数打开设备，接着是将 PCM 数据写入设备并播放。先初始化一个 WaveHeader，并用 waveOutPrepareHeader() 将 WaveHeader 指向音频数据存储块，再调用 waveOutWrite() 播放音频数据。音频播放完毕后调用 waveOutUnprepareHeader() 将 WaveHeader 释放，最后调用 waveOutClose() 关闭音频设备。

用户界面播放器所设计与实现的功能主要包括开始播放、停止播放、开始录制、停止录制。当图传设备搭建完成后，地面站的网络连接成功，即可单击开始播放按钮，此时播放器则会实时播放无人机航拍到的视频。单击开始录制按钮，地面站需手动创建视频保存文件，视频会自动保存到文件中直到选择停止录制按钮，停止播放按钮会使视频播放停止。

3. 航迹规划模块的实现

航迹规划模块主要是实现航迹绘制、航点操作及航迹操作，以下将详细阐述。

1) 航迹绘制

在航迹规划时，需要在电子地图上显示航点和飞行航迹等显示任务，而这些功能的实现是基于 GMap.NET 控件的图层和图标操作的，图层位于地图之上，而图标位于图层上，其显示方式如图 13-27 所示。控件的图标可以支持编辑、增加、删除、单击、

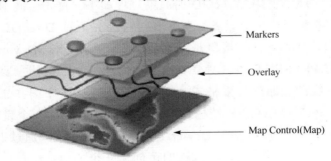

图 13-27　GMap 的地图与图标显示方式

拖动、高亮图标等操作。图层上可以添加各种图标。要增加新的图标需要选择一个可编辑或已有的图层，一般根据图标类型不同而创建或选择对应的图层，再编辑图标（点、线、地标、多边形等），然后在图标上增加一些特性（颜色、形状、大小等），最后把编辑好的图标添加至对应的图层，图层添加至地图上即可。

在电子地图上添加航点，则是自定义一个图标。其过程为首先创建一个航点图层对象；其次用经纬度坐标初始化一个航点图标对象，可以设置图标对象属性，如颜色、提示语、大小等设置；再次将图标对象添加至航点图层对象上；最后再把图层对象添加到电子地图对象上。

同理，添加航线的方法与航点添加类似。首先创建一个航线图层对象，再用 **GMapRoute** 类初始化一个航线图标对象，对图标对象完成属性设置后，即可将图标添加至图层对象中，最后仍是将航线图层对象添加至地图上即可。

2）航点操作

在航迹规划界面中的航点操作窗口由 DataGridView 控件来显示所有的航点列表，航点列表的每一行对应一个航点，其列表的所有列对应着航点信息，如航点编号、航点类型、经纬度、高度等属性信息，航点管理列表界面图如 13-28 所示。

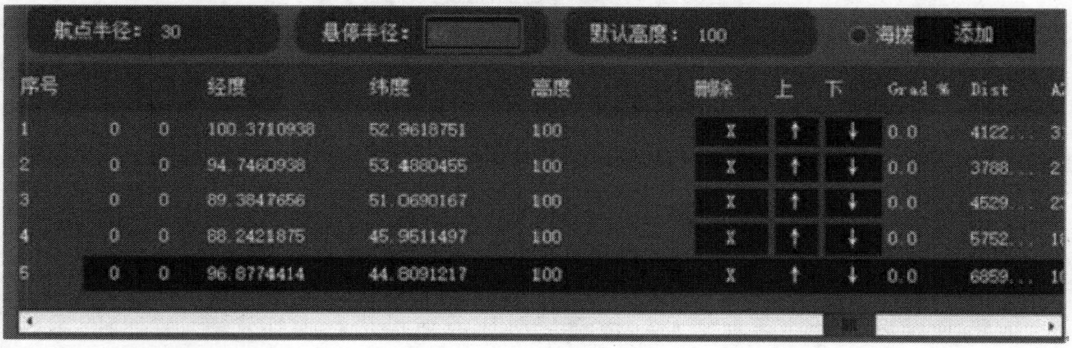

图 13-28　航点管理列表界面图

在航点管理界面上还包含对航点操作的按钮。航点操作有添加航点、删除航点、移动航点位置，在航点列表对应的每一列可以编辑航点。单击添加航点按钮，则界面上的航点列表区域会自动增加一行航点编辑区；单击待删除航点中的删除按钮，则在航点列表中会删除该航点，同时地图上显示的航点会对应删除，航点被删除后，航点列表的序号和地图上显示的所有航点都会更新；在航点管理界面上单击待移动位置航点的向上/下移动位置按钮，则对应航点会自动调整位置，同时航点列表的序号和地图上对应航点的序号也会更新。对航点的编辑主要是设置航点的航点类型、经纬度及高度等参数的设置。

航点操作的效果图如图 13-29 所示。

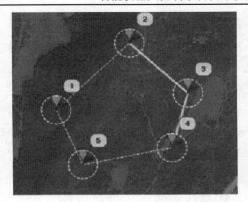
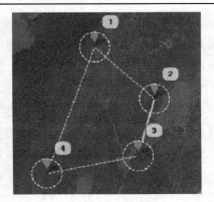

(a)添加航点图　　　　　　　　　　　　　　(b)删除航点效果图

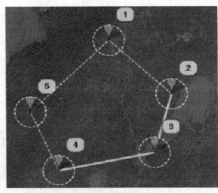

(c)移动航点图

图 13-29　航点操作的效果图

3)航迹操作

编辑航点规划好任务航迹后,接着是对任务航迹进行操作。对于航迹的操作有发送航迹至无人机,从无人机读取航迹,删除航迹。下面将详细研究航迹操作的具体实现。

发送航点列表至飞行器:在航迹规划界面中,当单击发送航迹按钮后,软件系统将航迹中的所有航点按照 Mavlink 协议预定的数据格式进行打包装帧,然后通过串口发送到无人机的飞行控制系统中心。

在 Mavlink 协议中规定了航点列表如何发送至飞行器。当进行航迹规划后,地面站则需要将航点列表发送到飞行器。Mavlink 协议中,首先地面站直接向飞行器发送 WAYPOINT_ COUNT 消息,接收方在准备好接收所有航点后,通过 WAYPOINT_REQUEST,且起始消息序号为 0 作为应答消息回送至地面站,之后地面站不断地用具体的 WAYPOINT 消息回复飞行器,如图 13-30 所示。

当最后一个航点成功地发送和接收后,飞行器发送 WAYPOINT_ACK 消息作为此次通信结束。

　　接收飞行器的航点列表：在 Mavlink 协议中，当向飞行器读取航点列表时，首先需要地面站向飞行器发送 WAYPOINT_REQUEST_ LIST 消息，对方如果接收到此消息后，会及时应答并发送一个 WAYPOINT_COUNT 消息，表示共有多少个航点。然后，地面站在确认飞行器发送的航点数量后，重新发送 WAYPOINT_REQUEST 消息，飞行器则用具体的 WAYPOINT 消息回复，如图 13-31 所示。

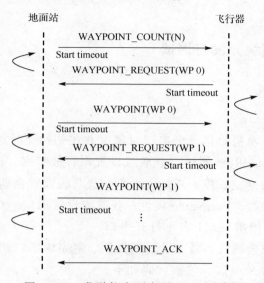

图 13-30　发送航点列表至 UAV 时序图

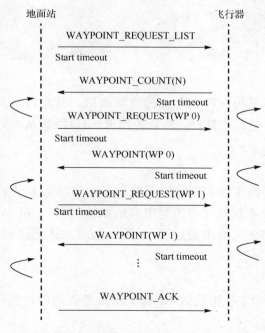

图 13-31　读取 UAV 航点列表时序图

当最后一个航点消息发送后，地面站会发出一个 WAYPOINT_ACK 消息，表示传送结束。此外，地面站会监听 WAYPOINT_REQUEST 消息，直到得到 WAYPOINT_ACK或者其他消息使得此次传输中断，或者直到超时。

清除航点列表：如果需要清除全部航点消息，则发送端发送 WAYPOINT_CLEAR_ALL 消息，当接收端完成航点的清除后，会用 WAYPOINT_ACK 消息作为应答。

13.3.2　数据通信模块开发与调试

1. 串口通信的实现

1）初始化及打开串口

在打开串口之前，须初始化一个串口对象，并在初始化时对串口进行属性设置。如以下属性的设置。BaudRate 属性：获取或设置串行波特率。DataBits 属性：获取或设置每个字节的标准数据位长度。Parity 属性：获取或设置奇偶校验。StopBits 属性：获取或设置标准停止位数。PortName 属性：获取或设置通信端口。IsOpen 属性：获取一个布尔值，0 表示关闭串口，1 表示打开串口。

还有其他的一些相关属性，通过设置属性后，则完成串口初始化。初始化串口后，则可以通过串口对象打开串口，关键代码如下：

```
SerialPort mPort=new SerialPort;
......
//设置串口属性
......
mPort.Open();//打开串口
```

2）读串口

在本教材系统中，采用线程方式实时读取串口。首先，定义一个读取串口线程，当线程开始时，先确定串口已打开，然后使用 Read() 函数从串行端口的输入缓冲区中读取数据。

3）写串口

当通过串口向飞行器发送数据时，需要向串口写数据。其调用的函数为 Write()，此函数通常会被重载。本教材使用的写串口函数原型为 void Write(byte[] buffer, int offset, int count)，buffer 为输出缓冲区，offset 为缓冲区地址的偏移量，count 是写入缓冲区的字节数。

4）关闭串口

如果串口处于打开状态，可通过 Close() 函数来关闭串行端口连接，同时将 IsOpen属性设置为 False。

2. 数据的接收与发送

1) 接收数据

当串口连接后，地面站软件系统从串口读取无人机下传的遥测数据流程是数据到达串口时，读串口线程会通知系统串口有数据到达，然后接收数据包 readPacket() 函数会开始接收数据并处理。readPacket() 函数将数据移至接收缓冲区。如果新接收的数据包使得缓冲区溢出，则清空缓冲区，否则新数据包会存储于接收缓冲区。然后用 CRC 校验缓冲区中是否有完整的数据包，将完整数据包解析。根据解析后数据类型的不同，显示在相应的功能模块界面上，之后已解析的数据包会从缓冲区中删除，最后从串口读取新数据。如果 CRC 校验出不完整的数据包，则直接删除此数据包，从串口重新读取数据。

2) 发送数据

在通过串行端口发送数据之前，同样需要初始化串口并打开。本软件系统中，在两种情况下需要通过串口发送数据：发送遥控指令和发送航迹任务至无人机。发送遥控指令时，工作人员根据地面站软件上显示的无人机飞行状态的实际情况对飞行器的飞行姿态及航线状态发送相关的遥控指令，在地面站界面上的命名窗口发送返航、降落、悬停、修改高度和修改速度等命令，这些命令会根据通信协议装订为数据帧通过串口发送至无线电台。发送航迹任务时，根据定义的航迹协议中发送航迹的协议，会将航迹中的所有航点按照 Mavlink 协议预定的数据格式进行打包装帧，同样通过串口发送至电台。

串口发送数据的过程中，首先，会对数据类型进行判断，只有符合上述两种情况的数据指令才能传送，然后把数据按照预定义的数据格式打包装帧发送至输出缓冲区，再用 CRC 校验数据，最后数据校验成功后通过 Write() 函数发送出去。实现代码如下：

```
//判断数据类型
byte[] data=MavlinkUtil.StructureToByteArray(indata);//将数据打包
装帧
//进行 CRC 数据校验
if(mPort.IsOpen)
{
mPort.Write(data,0,count);
//转到下一个数据包
}
```

13.3.3　数据管理模块开发与调试

1) 数据管理的实现

为了在航迹任务完成后能通过数据重新回放航迹和对数据进行分析，需要存储下传的遥测数据。数据存储的常用方法是使用文本文件和数据库存储。数据库具有接口灵活、良好的数据组织能力、数据处理功能强大等特点，但读写速度较慢，存储空间占用较大，数据交换操作较复杂。采用文本文件方式存储数据简单方便，使用前不需要配置相关数据源，通过普通文件进行读写操作时，读写速度很快、需要的存储空间小，针对本教材中需要对遥测数据进行图表显示分析，在本教材中使用文本文件方式存放遥测数据和航迹数据。

基于文本文件存储遥测数据和航迹数据时，主要是通过文件的写功能将接收的数据写入记事本文件内。实际存储数据过程中，当串口开始接收下传的飞行数据时，系统会以系统当前时间为文件名建立一个文本文件，且将其放置于用户指定的位置，然后通过 Write()写文件函数将飞行数据写入文件中，当串口关闭时会停止数据接收，文件也随之关闭。

2) 数据分析的实现

无人机在执行完一次飞行任务后，会根据存储的飞行数据分析飞行过程中各指标情况，尤其在飞行中无人机没有按照预定航线执行航线任务时，通过分析下传的飞行状态数据了解故障原因。飞行状态数据包含很多种类的数据，因此借助图表的方式显示每种数据，用户能方便且直观地观察及分析相关数据。

本教材所采用 C#语言编程，可通过 ZedGraph 类库绘制图表。下面说明项目中基于 ZedGraph 类库绘制图表的过程。

(1)在使用的 Win Form 项目中添加 ZedGraph.dll 的引用，通过下载 ZedGraph 类库将其编译即可生成 ZedGraph.dll，然后在工具箱中通过组件方式添加 ZedGraph 控件，将 ZedGraph 控件拖放至 Form 窗体上，调整控件大小和位置。最后设置 ZedGraph 控件的属性，如控件的标题、X 轴标题及其类型(设置为时间轴)、控件颜色、轴颜色等，完成 ZedGraph 控件添加至窗体的工作。

(2)初始化 PointPairList 点集合列表，用于存放遥测数据中的各类数据信息，初始化 GraphPane 对象，初始化 LineItem 对象，表示线条。

(3)调用 GraphPane.AddCurve()方法将 PointPairList 中的点集合以线条的形式画到 Pane 中。

(4)最后调用控件的 AxisChange()刷新 Pane 即可。

使用 ZedGraph 控件绘制图表的效果图如图 13-32 所示。

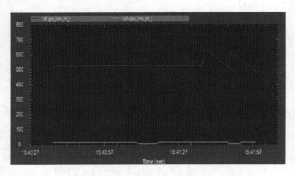

图 13-32 图表分析数据效果图

13.4 系统联调与优化

1）数据链路连接调试

调试目的：实现地面站的串口通信及验证 Mavlink 协议模块是否工作正常。

调试方法：将地面站软件和无人机飞控系统进行连接，如果能够正常连接，且能正确解析无人机发送数据则为正常。

调试结果：将飞控系统通过串口和地面站进行硬件连接，设置波特率为 115200bit/s 后启动连接。地面站能够正确接收并解析飞控系统发送的参数，因此地面站数据链路功能正常，实现了串口通信及 Mavlink 协议功能。

2）飞行状态监控模块调试

调试目的：为了验证虚拟仪表能否按照无人机飞行姿态数据进行动态更新，同时测试数字窗口能否正确显示其他飞行参数。

调试方法：将地面站与飞控系统正确连接后，通过前后左右上下移动飞控系统，查看地面软件中的飞行参数是不是与飞控实际移动状态一致。

调试结果：将飞行器机头朝正南方，同时将机身向右倾斜。如图 13-33 所示的飞行仪表正确地显示了飞行器的姿态信息。从而验证了地面站的虚拟仪表及数字仪表功能满足应用需求。

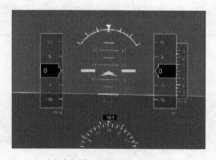

(a)虚拟驾驶舱仪表显示数据图

(b)数字仪表窗口显示数据图

图 13-33 飞行状态显示模块显示数据

3）电子地图航迹显示及航迹规划功能调试

调试目的：

（1）验证添加航点、删除航点、调整航点位置、编辑航点操作功能是否能正常和正确地响应。

（2）设定航迹与航点在电子地图上能否正常显示。

（3）航迹航点能否正常传输给飞控系统。

调试方法：正常连接飞控与地面站，切换到飞行任务界面，在航迹任务编辑列表里面增添飞行航点，看是否能够正常设置；同时查看电子地图能否正常标注并显示航迹；将设计的航迹任务发送给飞控系统，看是否能够设定成功。

调试结果：如图 13-34 与图 13-35 所示，软件能够按照设计目标自由地添加、删除、调整航点，并且电子地图能够实时地更新航迹任务信息；同时，软件能够成功地将航迹任务数据写入飞控程序，并从飞控程序重新读取并进行校验。

航点半径: 30		悬停半径:	默认高度: 100	○ 海拔	添加

序号		经度	纬度	高度	删除	上	下	Grad %	Dist	A
1	0	0	100.3710938	52.9618751	100	X	↑	↓	0.0	4122...	3
2	0	0	94.7460938	53.4880455	100	X	↑	↓	0.0	3788...	2
3	0	0	89.3647656	51.0690167	100	X	↑	↓	0.0	4529...	2
4	0	0	88.2421875	45.9511497	100	X	↑	↓	0.0	5752...	1
5	0	0	96.8774414	44.8091217	100	X	↑	↓	0.0	6859...	1

图 13-34　航点操作测试效果图

图 13-35　航迹绘制效果图

4）数据分析功能调试

调试目的：验证测试数据分析中图表能否正确显示遥测数据。

调试方法：打开日志界面，单击遥测日志出现遥测日志界面。单击打开日志文件按钮，在本地文件中打开存储遥测数据文件，然后单击生成图按钮，观察文件中的数据是否能出现在图表 Form 窗体中。

调试结果：如图 13-36 所示，在 Form 窗体中单击需分析的数据，则会在图表界面上显示对应的数据，如图 13-37 所示。根据图 13-36，可看出图表能正常显示各个遥测数据值。

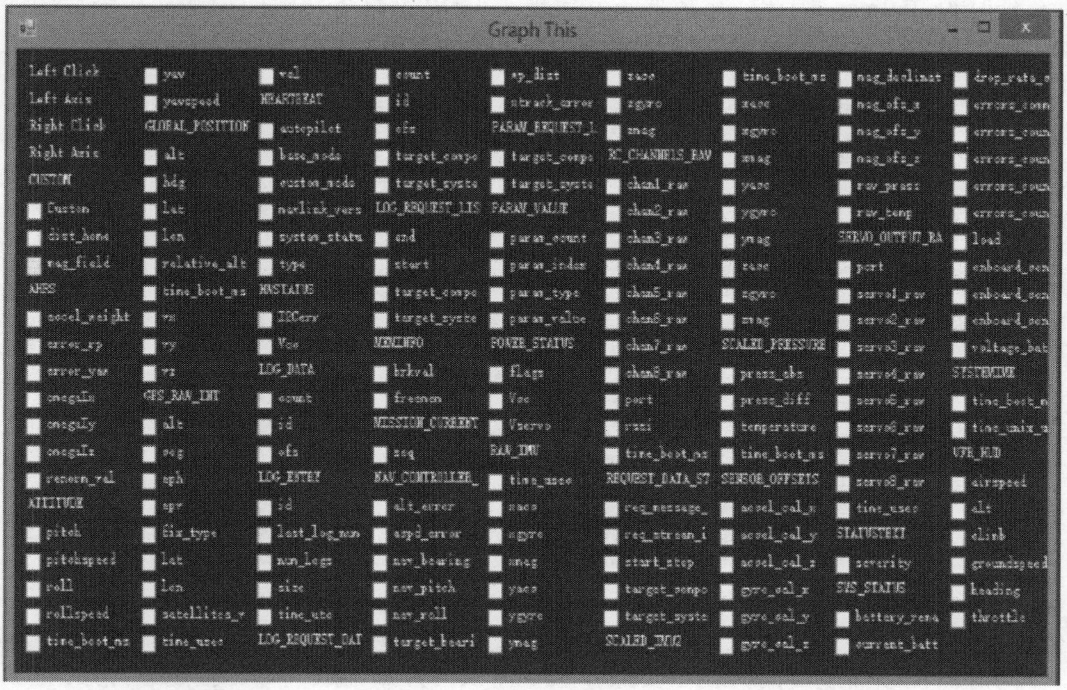

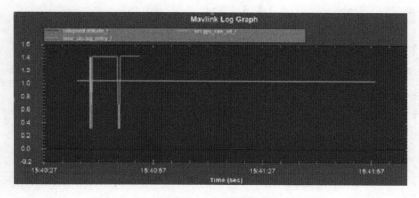

图 13-36　遥测数据显示窗体图

图 13-37　图表显示多个遥测数据效果图

5）实时播放器调试

调试目的：播放器能够实时播放解码 H.264 压缩后，通过 UDP 传输的 TS 流视频流，并且系统整体延时<300ms，完成视频的存储。

调试方法：将无线图传系统进行正常启动传输，开启播放器，看是否能正常播放摄像机拍摄的视频流；同时将摄像头对准标准时钟，观察视频中的时间与标准时钟时间的差异，从而观察系统延时性能。

调试结果：如图 13-38 所示，摄像机对准计算机屏幕的标准时钟进行视频拍摄，本书开发的播放器软件能够正常解码播放；同时，对比两个时钟的时间差可以计算出系统延时为 250ms。因此，播放器正常实现了 UDP 网络下传输的 H.264 压缩后的 TS 流的解码播放，且播放器的实时性达到了设计要求。

图 13-38　播放器性能测试

同时对视频播放器的其他主要操作进行测试：开始播放、停止播放、开始录制、停止录制、双击实现全屏、退出全屏等操作按钮测试都能正常地响应对应的功能。

13.5　习　　题

1．地面站系统主要具有的软件功能有哪些？

2．简述地面站软件系统在界面上提供的三个主要功能。

3．数据管理层可以用来存储和分析哪些数据？

4．监控模块的主要功能是什么？

5．电子地图航迹显示及航迹规划功能调试的目的是什么？

参 考 文 献

AUSTIN R, 2012. 无人机系统：设计开发与应用[M]. 陈自力, 董海瑞, 江涛, 译. 北京: 航空工业出版社.

BARNHART R K, HOTTMAN S B, MARSHALL D M, 2014. 无人机系统导论[M]. 沈林成, 吴利荣, 牛轶峰, 等, 译. 北京: 国防工业出版社.

NIKU B. S, 2018. 机器人学导论：分析、控制及应用[M]. 孙富春, 朱纪洪, 刘国栋, 等, 译. 2版. 北京: 电子工业出版社.

秦永元, 2014. 惯性导航[M]. 北京: 科学出版社.

TISCHLER M B, REMPLE R K, 2012. 飞机和旋翼机系统辨识：工程方法和飞行试验案例[M]. 张怡哲, 左军毅, 译. 北京: 航空工业出版社.

TITTERTON D H, WESTON J, 2007. 捷联惯性导航技术[M]. 张天光, 王秀萍, 王丽霞, 译. 2版. 北京: 国防工业出版社.

吴森堂, 2013. 飞行控制系统 [M]. 2版. 北京: 北京航空航天大学出版社.

BOZIC S M, 2018. Digital and Kalman Filtering: An Introduction to Discrete-Time Filtering and Optimum Linear Estimation [M]. 2nd ed. New York: Dover Publications.

BRESCIANI T, 2008. Modelling, Identification and Control of a Quadrotor Helicopter[D]. Lund: Lund University.

BULLER L, GIFFORD C, MILLS A, 2018. Robot: Meet the Machines of the Future[M]. London: DK.

CORKE P, 2017. Robotics, Vision and Control: Fundamental Algorithms In MATLAB[M]. 2nd ed. Berlin: Springer.

附录 参考答案

第1章 参考答案

1．机器人是如何定义的？

机器人(robot)是自动执行工作的机器装置。它既可以接受人类指挥，又可以运行预先编排的程序，也可以根据人工智能技术制定的原则纲领行动。它的任务是协助或取代人类的工作，例如生产业、建筑业的工作，或是危险的工作。

2．机器人一般由哪几部分组成？

机器人一般由执行机构、驱动装置、检测装置、控制系统和复杂机械组成。

3．被动式传感器系统和主动式传感器系统分别是如何来定位的？

被动式传感器系统通过码盘、加速度传感器、陀螺仪、多普勒速度传感器等感知机器人自身运动状态，经过累积计算得到定位信息。主动式传感器系统通过超声传感器、红外传感器、激光测距仪以及视频摄像机等主动式传感器感知机器人外部环境或人为设置的路标，与系统预先设定的模型进行匹配，从而得到当前机器人与环境或路标的相对位置，获得定位信息。

4．举例说出几种工作机器人。

工业机械臂、水下作业机器人、海底探测机器人。

5．简述一下未来机器人的发展方向。

推进工业机器人向中高端迈进、大力发展机器人关键零部件、强化产业创新能力。

第 2 章参考答案

1．坐标变化是如何定义的？

坐标变换是空间实体的位置描述，是从一种坐标系统变换到另一种坐标系统的过程。通过建立两个坐标系统之间一一对应关系来实现。

2．试由坐标变换矩阵的正交性解释：刚体相对给定参考系的转动运动最多有三个自由度。

变换矩阵是规范化的正交矩阵，在其九个元素之间有六个约束，所以，一般情况下至少应给出三个元素，才能完全确定一个坐标变换矩阵。也可以说，从一个坐标系变换为另一个坐标系的自由度为三。

3．如何选择欧拉角的旋转顺序？

一般的选择原则：第一，这些转角有明显的物理意义。有时人们首先定义有明显物理意义的角(例如，迎角、侧滑角、经度、纬度)，然后来寻找从一个坐标系到另一个坐标系的旋转顺序。第二，这些转角是可以测量的，或者是可以计算的。第三，遵循工程界的传统习惯。

4．坐标变换矩阵具有什么性质？

坐标变换矩阵具有传递性质 $\boldsymbol{L}_{ca} = \boldsymbol{L}_{cb}\boldsymbol{L}_{ba}$。

5．写出坐标变换矩阵的变化率表达式。

$$\boldsymbol{L}'_{ba} = -[\boldsymbol{\omega}_{ba}]^\times_b \boldsymbol{L}_{ba}$$

第 3 章参考答案

1．四元数是如何定义的？

四元数定义为超复数，可表示为 $Q = q_0 + q_1 i + q_2 j + q_3 k$。

2．四元数有哪些性质？

四元数乘法满足结合律，但不满足交换律。

3．四元数的乘法规则是在确定的基下定义的，试解释用四元数表示转动合成的式（3.5.6）中，基是如何选取的？

遵循下列的乘法规则：

$$i \circ i = -1, \quad j \circ j = -1, \quad k \circ k = -1$$

$$\begin{cases} i \circ j = -j \circ i = k \\ j \circ k = -k \circ j = i \\ k \circ i = -i \circ k = j \end{cases}$$

4．简述用四元数描述坐标变换关系的优缺点。

用四元数描述坐标变换关系的优点：第一，避免奇异性；第二，运算比较简单。缺点是不够直观。

5．简述欧拉转动定理。

由一个坐标系到另一个坐标系的变换可以通过它们共同原点的某一条直线的一次转动来实现。

第 4 章参考答案

1．飞机在空气中的运动，可以分解为哪几种运动？

可以分解为三种运动，即飞机相对于空气的运动、空气相对于地面的运动和飞机相对于地面的运动。飞机相对于地面的运动等于飞机相对于空气的运动与空气相对于地面的运动的矢量合成。

2．简述地理坐标系和机体坐标系的区别。

地球表面惯性坐标系用于研究飞行器相对于地面的运动状态，确定机体的空间位置坐标。机体坐标系，其原点取在飞行器的重心上，机体坐标系与飞行器固连。

3．列出无人机在机体坐标系和地面坐标系的表达方程。

在地面坐标系中 $^{e}\boldsymbol{v} = g\boldsymbol{e}_3 - \dfrac{\boldsymbol{F}}{m} \cdot {}^{e}\boldsymbol{b}_3$。

在机体坐标系中 $^{b}\boldsymbol{v} = -\left\lfloor {}^{b}\boldsymbol{\omega} \right\rfloor_{\times} {}^{b}\boldsymbol{v} + g\boldsymbol{R}^{\mathrm{T}}\boldsymbol{e}_3 - \dfrac{\boldsymbol{F}}{m}\boldsymbol{e}_3$。

4．列出四旋翼无人机总体动力学方程。

总体动力学方程为 $^{b}\boldsymbol{M}\boldsymbol{v} + {}^{b}\boldsymbol{C}(\boldsymbol{v})\boldsymbol{v} = {}^{b}\boldsymbol{G}(\boldsymbol{\xi}) + {}^{b}\boldsymbol{O}(\boldsymbol{v})\boldsymbol{\Omega} + {}^{b}\boldsymbol{E}\boldsymbol{\Omega}^2$。

5．四旋翼无人机的运动学模型表示方法有几种？

可分别使用旋转矩阵、欧拉角以及四元数三种方式描述。

第 5 章参考答案

1. 简述叶素分析法的原理。

叶素法的原理是把桨叶剖面看作一个翼型，然后分析计算该翼型的气动力，最终把桨叶各个叶素拉力和气动扭矩从叶根到叶尖积分，再乘以桨叶的片数，就得到了最终的总气动力和总气动扭矩。

2. 列举几种微型无人机的气动布局方式。

固定翼式、旋翼式和扑翼式。

3. 在电机模型中，简述 K_V 值大小与桨大小的关系。

当电机具有大 K_V 值时，相同输入电压下会产生大转速，但在电流一定的情况下产生的转矩小，应选用小桨；当电机具有小 K_V 值时，会产生小转速，大转矩，应选用大桨。

4. 简述四轴飞行器"X"模式和"+"模式的区别。

"X"模式的机头方向位于两个电机之间，而"+"模式的机头方向位于某一个电机上。

5. 简述"X"模式的四旋翼无人机的优点。

"X"模式的四旋翼无人机动作更灵活，机动性更强。因为如果要控制四旋翼向右运动，"X"模式的飞行器会令左侧的两个电机加速，同时右侧的两个电机减速，四个电机共同提供转动所需的力矩；而"+"模式的飞行器则只能让左侧的一个电机加速，右边的两个电机减速，只能靠改变两个电机的转速来实现相同的目的。

第 6 章参考答案

1．简述飞行高度测量原理？

飞行高度测量主要依靠绝压传感器和温度传感器实现对大气静压和温度的测量，并依赖标准气压高度公式换算出飞行机器人的高度参数。有效的高精度飞行高度检测有利于高精度的飞行机器人的飞行高度控制。

2．飞行机器人测量系统上常使用哪种加速度计？

MPU6050 三轴加速度计。

3．四旋翼飞行器的姿态信号主要指什么？飞行器姿态测量主要包括什么？

四旋翼飞行器的姿态信号主要指其姿态角，即俯仰角、横滚角和偏航角。飞行器姿态测量主要是陀螺仪、加速度计和磁力计。

4．航向陀螺仪有几种类型，分别为哪几种？

航向陀螺仪有两种类型：①直读式航向陀螺仪，又称陀螺半罗盘；②远读式航向陀螺仪。输出飞机航向角变化的信息利用陀螺特性测量飞机航向的飞行仪表。

5．无线电测距分别按其工作原理和工作方式进行分类，可分为哪几种？

无线电测距按其工作原理可分为三种：脉冲测距(也称时间测距)、相位测距和频率测距。按其工作方式可分为带有独立定时器的测距和不带独立定时器的测距两种。

第 7 章参考答案

1．为什么要对陀螺仪测量值进行校正？

由于 MEMS 陀螺仪制造工艺等因素，陀螺仪输出存在随机漂移和测量噪声误差，积分时间越长，姿态估计的误差越大，严重影响姿态角测量精度，所以需先对陀螺仪测量值进行校正。

2．加速度计是如何解算滚转角和俯仰角的？

加速度计通过测量重力加速度矢量在载体坐标系上的分量，解算飞行器在静止或匀速状态下的滚转角和俯仰角。

3．使用 MEMS 传感器求解飞行器姿态时主要存在哪几种误差？

使用 MEMS 传感器求解飞行器姿态时主要存在以下几种误差。

(1)传感器的安装误差和标度误差。

(2)陀螺仪的漂移和加速度计的零位误差。

(3)初始条件误差，包括导航参数和姿态角的初始误差。

(4)计算误差，主要包括量化误差、用四元数求解姿态角和滤波算法的计算误差。

(5)载体机动导致的动态误差。

4．写出离散时间模型。

离散时间模型

$$q(k) = q(k-1) + \frac{T}{2}[\Omega_b(k-1)]q(k-1) = \left\{ 1 + \frac{T}{2}[\Omega_b(k-1)] \right\} q(k-1)$$

5．MARG 传感器由什么组成？

MARG 传感器由一个三轴 MEMS 陀螺仪、一个三轴 MEMS 加速度计和一个三轴 MEMS 磁阻仪组成。

第 8 章参考答案

1．PID 控制器的传递函数形式如何表示？

传递函数形式为 $G(s) = \dfrac{U(s)}{E(s)} = k_P \left(1 + \dfrac{1}{T_I s} + T_D s \right)$

2．比例、积分、微分控制分别用什么量表示其控制作用的强弱？并说明它们对控制质量的影响。

比例环节：成比例地反映控制系统的偏差信号，偏差一旦产生，控制器立即产生控制作用，以减少偏差。积分环节：主要用于消除静差，提高系统的无差度。积分作用的强弱取决于积分时间常数的大小，积分时间常数越大，积分作用越弱，反之则越强。微分环节：反映偏差信号的变化趋势(变化速率)，并能在偏差信号变得太大之前，在系统中引入一个有效的早期修正信号，从而加快系统的动作速度，减少调节时间。

3．简述积分分离 PID 控制算法的基本原理。

被控量与设定值偏差较大时，取消积分作用，以避免由于积分作用使系统的稳定性降低，超调量增大，从而产生较大的振荡；当被控量接近给定值时，引入积分作用，以便消除静态误差，提高控制精度。

4．串级 PID 控制器相比单回路 PID 控制主要优点体现在哪些方面？

串级控制的主要优点是副回路受到的干扰还未影响到被控量时，就得到副回路的控制；副回路中的参数变化，由副回路给予控制，对被控量的影响大为减弱；副回路的惯性由副回路给予调节，因而提高了整个系统的响应速度。

5．在四轴飞行机器人 PID 控制中，主要使用哪种 PID 控制结构，说明理由。

四轴飞行器本身具有六个自由度，运动复杂，受环境干扰因素比较大，所以不易于对四轴飞行器建立数学模型。在本四轴飞行器的飞行控制算法中，采用对系统数学模型无要求的 PID 控制算法。四轴飞行器飞行在空中，对于稳定性要求很高，传统的单环 PID 易于受到环境波动的影响，不适用于作为四轴飞行器的控制算法。而双闭环 PID 却对环境有很强的适应性。

第9章参考答案

1．悬停稳定控制的 PID 算法将整个控制系统分为内环控制和外环控制两部分，这两部分分别控制哪些量？

内环控制器对飞行器三个转动位移量进行控制，而外环控制器用于控制三个平动位移量状态变量。

2．利用 LQG 算法进行无人机悬停稳定控制最主要的优点是什么？

LQG 控制器可以很好地跟踪控制输入信号的波动，无论是低频还是高频都具有良好的控制效果。

3．四旋翼飞行器控制系统主要由哪几部分组成？

四旋翼无人机悬停实时的控制系统主要由遥控器、接收机、自驾仪、地面站和数传几部分组成。

4．遥控器有哪几种调制方式？

遥控器的调制方式一般分为脉冲编码调制（pulse code modulation，PCM）和脉冲位置调制（pulse position modulation，PPM）两种。

5．遥控器常用的无线电频率为多少 Hz？并简述其优点。

2.4GHz、频率高、同频概率小、低功耗、体积小、反应迅速、控制精度高。

第 10 章参考答案

1．Pixhawk 硬件由哪几部分组成？分别具有什么功能？

Pixhawk 飞控的硬件一分为四：主板主要负责运算以及控制；减振 IMU 板搭载各种传感器，主要负责姿态测量；接口板提供各种接口给外部设备便于连接；电源管理模块单独制作了一块电路板，负责对输入电压的接驳和管理，同时对电路各部分提供一系列的 EMI 保护、ESD 保护。

2．写出减振 IMU 板的作用以及组成。

减振 IMU 板搭载各种传感器主要负责姿态测量，包括三轴加速度计和磁力计 LSM303D，三轴陀螺仪 L3GD20，三轴加速度计陀螺仪 MPU6000，以及气压计 MS5611。

3．Pixhawk 1 上使用了哪些传感器，试写出其规格。

ST 16 位陀螺仪 L3GD20。

ST 14 位加速度计/磁力计 LSM303D。

MEAS 气压计 MS5611。

MPU6000 加速度计/陀螺仪。

4．飞行机器人的主控系统设计如何实现？

Pixhawk 采用余度设计，集成备份电源和基本安全飞行控制器，主控制器失效时可安全切换到备份控制，其中 32 位的 ARM Cortex M4 微控制器 STM32F427VIT6 作为主处理器，32 位 ARM Cortex M3 微控制器 STM32F100C8T6B 作为故障协处理器；传感器也进行了冗余设置，飞控上搭载了 3 套测量姿态的 IMU 惯性测量单元，主板上 1 套，IMU 载板上 2 套，安装在主板上的传感器和减振传感器被用在不同的集线器之中，防止所有传感器的传输数据准备信号被路由；提供了大量的外设接口，包括 UART、I2C、CAN、ADC；可以输出 14 路 PWM 供舵机输出；采用多余度供电系统，可实现不间断供电，并且每个设备单独供电；使用了外置安全开关；全色 LED 智能指示灯；反映飞行器各种状态的声音指示器，并集成了 micro SD 卡控制器，可以进行高速数据记录。

5．电源管理模块的功能的作用是什么？

电源管理模块从 FMU 中分离出来，另外组成了一块电源管理模块，具有低电耗和低散热的特点。电源管理模块的功能是给飞控和所有的外接设备提供单一、独立的 5V 供给，集成了两块电源模块和相匹配的选择，包括电流和电压感应。为外接设备提供电量分配和监控。对于常规的接线失败进行保护，以及在电压不足/过载时提供保护，为电流提供了过载保护，并具有掉电恢复和侦查的功能。

第 11 章参考答案

1．PX4 软件由哪几部分组成？分别具有什么功能？

PX4 由飞行控制栈(flight stack)、中间件(middleware)和实时操作系统 RTOS 组成。飞行控制栈主要完成飞控各项功能的实现；中间件完成系统各部分之间的通信；实时操作系统 RTOS 作为系统运行的基础软件平台，提供任务调度和文件操作功能，与底层驱动层相连接，可降低系统的耦合度，提高系统的硬件平台可移植性。底层驱动层是直接和具体硬件打交道的，主要完成具体硬件平台的控制功能。

2．介绍 NuttX 系统的主要功能。

NuttX 是一个实时嵌入式操作系统(embedded RTOS)，强调标准兼容和小型封装，具有从 8 位到 32 位微控制器环境的高度可扩展性。NuttX 主要遵循 Posix 和 ANSI 标准，对于在这些标准下不支持的功能，或者不适用于深度嵌入环境的功能(如 fork())，采用来自 Unix 和常见 RTOS(如 VxWorks)的额外的标准应用程序接口(application program interface，API)。

3．概述 µORB 的工作特点。

µORB 实际是一套跨进程的进程间通信(inter-process communication，IPC)模块，就是多个进程打开同一个设备文件，进程间通过此文件节点进行数据交互和共享。在 Pixhawk 中，所有的功能被独立以进程模块为单位来工作。而进程间的数据交互就变得尤为重要，必须要能够符合实时有序的特点。

4．要完成基本的飞行任务，需要用到什么算法？

PID 速度位置双闭环控制算法、自抗扰算法、模糊自适应姿态控制算法。

5．经典 PID 的有哪些缺点？

传统的单环 PID 易于受到环境波动的影响，不适用于作为四轴飞行器的控制算法。

第 12 章参考答案

1．为什么需要先进行两个芯片的 Bootloader 烧录？

将 Pixhawk 通过 USB 连接计算机之后，计算机开始是无法检测到飞控板的端口存在的。检测不到端口的话，无法使用 PX4 Comsole 控制台给飞控板烧写固件，QGroundControl 地面站无法连接上飞控板，便不能够进行飞控传感器的校正以及相关的遥控设置，飞控板无法正常使用。

2．简述蓝牙串口通信实现的大致流程。

创建串口对象；设置串口属性；打开串口；读取并解析串口数据。

3．MATLAB 环境下，读取串口数据有几种方式？

MATLAB 环境下，读取串口数据有查询和中断两种方式。查询方式数据只能分批进行传送，实时性不高，且对系统资源的占用比较大。以中断方式实现的串口通信，优点是程序响应及时，可靠性高。

4．运行 Gazebo 仿真之前如何配置相关文件？

安装 Linux/Ubuntu 依赖项；在仿真文件夹目录顶层创建一个 Build 文件夹；添加路径；在 Build 目录下运行 Cmake；构建 Gazebo 插件。

5．简述 Gazebo 仿真的流程。

设置计算机以接受 packages.osrfoundation.org 中的软件；设置 key；安装 Gazebo 7；安装 libgazebo7-dev；检查安装。

第 13 章参考答案

1．地面站系统主要具有的软件功能有哪些？

航迹规划生成预设航迹、航点编辑、对飞行状态的监测与控制、实时播放航拍视频、飞行数据的存储与分析。

2．简述地面站软件系统在界面上提供的三个主要功能。

地面站软件系统在界面上主要提供三个主要的功能：一是可以显示飞行状态，如飞行姿态仪表和数字形式显示、设备运行状态显示、地图显示、在地图上的航点和航迹显示，同时还可通过界面方便地执行飞行控制指令；二是可以实时播放无人机携带摄像机航拍的视频，方便工作人员及时了解情况；三是在航迹规划界面上，可编辑相关航点构成完整的任务航迹。

3．数据管理层可以用来存储和分析哪些数据？

地面站软件系统接收的飞行状态数据需要存储，以便任务结束后进行数据分析。另外，对航迹规划中的航点和航迹数据，以及飞行器航拍的视频也需要保存，供用户执行后期任务。

4．监控模块的主要功能是什么？

监控模块主要包含飞行状态的监控和视频监控两个功能模块，它负责接收飞行器下传的数据，且在数据解析后将相关数据显示在虚拟仪表或以数字形式显示，而下传的视频信息将在地面站的播放器上实时播放。

5．电子地图航迹显示及航迹规划功能调试的目的是什么？

验证添加航点、删除航点、调整航点位置、编辑航点操作功能是否能正常和正确地响应；设定航迹与航点在电子地图上能否正常显示；航迹航点能否正常传输给飞控系统。